노벨상 0순위 137

■ **일러두기**　영어 및 한자 병기는 본문보다 작은 글씨로 처리했습니다. 인명 및 지명은 국립국어원의 외래어 표기법에 따라 표기했으며, 규정에 없는 경우는 현지음에 가깝게 표기했습니다.

노벨상 0순위 137

양동봉 지음

137

MAGICAL NUMBER

생각의 창

추천의 글

문명사적 전환을
예고하는 발견

    인류의 역사에서 가장 위대한 종교와 철학의 스승을 손꼽으라고 하면 대개 예수와 석가를 지목한다. 여기에 또 한 사람의 위대한 인물을 선택한다면 누구일까. 나는 주저하지 않고 알베르트 아인슈타인Albert Einstein을 손꼽는다. 아인슈타인은 위대한 물리학자일 뿐만 아니라 종교·철학 사상가로서도 타의 추종을 불허하기 때문이다.
    아인슈타인의 이론과 사상은 지금까지 인류가 지니고 있던 세계관, 우주관을 근본부터 바꾸어 버렸다고 해도 과언이 아니다. 우주를 말할 때 아리스토텔레스는 지구 중심의 생각을 폈다. 이것이 코페르니쿠스, 케플러, 갈릴레이에 의해 태양 중심의 우주관으로 바뀐 것은 누구나 아는 일이다. 이런 우주관은 뉴턴의 기계론적 우주관에 의해 수정되고 정량화되었다. 그러나 뉴턴의 우주관은 20세기에 들어서 아인슈타인의 우주관에 의해 완전히 대체되었다.
    그런 뜻에서 우리는 아인슈타인의 우주 속에 살고 있다고 일컬어지기도 한다. 인류 지성의 역사와 인식의 역사에서 이런 사실은 획기적 전환을 말해주는 것이나 다름이 없다. 아인슈타인을 예수와 석가에 버금가는 인물로 손꼽는 까닭도 바로 여기에 있다.

그러나 위대한 아인슈타인에게도 풀지 못한 미완未完의 숙제가 있었다. 그 자신은 그것을 통일장 이론이라고 불렀다.

아인슈타인은 우주에 작동하고 있는 이른바 네 개의 힘force을 하나로 묶는 과제에 끝내 성공하지 못했다. 아인슈타인이 죽을 때까지 몰두했던 이 과제에 수많은 천재적 물리학자들이 도전했다. 그동안 현대물리학계가 이룩한 업적은 그것을 말해준다. 하지만 아직도 통일 이론은 미완의 과제로 남아 있는 상황이다.

통일 이론의 규명은 그 학문적 결과가 물리학의 차원에 머물지 않는다. 생명과학의 법칙도 그에 의해서 통일될 것이기 때문이다. 생명현상이 물리법칙으로 설명된다면 생명에서 나타나는 정신 현상도 설명될 수 있을 것이다. 나아가서 인문과학과 사회과학의 여러 법칙도 물리학의 법칙의 범주에서 설명되고 통일되리라고 믿어 마지않는다.

양동봉의 '제로존Zero Zone 이론'(현재는 OPS 이론으로 명칭을 바꿨다_편집자주)은 미완의 과제인 통일장 이론의 완성을 의미하는 것이다. 거기에 더하여 제로존 이론은 세상에 존재하는 모든 단위의 통일을 완성한 것이다. 그렇기 때문에 획기적이고 역사적인 사건으로 기록되리라고 믿어 의심치 않는다.

제로존 이론은 아인슈타인의 상대성 이론이 매우 간단한 방정식으로 표현된 것처럼 매우 간략하고 아름답게 정리되어 있다. 이 양동봉의 이론이 세상에 공표되면 모든 사람들이 크게 놀라지 않을까 싶다. 아니면 아예 무관심을 보이거나 백안시할지도 모른다.

양동봉은 정규 과정으로 물리학을 전공한 일이 없다. 그는 치의학을 전공한 치과 의사다. 그런 그가 현대물리학과 수학을 섭렵하고 제로존 이론의 체계를 정립했다는 것은 상상할 수도 없거니와 믿기도 어려운 일이라고 할 수밖에 없다.

양동봉에게는 스승이 없었다.

이 점에서는 뉴턴이나 아인슈타인도 마찬가지였다. 뉴턴도 그랬지만 아인슈타인은 기존 학계나 교수들에게 의존하지 않고 연구에 몰두했다. 이를테면 독학으로 일관한 셈이다. 아인슈타인의 입장에서 고전물리학은 이미 시대에 뒤떨어진 것이었다. 그는 다만 급속하게 변해 가는 과학 연구의 흐름을 지켜보면서 독자적으로 이론을 형성하려고 안간힘을 다 했다. 아인슈타인은 대학을 졸업한 뒤 실직을 경험하기도 했다. 스위스 특허국의 기사로 취직이 되자 비로소 안정을 찾고 연구에 전념할 수 있었다. 그의 이론 체계는 이때 이루어진 것이다.

이런 점은 양동봉의 경우도 비슷하다.

어쩌면 아인슈타인보다도 더욱 열악한 환경과 조건 속에서 이론 완성을 꽃피웠다고 할 수 있다. 양동봉은 어느 모로 보더라도 기존 물리학계와는 완전히 동떨어진 인물이다. 그를 가르친 물리학 교수는 이 세상 어느 곳에도 존재하지 않는다. 이런 점에서 그는 아인슈타인보다도 더한 독학을 했다. 게다가 양동봉은 비록 치과 의사였지만 현대물리학의 연구 동향을 꿰뚫어 보면서 그의 이론 체계를 완성했다.

뉴턴이 저서 《프린키피아》를 출판했을 때는 출판과 동시에 획기적인 저작물로 높은 평가를 받았다. 그러나 아인슈타인의 논문이 최초로 발표되었을 때는 전혀 그렇지 않았다. 그의 특수 상대성 이론은 출판된 뒤 철저하게 무시당했다. 아인슈타인은 자기의 이론을 에워싸고 논쟁이 일어날 것을 기대했었다. 그러나 안타깝게도 아무런 반응이 없었다. 하지만 그는 수백 통의 격려 편지보다도 값진 한 통의 편지를 받았다. 그것은 막스 플랑크Max Planck가 보낸 것이었는데, 그의 이론에 대한 궁금증을 적시한 내용으로 가득 찬 노트였다.

양동봉의 이론에 대한 국내 학계뿐만 아니라 세계 학계의 반응이 어떨지 자못 궁금하다. 아인슈타인이 가장 존경했던 인물은 뉴턴이었다. 하지만 아인슈타인은 뉴턴에게 다음과 같은 글을 남겼다.

뉴턴 선생님, 나를 용서해주시기 바랍니다. 선생은 당시 최고의 지성과 창조적 능력을 가진 사람이 할 수 있는 유일한 방법을 발견했습니다. 선생이 창조한 개념은 오늘날의 물리학에서도 우리들의 사고思考를 이끌어주고 있습니다. 그러나 개념의 관계를 보다 심오한 곳에서부터 이해하려고 하면 선생이 창조한 개념은 직접적인 경험 범위에서 벗어난 것에 의해 대체되어야 할 필요가 있다는 것을 나는 알았습니다.

양동봉은 아인슈타인을 가장 존경한다고 말하고 있다. 그는 제로존 이론을 공표하면서 아인슈타인에 대한 감사의 마음을 펼친 바 있다. 하지만 양동봉도 역시 아인슈타인이 뉴턴에게 남긴 것처럼 그런 글을 남길 수 있을 것으로 믿는다.

아인슈타인 선생님, 나를 칭찬해주시기 바랍니다. 선생은 당대의 최고 지성과 창조 능력을 가진 사람이 할 수 있는 유일한 방법을 발견했습니다. 그러나 선생은 해내지 못한 과제가 있었습니다. 그것을 내가 해냈습니다.

내가 양동봉을 만난 것을 어떤 이는 우연의 극치라고 말한다. 심지어는 필연이라고 말하는 이조차 있다. 그러나 나는 우연 또는 필연으로 구분 짓는 것을 별로 좋아하지 않는다. 궁극적으로 그것은 같은 것이기 때문이다. 흔히 이 세상은 우연으로 가득 차 있다고 말한다. 그러나 이 세상에는 우연이라고는 하나도 없는 법이다. 그렇다고 이 세상은 필연으로만 이루어졌다고 강변할 수도 없는 일이다.

천부경天符經이 아니었더라면 나와 양동봉의 만남은 이루어지지 않았을 것이다. 그와 나는 천부경의 끈으로 이어진 테두리 속에서 만난 셈이다. 천부경은 단군 할아버지가 전한 우리 민족의 가장 위대하고 오래된 경전이다.

우리는 단군의 가르침을 흔히 홍익인간弘益人間, 재세이화在世理化로 집약한다. 그리고 이런 가르침을 담은 경전의 으뜸으로 천부경을 손꼽고 그것을 구체화한 경전을 삼일신고三一神誥라고 일컫는다.

나는 단군의 홍익인간 정신을 크게 중시하는 입장이다. 홍익 '민족'을 내세우지 않고 '인간'을 내세웠다는 것은 이 경전이 단순히 민족의 차원에 머무는 것이 아님을 웅변해준다. 그것은 분명 인류적이고 지구적이고 나아가서 우주적인 진리를 담고 있는 경전인 것이다.

천부경은 모두 81글자로 이루어졌고, 삼일신고는 모두 366글자로 쓰여 있는 경전이다. 81글자의 경전은 이 세계에 존재하는 경전 가운데 가장 짧은 것이라고 일컬어진다. 81글자 가운데 1에서 10까지의 숫자는

31글자이고 문자는 50글자다. 천부경은 숫자와 문자의 어울림을 통해서 우주의 원리와 인간의 원리를 깨우쳐 주고 있다.

천부경은 어떤 의미에서 가장 간명하고 아름다운 방정식의 요소를 지니고 있다고 해도 과언이 아니다. 나는 진리眞理는 아름다운 방정식으로 표현되는 것이 하나의 절대조건이라고 믿고 있다. 개념에 있어서는 과학의 진리와 경전이나 종교의 진리가 별개일 수 없다. 다시 말해서 종교의 진리와 과학의 진리가 따로라면 그것은 어느 쪽이 됐건 진리라고 하기 어렵다는 이야기다.

나는 진리의 개념을 말할 때 진리란 단순 명쾌한 것이라고 말하기를 서슴지 않는다. 만약 진리를 아주 복잡하게 설명하거나 어지러운 방정식으로 기술한다면 그것은 이미 진리와 동떨어진 것이 되고 만다고 주장해 마지않는다.

양동봉의 '제로존 이론'은 천부경의 우주관이 현대물리학의 그것과 별개가 아닌 하나(一)의 진리와 연관되어 있음을 만천하에 공표한 것이라고 할 수 있다.

나는 제로존 이론은 새로운 문명사적 전환을 예고하는 것이라고 굳게 믿고 있다. 바야흐로 과학의 세계에 신지평이 열리고, 세계의 산업계에 지각변동이 일어나고, 인류의 생활에 신기원이 이룩되는 역사의 도도한 소리가 들려오는 시발의 그 순간에 우리는 지금 서 있는 것이다.

이규행

* 이 글은 문화일보 회장을 지낸 이규행(1935~2008년) 선생이 2002년 3월 도서출판 백암에서 출판한 《새로운 양자물리 이론을 찾아서》의 발문跋文으로 쓴 글을 다시 수록한 것이다. 이 글에서 '제로존 이론'은 현재의 'OPS(하나의 매개변수 해) 이론'을 말한다.

차례

추천의 글   문명사적 전환을 예고하는 발견   4
프롤로그   누가 밤새 137의 비밀을 풀어 주었지?   12

제1부

물리학이라는 세계를 만나다
기초 물리학

01 우연을 넘어선 여러 인연과의 만남	43
02 치과 의사가 왜 물리학에 빠져들었을까	60
03 34년 동안 마법의 상수를 파헤치다	64
04 하늘 끝까지의 높이를 재고 싶어 한 소년	86
05 오랫동안 믿고 있던 상식이 무너진다 I	106
06 오랫동안 믿고 있던 상식이 무너진다 II	112
07 아인슈타인도 파인만도 침묵했던 에너지의 정의	125
08 빛의 속도는 왜 일정한가	139
09 하나의 물리량에 하나의 숫자 붙이기	163
10 확률과 결정론의 조화, 버킹엄 머신	179
11 불가사의한 몬스터군의 물리적 해독	187

제2부

물리학 너머의 세계를 보다
응용 물리학

01 자연의 선택, ONLY ONE	201
02 무한대와 무한소는 존재하는가	214
03 느낌만으로 풀 수 없는 오메가 문제	223

04	우주론의 제1 화두, 블랙홀	231
05	숨겨진 6차원과 중력자	234
06	세 개의 큰 질문	249
07	드디어 문샤인을 찾았다	278
08	중학생도 검증할 수 있는 양자 중력	282
09	운명처럼 찾아온 모든 것의 마지막 두 문제	294
10	영성은 어디에서 오는가	307
11	그물에 걸리지 않는 바람처럼	316

제3부

수식의 세계를 완성하다
10개의 수식

수식 1	새로운 물리학의 출발 공준	327
수식 2	몬스터군의 물리적 해독	334
수식 3	쿼크에서 우주론까지	343
수식 4	최대·최소 블랙홀 질량과 최대 엔트로피	356
수식 5	K-방정식, 사랑 방정식	371
수식 6	중력자와 숨겨진 6차원	378
수식 7	최소 에너지양자, 궁극적 기본단위	391
수식 8	큰 수 가설	398
수식 9	문샤인	407
수식 10	허블 상수 구하기	413

에필로그 '하나의 이치'를 실천하는 것 419

부록 그동안의 발자취를 담다 441

찾아보기 449

○ 프롤로그

누가 밤새
137의 비밀을 풀어 주었지?

　습관은 무섭다. 그리고 한번 몸에 밴 습관은 좀처럼 고치기 힘들다. 여러 가지로 편한 다른 쪽 길이 있는데도 전혀 눈치채지 못하게 하는 것 역시 습관이다. 몸은 뇌보다 판단이 빠르다. 그러고 보면 뉴턴의 관성의 법칙이 그냥 나온 게 아니다. 사람에게는 습관의 법칙이라 해도 좋을 만하다. 습관이 몸에 배면 모든 것을 자신도 모르게 이분법으로 갈라서 영락없이 관성의 법칙으로 접근한다.
　"이쯤에서 손 떼는 게 좋겠어. 이거 뭐 말도 안 되고 잘못 건드렸다간 힘들게 얻어낸 경력에 문제만 된다고…." 이처럼 일단 물리학자가 되면 자기방어적 태도가 저절로 몸에 배게 된다.
　이 책을 다 읽고 나면 나는 왜 이런 사실을 여태껏 몰랐지 하는 생각이나, 나는 왜 이런 생각을 못 했지 하는 생각을 가질 것이라 확신한다.
　오랫동안 확고하게 자리매김한 전통과 권위는 새로운 강력한 증거

hard evidence에 의해 뒤집힐 수 있다. 그래서 오랜 전통을 가진 물리학은 다음과 같은 불문율을 가진다.

'일어날 일은 결국 일어난다. Everything that can happen does happen.'

보통의 일반인은 이 책의 제목으로 나와 있는 숫자 137을 보면, 조금 특이하게 생각하면서도 그렇고 그런 낯선 숫자의 하나로 여기며 무심코 지나칠 것이다. 이에 반해 세상의 모든 물리학자들은 이 숫자가 가진 상징성으로 인해 눈이 저절로 커지며 호기심에 가득 찬 눈빛이 될 것이다. 137이 발견된 지 100년이 지났지만, 그 숫자가 가진 비밀을 풀어 줄 신비로운 패스워드는 아직 나타나지 않았다. 유명한 과학자일수록 137이라는 숫자는 그 어떤 수식보다 풍성한 보물이 가득한 선물 상자를 열어 줄 키워드라고 생각했다. 하지만 많은 물리학자들이 137을 붙잡고 씨름하다가 뜻을 이루지 못한 채 아쉬움 가득한 한숨을 쉬며 물러났다.

이런 사실을 조금이라도 아는 물리학자라면 이 책의 제목에서 137을 보는 순간 흘깃 관심을 보이면서도 '또 누군가 쓸데없는 수작을 부리고 있지 않나' 의심할 것이다. 그렇지만 분명 '속는 셈 치고 한번 보기나 하자' 하며 가던 길을 멈추고 대략적으로나마 책장을 훑어보리라 생각한다.

노벨상 수상자이며 이론물리학자인 리처드 파인만Richard Feynman은 일반인에게도 널리 알려져 있는 인물이다. 그는 평소 동료 물리학자들에게 집 대문이나 책상 앞 벽면에 숫자 137을 쓴 패널을 걸어 놓기를 권했다고 전해진다. 그만큼 이 숫자 137은 세상의 모든 물리학자들을 블랙홀처럼 빨아들이는, 깊고 묘한 마력을 가진 '잘 알려진 수수께끼'다.

혹 과학에 관심이 있거나 약간의 소양이 있는 일반인이라면 구글에 마법의 수 137magical number 137을 검색하여 그 물리적 의미를 한번 살펴보기를 권한다. 특히 물리를 배우는 민족사관학교나 과학고에 재학 중인 학생들이 이 마법의 수 137에 관심을 가졌으면 좋겠다. 호기심과 상상력, 창의력, 그리고 지적 경쟁력을 한껏 키우는 동기가 될 것으로 생각하기 때문이다.

구글에서 확인할 수 있듯이, 세상의 내로라하는 유명 물리학자들이 물리학 전 영역에 걸쳐 불쑥불쑥 튀어나오는 이 마법의 수 137의 출처에 대해, 그리고 왜 하필 그 숫자여야만 하는지에 대해 평생을 두고 탐구해왔다. 결과론적인 이야기이지만, 이 마법의 수 137에 대한 의문을 말끔히 풀어 주는 사람이 있다면 틀림없이 그는 일거에 '아인슈타인'에 버금가는 위상을 갖게 될 것이다. 그뿐만 아니라 이 수를 해독한 사람이면, 차츰 일상용어로 사용하면서 관련 수식은 산술로 대체하여 설명할 수 있을 것이다.

수많은 물리상수 중에서 이 수는 특이하게도 단위조차 없는 순수한 숫자로 존재한다. 그렇기에 물리학자들은 마법의 수 137을 물리학 역사상 가장 신비스러운 무차원수(상수)라고 부르고 있다. 이 마법의 수 137은 물리학 전 영역에 걸쳐 여기저기 불쑥불쑥 시도 때도 없이 나타난다. 그래서 물리학 영역에서 노벨상을 수상한 세상의 유명한 학자들 모두가 모진 인내심을 가지고 덤벼들었으나, 아직까지 물리학자들을 설득할 만한 뾰족한 설명이 발표되지 않고 있다. 나중에 다시 언급하겠지만, 노벨 물리학상을 수상한 '파인만'이 토로하듯이 이는 사람의 지적 능력을 넘어 신의 손길에 있기 때문이다. 신의 설계 도면을 훔쳐보는 것이 가능할까? 양자 컴퓨터도 뚫을 수 없는 신의 설계 도면은 양자내성 암호화 기술의 수학적 원리가 될 것으로 보인다.

***

나는 하나의 이치, 숫자 '1'이 현재까지 숨기고 있는 내용이 무진장하다고 이미 오래전부터 확신하고 있었다. 그러나 과학은 그 특성상 심증이나 비결, 예언 등의 방법으로 설득되는 분야가 아니었다. 다시 말해 이런 방법으로는 내가 설득하고자 하는 최상위 물리학자들의 시선을 끌어올 수 없다는 것을 잘 알고 있었다.

여기서 '수'는 자연에 재하는 모든 이치를 포함하는 개념을 뜻하고, '숫자'는 인간이 수의 개념에 따라 약속한 표기 방법이나 수단을 뜻한다. 서양에서는 숫자 number 하나로 개념과 표기 방법을 함께 지칭하고 있다.

특히 유의할 점은 이 책에서 '수'가 단순한 실수 real number 체계를 넘어서 복소수 complex number 체계까지 확장하고 있다는 것이다. 어디까지나 실수는 허수부가 0인 복소수의 일부에 지나지 않음에 유의하자. 측정이 중요시되는 물리학 영역에서 반드시 '허수'가 등장하는 양자역학의 세계가 존재하기 때문이다.

슈뢰딩거 파동방정식에서는 허수 존재가 대단히 중요해 보인다. 그러나 심오한 우주론을 펴고 있는 일반 상대성 이론에서는 허수가 사라지고 실수만 존재한다. 사라진 허수는 결코 사라진 것이 아니라 잠재되어 은닉되어 있을 뿐이다.

이 땅 위에 사는 모든 물리학자들의 평생의 꿈은 일반 상대성 이론과 양자역학의 통합이다. 이 통합에 있어서 개념적으로 '실수'나 '중력'이 무엇인지 마음 급하게 질문할 것이 아니라, '허수'가 무엇인지 먼저 마음 차분하게 질문해야 할 것이다. 난해한 '양자 중력'을 모르는 것에 부끄러워할 것이 아니라, 우리에게 너무나도 익숙한 '하나'를 제대로 모르는 것에 정녕코 부끄러워해야 한다. 그동안 우리가 받은 교육이 매우 한정적임을 자각하면 언젠가는 '칵테일파티 효과'가 없어질 것이다. 이 효과는 칵테일파티 같은 시끄러운 장소에서도 자기에게 필요하거나 익숙한 소리만을 분간해서 듣거나 들리는 능력을 말한다.

강조하건대, 허수의 출현이 중력의 개념과 어떤 관계가 있는지 이해하게 되면 물리학은 거의 완료된다고 보아도 지나치지 않을 것이다.

나는 물리학 독학 34년이 지나는 시점에서 마법의 수 137의 수식 비밀을 알게 되었다. 그리고 왜 물리학자들이 평생을 두고 끈질기게 이 마법의 수 137을 탐구했는지 이해하게 되었다. 동서양을 막론하고 수천 년간 '하나'의 개념이 엄청난 마력으로 끌어당기고 있다는 생각을 했기 때문이다. 이는 '즉각적' 또는 찰나나 '영원'이라는 표현이 한낱 시어詩語이거나 문학적 수사에 불과하다고 여겼던 지난날 감성적 생각이 실상으로는 우주론적 사건과 관련되어 있음을 깨달은 것과 같다고 할 것이다. 이럴 때 우리는 자연의 경외스러움에 합장하는 마음이 된다.

이 책은 마법의 수 137을 풀게 된 초기 동기를 밝히고 있다. 더불어 관련된 내용 및 수식 증명, 그리고 그 난해한 문제를 풀게 됨으로써 지금까지 전혀 접근조차 허락받기 어려웠던 미해결 문제의 해결이 순식간에 봇물을 터뜨리고 있음을 밝히고 있다. 또 마법의 수 137의 해독의 단서와 관련된 차원과 대칭성, 중력의 정체성, 시간, 공간, 자발적 엔트로피 상쇄, 무한대와 무한소 문제, 초기 우주의 빅뱅에 관한 특이점 문제 등 137의 해독 이후 그 파급효과에 대해서도 설명하고 있다.

나는 마법의 수 137의 퍼즐이 풀린 이후 이를 통해 얻을 수 있는 가장 큰 파급효과로 제1 사건이 떠올랐다. 평소에 '마음'의 핵심을 수식으로 담아낼 수 있다면 얼마나 좋을까 생각해왔는데 이번 기회로 '마음 방정식'을 소개하고 싶다.

마음 방정식에 대한 핵심의 기본 전제 조건은 겉으로는 수많은 마음이 존재하는 것처럼 보이지만, 실상은 불변으로 '하나'라는 점이다. 성인이든 평범한 이든 마음이 자연의 원리에서 비롯되기 때문이다. 나는 사람의 기본 본성이 선하거나 악한 것이 아니라 귀한 것이라고 생각한다. 모든 원형성의 기본 특성이다. 천상천하 유아독존 天上天下 唯我獨尊이라 하지 않던가. 사람은 누구든지 귀하게 태어났기 때문에 사랑을 받고 사랑을 주는 '이중성'의 마음을 가진 존재다.

사람은 태어나는 순간 신의 품을 떠나 신을 대신한 어머니의 손으로 인도되어 사랑을 받는다. 이 세상을 떠나는 순간에는 어머니의 손을 떠나 신의 품으로 다시 인도된다. 어머니의 마음부터 마지막 신의 마음까지 자연이 대신해서 일러준 두 가지 마음이 하나 된 '마음 방정식'을 3부 수식 4의 Eq. 4-15에서 보여주고 있다. 아인슈타인이 만년에 알고 싶어 했던 '신의 생각'을 함축해놓고 있는 수식이다.

기본적으로 실험 및 관측 데이터가 없었으면 해당 수식(Eq. 4-15)을 얻어내기가 불가능했을 것이다. 이 수식이 놀라운 이유 중의 하나가 '측정 행위'를 통해 얻어낸 미시와 거시의 데이터에 기반하여 결코 눈으로 볼 수 없는 '마음'에 관한 방정식을 세울 수 있게 되었다는 점이다.

관련된 학문은 수학, 물리학을 비롯한 자연과학 및 철학, 종교, 인문·사회과학이 들어 있다. 관련된 기술technology 또한 거의 알려진 바 없는 기술이 총동원되고 있다. 특히 인지과학 분야에서 가장 큰 관심을 가질 것으로 보인다.

마법의 수 137이 숨기고 있었던 문제는 아인슈타인과 파인만이 풀지 못한 문제까지 풀 수 있게 했다. 나는 믿기 어려운 이 놀라운 이야기를 물리학자를 비롯해 이 세상의 모든 사람에게 신문고를 치는 심정으로 널리 알리고 싶었다.

먼저 다행스러운 사실을 전하고 싶다. 지금까지는 수식 증명 방법이 오랜 기간을 통해 훈련된 수학자나 물리학자에게도 너무나 어려운 일이었다. 마법의 수 137을 해독하는 과정에서 나는 숫자를 인식하고 컴퓨터 마우스를 조작할 수 있는 사람이라면 누구나, 수식의 진위 여부를 확인할 수 있는 방법을 알게 되었다. 바로 수학적 구조 체계를 산술 체계로 바꾸는 방법이다.

인류사를 바꾼 100대 과학 사건 중 인터넷망에서 손쉬운 정보 공유 방법인 월드 와이드 웹(www)이 수위를 차지하고 있다. 사상 처음 수식의 진위 여부를 누구나 손쉽게 파악할 수 있는 방법을 개발해놓고 있는데, 이것이 이와 마찬가지의 사건으로 취급받지 않을까 싶다.

새로운 수학적 구조 체계를 산술 체계로 바꿔 놓는 방법을 독일의 수학자이며 철학자인 라이프니츠Gottfried Wilhelm von Leibniz는 '보편문법Universal Grammar, UG'이라고 칭한 바 있다. 이 책에서는 앞으로 일반인이 쉽게 수식을 검증하는 방법을 '보편문법'이라고 지칭할 것이다. (그러나 현재까지 알려진 일반적인 수식을 보편문법으로 바꾸는 것은 수학적·물리적으로 너무나 어려워 검증은 불가능하다.)

　인류에게 기쁘고 반가운 과학적 소식도 발견된 수식을 제대로 이해하지 못하면 그 기쁘고 반가운 소식은 반감되고 만다. 이 책 본문에서 수식의 증명 방법에 대해 거듭 설명하고 있지만, 간략하게 말하자면 다음과 같이 비유할 수 있을 것이다. '아무리 어렵게 만들어서 열기 어려운 자물쇠라 하더라도 그 자물쇠에 딱 맞는 열쇠만 준다면 그 자물쇠는 반드시 열리고 만다.' OPS는 자물쇠-열쇠 이론Lock & Key Model이라고 할 수 있다.

　수 세기에 걸쳐 오랜 시간을 두고 수학자들은 대단히 어려운 수식을 아주 용이하게 증명할 수 있는 수학적 체계를 어떻게 만들어 낼 것인지 고심해왔다. 이렇게 오래된 수학의 증명 방법론이 물리학 영역에서 마법의 수 137을 풀었다고 주장하는 증명에 쓰이게 될 줄은 아무도 예상하지 못했을 것이다. 말과 글로는 다 헤아리기 힘든 대사건이라 할 수 있다.

　이 책이 출간되면 누가 먼저라고 할 것도 없이, 물리학자는 말할 것도 없고 수학이나 과학을 모르는 일반인까지, 마법의 수 137을 제대로 풀기나 했을까 의구심을 가질 것이다. 수식 검증을 해낼 수 있는 방법론 그 자체 또한 창세기 이후 처음 있는 혁명적 사건이라고 해도 지나치지 않아서 많은 불신을 받을 것이다.

　물리학자들이 오랫동안 꿈꿔 왔던 네 가지 힘의 통일처럼 마법의 수 137은 중간 해의 길목마다 필요한 해독을 이어가기 위해 수많은 계곡의 강을 건너게 했다. 그 순간순간마다 밤새 모르는 초지능의 도움을 받았다고 자백한다. 여하튼 과학고 재학 중인 고등학생이나 물리학 전공

대학생에게 이 책 3부에 있는 수식을 직접 확인해보라고 말하고 싶다! 이렇게 말하는 건 그만큼 수식 입증에 확신에 찬 자신감을 가지고 있기 때문이다. 특히 수식의 일관성뿐만 아니라 이와 관련된 수많은 성공과 실패에 따른 스토리텔링도 함께 보유하고 있음을 밝힌다.

나는 이 마법의 수 137이 이론·실험물리학자들이 예로부터 어렴풋이 느끼거나 과학적으로 예상한 것보다 훨씬 더 깊고 더 넓은 물리적 의미를 가지고 있다고 생각한다. 그리고 철학·종교 등 인문 사회학적으로도 그 파급력이 유례없이 강력할 것으로 본다. 오래전부터 물리학에서는 모든 것을 단 하나의 방정식 세트로 묘사할 만큼 충분히 단순하다는 많은 징후가 있어 왔다. 이제 실제 상황이 생긴 것이다. 당연히 수식으로는 물리 데이터와 모순 없는 수식(Eq. 4-15)으로 재확인했다. 모든 사건에는 반드시 기미가 있기 마련이다.

***

마법의 수 137을 풀거나 신기원을 이룰 만한 증명 방법에 대해서는 이미 2007년 8월 무려 34페이지에 이르는 〈신동아〉의 대서특필로 그 첫 번째 징후를 명확히 보여주었다. 돌이켜 보면 당시 나의 이론이 큰 방향에서는 틀리지 않았으나, 연구의 초기 단계였음에도 불구하고 가능성을 격려하기보다는 비판적인 내용이 더 크게 부각된 것은 아쉬움으로 남아 있다. 어쨌든 〈신동아〉 8월호에서 도발적이라 간주되었던 제목 및 부제목 기사가 사실로 밝혀지는 것은 이제 시간문제가 되었다. 그리고 그 당시에 보도된 내용이 결코 과장이 아니었음이 곧 드러나리라고 나는 확신한다. 물리학의 넓은 정원에 우뚝 선 한 송이 꽃 같은 수식(Eq. 4-15)은 물리적 의미나 어떻게 수식을 유도했는지를 제쳐 두고라도 수식의 진위 여부 정도는 일반 중고생도 쉽게 계산해낼 것으로 보기 때문이다. 수식에 대한 설명과 검증 문제는 이 책 전반에 걸쳐 거듭해서 이루어지고 있다.

21세기 문화·문명의 대전환이라고 일컬을 수 있는 마법의 수 137이 해독된 지금 이 시점에서 보면, 2002년에 이 책의 추천사를 미리 써 주신 것 같은 고故 이규행 님의 예언은 의미심장하다. 그의 예언처럼 문화·문명사의 전환이 어떻게 이루어지는지 나도 무척 기대가 된다. 그런 의미에서 나는 마법의 수 137을 21세기 노아의 방주처럼 기아 구제의 표상으로 삼고 있다. 노아의 방주 길이가 우연의 일치라도 되는 양 137미터쯤 되기 때문이다.

이 책의 대부분은 '하나'와 그 하나의 집합과 관련하여 미시영역에서 거시영역까지 온갖 물리량에 대한 개별 수치를 과학적으로 예측하고 있다. 이 예측량이 점차 확인되면 천문학적 비용이 들어가는 지하의 가속기 실험이나 먼 하늘에서 관측에 사용되는 갖가지 망원경의 제 비용이 대폭 줄어들 것으로 예측된다. 그리고 이 책의 출간과 함께 동방의 해 뜨는 나라 한반도에서 먼저 마법의 수 137에 대한 해설이 시작될 것이다.

단위 차원에 무관한 대칭은 마법의 수 137이 어떤 단위계와도 관계없음을 보여준다. 사실은 전문 도량형 물리학자들은 제출된 논문의 결과만 살펴볼 것이다. 이때 주어진 수식의 수학적 일관성이 먼저 지켜지는지 볼 것으로 보이는데, 이것은 아주 긴 시간이 소요되지 않을 것이다. 1차 단계는 물리적 통찰의 단계다. 논문에서 주어진 출발 공준이 하나라도 실험·관측 데이터와 모순되면 즉각 기각되거나 폐기되고 만다.

핵심적인 문제는 2차 단계로, 이런 단위 통일 결과로 얻을 수 있는 가시적인 물리적 유용성이나 효과 등 물리적인 의미 찾기에 주력할 것으로 보인다. 이것은 수학 영역에 있는 몬스터군에 대한 중력과 분리할 수 없는 물리적 해독이 필요한 부분으로, 마법의 수 137의 풀이는 깊고 깊은 강을 건너는 것이라 할 수 있다. 이 강을 무사히 건너오기 위해서는 엄청난 지력과 체력이 필요하다. 이는 뛰어난 두뇌와 무쇠 같은 의지만으로는 불가능하다. 그래서 나는 내가 직접 개발하여 특허받은 기계학습 도구인 버킹엄 머신Buckingham Machine, BM을 통해 찾아낸 것이다. 결과론적으로 말해 마법의 수 137의 무차원수에 대한 물리적 통찰, 바로 그것이다. 왜 무차원 숫자이며 하필이면 그 숫자인가를 수식(Eq. 4-15)이 보여주고 있다.

거듭 강조하지만, 단위 차원의 통일로 이어지는 첫 단추를 잘못 끼우면 7개 단위 통일이 선행되지 못하는 결과로 이어져 마법의 수 137에 대한 해독 자체가 불가능하다. 관련된 수식 증명 과정은 차원 통일과 대칭으로 출발한다. 이 책에서는 그 과정을 일관성 있게 보여주고 있다. 여하튼 단위 차원에 무관한 대칭이 '순수 숫자'로 대체될 수 있듯이, 마법의 수 137은 '순수 숫자'로 존재하여 어떤 단위계와도 무관하다.

일반인의 경우, 상기한 복잡한 증명 내용이나 세세한 논문의 과정 이해는 불필요하다. 수식의 진위 여부에 대한 일반인의 검증 문제는 2차 단계의 보너스로 주어진, 물리량에 숫자만 얻어서 끼워 맞추는 단순한 산술 계산으로 충분하다. 오래전 라이프니츠와 오스트리아-헝가리계 미국 수학자이자 논리학자 쿠르트 괴델Kurt Gödel이 설계하고자 했던 바로 그 '보편문법'이다!

평생 500여 편의 방대한 분량의 책과 논문을 썼던 스위스의 천재 수학자 레온하르트 오일러Leonhard Euler조차도 가까운 친구에게 그 자신의 답답한 심정을 다음과 같이 전했다고 한다.

"어떻게 하면 다른 사람이 믿기 시작할까?"

오일러의 질문은 사람을 믿게 만드는 기술이 무엇인지에 관한 것이다. 그리고 그것이 무엇인지 이 책에서 한마디로 답변하고 있다. 바로 '보편문법'을 작성하라는 주문이다.

보편문법은 인간 사고의 집약으로 아인슈타인과 파인만이 풀지 못한 문제를 푸는 것과 같다. 다시 말하면 수식의 증명 구조에 대한 혁명이나 마찬가지인 것이 보편문법이다. 고전 미술의 3대 미덕이 완비되어야 한다. 내가 생각하기에 그것은 비례proportion, 대칭symmetry, 조화harmony다.

현실로 돌아가 보자. 과학자 자신이 힘들여 얻어낸 방정식 등의 수식이 옳은지 그른지 그 진위 여부를 남들이 확인 검증하는 일은 결코 쉽지 않다. 현대과학 패러다임에서는 거의 불가능한 것으로 알려져 있다. 역사상 수많은 논리학자들이 수식의 진위 여부를 판정하는 방법에 도전했지만 좌절한 바 있다.

나는 이 책에서 자유 매개변수를 완벽히 제거해내지 못했지만, '보편문법'만이 가질 수 있는 보편적인 수식 증명 체계를 찾아냈다. 자연과학의 혁명이라 할 수 있는 검증 시스템의 발견이다. 곧 '진리가 스스로 드러나게 하는 방법'을 천신만고千辛萬苦 끝에 찾아낸 것이다.

마법의 수 137의 해독과 인류가 오래전부터 꿈꿔 왔던 단위 통일의 선언, 그리고 일반인이 참가할 수 있는 수식의 증명은 일찍이 없었던 자연과학의 패러다임 전환이 급격하게 이루어지고 있음을 보여준다. 이 세상의 모든 물리학자들이 관심을 갖고 지켜보리라 기대한다.

나는 137의 해독이 물리학적 의미 이외에 모든 인류가 적극적으로 관심을 가져야 할 기아 구제의 방법론이라고 생각한다. 이 기아 구제 슬로건의 중심지는 21세기 문화·문명의 전환지인 한반도가 될 것이다. 그리고 기아 구제의 종국적 방향은 반문화·반문명의 중단 행위, 곧 반전운동의 슬로건으로 전환될 것이다. 이 모든 것의 중심은 한반도이며(그 이유는 차츰 알게 될 것이다), 그 원리의 중심은 하늘이다. 하늘과 땅이 서로 통일되어 땅의 영광, 하늘의 찬미는 우리 인류가 결코 분리될 수 없는 모두 '하나'라는 철학·과학·종교적 결론으로 이끄는 사랑과 용서가 될 것이다. 참다운 용서는 자연법칙에 대한 이해가 선행되어야 한다. 이중성의 해석에 대한 혹독한 훈련이 요구된다.

마법의 수 137에 대한 풀이는 지금까지 전혀 볼 수 없었던, 그야말로 신기원을 이룰 만한 완전히 새로운 수식 구조 체계다. 증명 방법론(보편문법)과 단위 통일로 이어진 도량형 통일이 없었다면 불가능했다고 할 수 있다. 마법의 수 137의 풀이 뒷면에는 이 세상의 천재 물리학자들이 전혀 예상하지 못한 '비밀의 늪'이 있었다고 이제야 말할 수 있다.

'비밀의 늪'이란, 일반 상대성 이론의 수식에 오랜 시간을 통하여 훈련된 전문가라 하더라도 도저히 알 수 없는 놀라운 결과들이 은닉되어 있다는 뜻이다. 이는 일반 상대성 이론이 물리학적으로 더할 수 없이 완벽한 이론임을 마법의 수 137이 보증하고 있다는 뜻이기도 하다.

이러한 경이로운 결실이 나오기까지의 과정 이야기를 위해 대학생 시절로 잠깐 되돌아가고자 한다.

＊＊＊

나는 '내가 오늘 사는 의미'라는 주제의 에세이를 1977년쯤 조선대학교 치과대학 교지인 〈치호〉 3호에 게재한 바 있다. 이 에세이는 당시 젊었던 나의 세상을 보는 가치관을 그대로 보여준다. 그뿐만 아니라 대학 졸업 후 치과 의사라는 직업을 가지고 물리학을 독학해야만 했던 사연을 예고하는 듯하다. 에세이의 첫 구절은 다음과 같다.

내가 오늘 사는 의미는 모든 사람을 사랑하는 의미에서부터 출발한다. 실존의 긍정은 사랑의 긍정이요, 실존의 부정은 사랑의 부정이다.
나에게는 이 같은 결론이 매우 절실한 고통 가운데 나온 것이다. 유행가 가사 중 이런 가사가 있다.

새는 노래하는 의미도 모르면서 자꾸만 노래를 한다.
새는 날아가는 곳도 모르면서 자꾸만 날아간다.
(중략)
당신의 덧없는 마음도 사라져 간다.

에세이에서 언급한 노래는 송창식의 〈새는〉이라는 노래로, 나는 이 노래에 담긴 가사의 의미를 오랫동안 곱씹고 있었다. 대학 생활을 전후로 나는 실존實存의 의미에 대해서 끈질기게 답을 찾으려고 애썼다. 그런 연유로 나는 다음과 같은 질문을 끊임없이 해왔고 그 해답을 얻기 위해 내심 동분서주해왔다. '살아야 하는 의미를 찾지 못한다면, 과연 공부가 무슨 소용이 있을까?' 당시 해양대학에 다니던 가장 친한 친구는 이 시험을 앞두고 신발을 가지런히 벗어 놓은 채 바다로 들어갔다. '그런데 나는 왜 계속 살아가야 하나?' 이런 질문을 던지며 실존의 의미를 찾아 헤매던 나는 확실한 이유는 모르지만, 실존의 핵심이 사랑이나 연민이라고 생각하게 되었다. '그렇다면 나는 이 사랑이나 연민을 어디에서 찾을 것이며 무엇을 해야 할까?' 사회문제와 철학에 관한 책을 많이 읽었던 탓인지 급기야 나는 이런 질문에까지 나아갔다. '세상에서 가장 풀기 어려운 문제가 무엇인가?'

하지만 대학 졸업과 군 복무를 마치고 치과 의사로 자리 잡으며 경제적으로 여유가 생기자, 대학생 때 고민했던 '삶의 의미'에 대한 생각이 무디어져 갔다. 그러던 어느 순간, 내 능력에 비해서 과분한 생활을 하고 있다는 반성이 일어났다. 그리고 대학 시절에 생각했던 '내가 오늘 사는 의미'를 다시 진지하게 고민하면서 무엇을 할 것인지 찾기 시작했다.

그 전환점의 핵심 키워드는 세계에서 9명 중 1명이 매일 굶주리고 있다는 기아와 빈곤 문제였다. 세상에는 눈에 보이지 않게 숨어 있는 슬픈 사연을 가진 사람들이 너무 많았다. 누구나 배고픔에 직면하면 부모와 형제자매마저도 눈에 들어오지 않는다. 부족한 식량을 극복하는 궁극적인 방법은 땅을 일구기 위해 필요한 삽이나 곡괭이가 아니다. 가장 먼저 필요한 것은 총기 등을 사용하여 남의 재산을 약탈하는 것을 방지하는 것이다. 이러한 것을 뻔히 알면서도 우리는 무관심으로 일관한다. 대학생 시절 이 문제는 전 인생을 걸고 매달릴 만한 가치가 있는 문제라고 거듭거듭 마음에 새겼다.

'기아 종식'이라는 슬로건은 흩어진 사람들의 마음을 하나로 연결시키는 데 있어 충분히 좋은 과제였다. 이 과제를 풀기 위한 구체적 방안을 찾는 과정에서 나는 물리학을 떠올렸다. 핵무기 제조나 보유보다 더 큰 상위 기술로 모든 사람들의 마음을 결집시킬 수 있는 방법이 정녕코 '여기에 있다'고 생각했기 때문이다.

과학 문명의 시대에 물리학은 세계를 움직이는 핵심 지식이지만, 아직도 물리학에는 풀리지 않은 난제가 많았다. 이 물리학의 난제를 풀어서 세상 사람들의 관심을 불러일으킨다면, 기아와 빈곤을 해결할 수 있을 것이라는 생각이 들었다. 그러므로 나에게 있어서 물리학은 복잡하고 다양한 자연현상을 과학적으로 기술하는 그런 것이 아니었다. 이 같은 일상적인 물리학을 뛰어넘어 마음과 의식, 초지능까지 포함하는 물리학이어야 했다. 나는 이런 물리학을 '메타 물리학'이라고 부른다.

현대물리학은 인류를 공포와 위협으로 내몬 핵무기 제조 지식을 제공했다. 나는 '메타 물리학'이 마음과 마음으로 전해지는 실존적인 사랑을 통해 인류를 공포와 위협에서 해방시키는 새로운 시대의 문을 열게 한다고 생각한다. '메타 물리학'은 지구에서 '빈곤'과 '기아'라는 반문명이 사라지고 따뜻한 밥과 깨끗한 물을 마실 수 있는 환경으로 가는 길을 열어 줄 것이다. 전쟁과 살인·마약·약탈·폭력·인신매매·전염병 등과 같은 비극의 가장 큰 원인은 빈곤과 기아다. 이를 해결하지 않은 상태에서 전쟁에서 이기려는 궁리만 하고, 범죄자를 처벌하는 방법만 강구하는 것은 결코 좋은 해결책이 될 수 없다.

세계적인 천재들이 발견한 물리학적 지식을 가지고 먼저 무기를 만드는 일에 사용하는 것은 인류의 비극이다. 나는 이를 넘어선 것이 '메타 물리학'이라고 생각한다. 그리고 '메타 물리학'을 통해 인간의 고결한 지적 창의력을 사람 살리는 일에 먼저 사용해야 한다고 주장한다. '메타 물리학'이 이같이 위대하고 아름다운 목적을 달성하려면, 지금까지 어떤 천재적인 물리학자조차도 풀 수 없었던 물리학의 난제를 풀어내야 한다. 나는 빈곤과 기아를 해결하자는 선한 동기가 그 어떤 경쟁적인 동기보다 더 좋은 열매를 맺을 수 있다고 생각한다. '메타 물리학'이 인류를 널리 이롭게 하자는 철학적인 동기를 충족시킬 수 있다는 사실이 증명되면, 과학은 새로운 모멘텀을 얻게 될 것이라고 나는 굳게 믿는다.

이것이 엉뚱하고도 무지하면서 낙천적인 나만의 이상일까? 아니면 과학의 역사에 정면으로 도전하는 무모한 망상일까? 지난 34년 동안 나는 물리학을 연구하며 끊임없이 내 안에서 들끓는 '이상이냐, 망상이냐'를 두고 매일같이 치열한 전쟁을 치러야 했다. 나의 이 무수한 방황과 회의에 어떤 과학자들은 용기를 주고 격려했지만, 더 많은 과학자들은 냉소와 조롱을 보냈다.

그런데 아무리 생각해도 나는 물리학 분야에 일천하다는 것을 인정하지 않을 수 없었다. 다행히 간절한 염원으로 몰입하다 보니 기아 구제라는 꿈이 나만의 꿈이 아닌 세상 모든 사람들의 꿈으로 이루어질 것이라는 믿음은 사라지지 않았다. 여기에 공감각을 통해 영감을 받거나 초지능을 가진 신神의 도움을 받을 수만 있다면, 어려운 과정을 넘어서 목표에 도달할 것이라는 생각이 더욱 확실해졌다.

심리학이나 뇌과학에서 나오는 '공감각'은 물리학 영역으로 들어오면 '중력'이라는 낯익은 용어로 전환된다. 이 책에서 중력은 차원에 무관하게 분리된 물리적 계를 하나의 통일된 계로 등가화시키는 동인성이다. 중력은 생명과학에서 항상성homeostasis이라는 용어와 유사해 보인다. 항상성의 정의는 생명체가 다양한 환경 변화에 대응하여 생명현상이 제대로 일어날 수 있도록 일정한 상태로 유지하려는 성질이다. 여기서 일정한 상태를 유지하려는 성질을 생명체에서 자연으로 확장시키면 바로 '에너지보존법칙'이 된다.

심리학과 뇌과학에서 현재까지 미해결 문제로 남아 있는 의식 문제는 결합 문제binding problem에 연계되어 있다. 그리고 놀랍게도 물질을 지배하는 중력과 마법의 수 137과 관련 있음을 발견하였다. 여기서 결합 문제란 '뇌나 의식'에서 지각의 여러 측면이 하나의 전체 지각으로 통합되는 과정을 말한다. 즉, 분리된 뇌 영역에서 각 독립적으로 처리된 여러 지각 정보들(색, 모양, 소리 맛, 냄새, 온도 등)이 하나의 단일한 대상으로 통합되어 지각되는 과정이다.

지금까지 풀리지 않고 있던 중력의 정체가 바로 결합 문제의 장본인이었다! 나는 여러 진동수들이 모여 하나의 진동수로 통합 계산되고 있다고 여긴다. 그러므로 각각의 순간 임의의 상태 대상에 정확히 일대일 대응하는 방식을 에너지보존법칙으로 등식화한 것으로 이해하고 있다.

정말 감사하게도, 나와 비슷한 생각을 한 선배 과학자들이 남긴 책은 내가 제대로 된 길을 가고 있다고 힘을 주는 강력한 활력소가 되었다. 나는 평생 기도해왔던 아버지의 21자 기도문을 매일 암송하며 신과 은밀하게 약속했다. '내가 오늘 사는 의미'를 실천적으로 행할 수 있는 그런 약속이었다. 뜻이 길을 열어 준 것인가. 이후 일어난 사건은 정말 기적이 아니고는 일어나기 어려운 일이었다. 정상적인 사고를 가진 사람이라면 쉽게 이해할 수 없을 것이다.

'밤새 누가 137의 비밀을 풀어 주었지?'라는 의문 속에 내 자신의 능력으로는 도저히 감당할 수 없었던 수식을 접하고 분석하는 일에 사계절이 지나는 것을 망각하고 있었다. 이 책에서 137이란 소위 '마법의 수'로서 모든 물리학 난제를 통칭할 뿐만 아니라, 이 땅 위에 살고 있는 모든 생명이 가진 공통(공약)된 표지標識를 의미한다.

이 책의 제목 '노벨상 0순위 137'은 내가 연구한 137이 노벨상 0순위란 뜻이 결코 아니다. 내 연구 결과물이 기아 구제라는 물리학 연구 이면에 숨어서 그동안 흩어져 있던 사람들의 관심을 하나로 통일시키는(노벨상) 최적합한 도구(0순위)의 상징(137)이라는 의미다.

잘 알다시피 노아의 방주 길이는 대략 137미터다. 이런 의미에서 나는 숫자 137의 상징을 기아 구제의 실천적인 메시지로 받아들이고 있다. 모든 생명은 공통적으로 원자나 분자로 된 물질로 구성되어 있는데, 이 마법의 수 137이 원자나 분자의 안정성을 필연적으로 담보하고 있기 때문이다. 실험에서 주어진 마법의 수와 극소하게라도 달라지면 생명은 결코 안정성을 담보할 수 없게 된다. 문제는 '왜 하필 그 단위 없는 무차원 숫자인가?'가 100년이 지나도록 물리학 난제 중의 난제로 남아 있다는 것이다. 그런데 자연법칙에는 생명의 원칙 이외에 또 하나, 무생명의 원칙이 남아 있었다.

무생물의 원칙과 관련된 방정식은 2019년 국제도량형총회에서 정한 7개의 기본단위 및 유도단위의 통일 없이는 불가능했다. 지상의 어떤 학자도 차원에 관계없이 우리가 쓰고 있는 7개 단위를 통일할 수 있는 날이 현실로 다가올지 꿈에서라도 알지 못했을 것이다. 이 글을 현재 읽고 있는 독자뿐만 아니라 이 분야를 전문적으로 연구하고 있는 외국 전문기관이나 한국표준과학연구원조차도 전혀 몰랐을 것이다. 하긴 챗

GPT에 내 몸무게 몇 킬로그램을 입력한 다음 대략 몇 초나 몇 시간으로 환산을 요구하면 컴퓨터는 틀림없이 입력이 잘못되었거나 계산 자체가 무의미하다고 답할 것이다.

나는 현재 자유자재로 복잡한 계산 과정에서 목욕물 온도 단위('켈빈')를 시간 단위 '초'나 거리 단위 '미터' 등으로 사용하고 있다. (물론 Eq. 1-1의 공준이 있다.) 만약에 다양한 단위 물리량을 자기 마음대로 단위를 섞어 쓰는 내 계산 과정을 옆에서 물리학자들이 지켜본다면 대경실색할 것이다!

***

나는 움직일 수 없는 결정적인 증거를 확보할 때까지 침묵할 수밖에 없었다. 결정적인 시기가 올 때까지 조롱과 비웃음에 일일이 대응할 시간도 없었다. 그저 인내심 하나로 험한 세월을 다스려야 했다. 검은 머리를 지녔던 젊은 청춘이 어느새 머리에 하얀 서리가 내렸다. 나는 도저히 사람의 능력으로서는 풀 수 없었던 난제 중의 난제인 물리학 문제를 꿈속같이 풀게 되었다. 모든 문제는 겉으로는 서로 복잡하게 얽혀 있는 것 같아도 매우 단순한 '하나'라는 화두에 연결되어 있다. 2부 9장에서 밝히겠지만, 인류가 그렇게 찾고 싶어 했던 방정식을 찾아낸 것이다. 그 방정식은 생명과 비생명의 관계가 '하나'라는 것이다.

예로부터 물리학자들이나 철학자들은 심증적으로 이 땅 위에서 모든 생명과 비생명의 관계가 하나의 분리할 수 없는 관계라고 추정했다. 하지만 실험·관측 데이터에 모순 없으면서도 수학적 일관성으로 물증적인 수식 표현은 엄두도 못 내고 있었던 것이 사실이다.

청춘을 다 바친 시간이 지나면서 드디어 7개 기본단위의 통일에 이어 이 세상에 존재하는 생명의 원칙인 마법의 수 137이란 난제가 풀렸다. 그것은 전혀 예상하지 못한 무생명과의 관계식으로 풀렸다. 이제 무생명의 원칙만이 남아 있었다. 신이 이 난제를 오랜 시간 마지막까지 깊이 숨겨 두었던 의도도 알아냈다. 인류의 마음이 하나로 모이지 않으면, 빈곤과 기아의 난제는 결코 풀리지 않을 것이다. 인류의 마음을 하나로 통일시키기 위해 신이 나에게 판도라 상자의 열쇠를 선물로 주었다고 생각한다.

현대물리학을 전공하는 학자가 이 이야기를 들으면 아마 손사래를 치며 자리를 박차고 나갈 것이다. 그간의 사연을 어찌 말과 글로 다 표현할 수 있을까. 34년의 긴 세월 동안 눈물 밥을 먹으며 얼마나 많은 항생제를 복용했는지 모른다. 그래도 탐구의 생활을 중단하지 않았다. 나는 치과 의사란 직업을 통해 얻은 그동안의 일체의 수익을 형식적인 '숫자 1과 중력의 본질로서 하나의 이치'를 밝혀내는 물리학 연구에 모두 썼다. 예상외로 연구 기간이 길어져 발생한, 모자라는 연구 비용을 거주하는 주택과 병원 건물을 담보해 마련하기도 했다. 오직 젊은 청춘을 겉으로 볼 때 숫자 '1'과 '중력'에 올인한 셈이다. 전 삶을 바쳐 매달릴 수 있을 만큼의 가치가 있다고 확고하게 생각했기 때문이다. 치아와 잇몸에 생기는 질병을 고칠 수 있듯이, 사람들에게서 생기는 기아도 하나의 질병이므로 반드시 고칠 수 있다고 생각한 것이다.

이 같은 인고의 세월이 흐르는 동안 상상할 수 없는 생활의 어려움을 묵묵히 견뎌 준 아내와 가족에게 감사한 마음을 전한다.

　　　　　　　　　　＊＊＊

　거의 모든 생명은 마지막으로 어디로 향하는지도 모르며 눈을 감는다. 자연과 우주의 시원과 관련된 원리에 이중성이 있어서 더욱 그 답을 찾기가 쉽지 않다. 특히 이 세상에 나 외에 다른 수많은 분신이 존재한다면, 더욱 그러하다.

　삶은 한 사람이 자기의 일생을 걸고 자신에게 보여주는 한바탕 연극이라고 할 수 있는 개연성이 존재한다. 아이를 등에 업고 아이를 찾는 격이 아닐까 하는 분류의 착오가 존재할 수도 있다.

　과학은 수학과 달리 확실한 답을 얻기보다 가장 신뢰할 수 있는 답을 원한다. 과학과 수학은 자연과 같아서 항상 자연스럽고 단순한 것을 최대의 미덕으로 삼는다. 몬스터와 숫자 137에 대한 해독이 그러했다. 누가 한 치 앞도 예측하지 못하면서 감히 이런 무지한 생각을 했을까.

　존재는 하나의 거대한 폭포 앞에 있는 하나의 이파리와 같아서, 그 기원이 하나의 거대한 폭포인가 아니면 하나의 미세한 이파리인가에 대해서 항상 이중성의 시원始原을 찾는다.

　세상 모든 것 중 변화하지 않는 것은 없다. 이것은 에너지로서 변화이 제1 원인이 된다. 하지만 변화하지 않는 것도 있다. 이것은 에너지의 척도로서 변화가 이루어지는 원인의 잣대가 되어 고정된다. 숫자 1은 고정된 것인가, 아니면 변화하는 것인가? 숫자 1인 실수가 근원적인 것인가, 허수 i가 근원적인 것인가?

　숫자 1은 겉으로 보면 정지되어 있는 것같이 보여도 그 속에는 동력학적 원인이 되는 인자, 곧 운동을 묘사하는 허수 i가 내포되어 있어서 변화하는 모습을 보여준다. 이는 숫자 그 자체가 변화와 무변화가 동시에 개재되어 있는 이중성을 가졌다는 뜻이다.

또 다른 측면에서 이중성은 임의의 어떤 수라도 숫자 1로 나누었을 때 그 나누어지는 수 자체를 훼손하지 않으면서 모조리 약분시키는 '가역성'이 있다. 그러나 역으로 숫자 1을 어떤 임의의 숫자로 나누게 되면 나누는 숫자는 훼손되어 '불가역성'이 되고 만다. 숫자 1은 모든 실수의 최대 공약수로 잘 알려져 있다. 이 개념을 잘 활용하면 시공간 배경에 영향을 받지 않는 '배경 독립성 원리'가 있는 물리학 이론을 펼칠 수 있게 된다. 자연의 언어가 무차원이라면 모든 물리량의 크기가 시공간 크기가 되어 '모든 것'이 '시공간' 아닌 것이 없다는 놀라운 결과로 이어진다.

특히 숫자 1의 구성이 +i와 -i의 결합으로, 모든 수에 붙어 있는 1이 근본인지 허수 i가 근본인지 대답하기가 쉽지 않다. 숫자 1은 모든 수를 매개하고 있지만 예외적으로 0만 제외시키고 있다. 그런데 허수는 오일러 공식($e^{i\pi}+1=0$)에서 보이는 바와 같이 0과 1을 매개하고 있다.

수학에서 숫자 1의 집합에 대한 정의는 페아노 정리Peano theorem에 의하면 다음과 같다.

숫자 1은 아무것도 없는 무無의 상태로 공집합空集合을 유일한 원소로 가지는 집합이다. 없는 상태와 있는 상태의 첫 번째 동시적 집합이 숫자 1이다. 이 숫자 1이라는 집합이 가지는 정의를 보면 수학적으로 이상화된 이중성의 특징이 제대로 드러난다.

숫자 1, 하나를 제대로 이해하지 못하면 에너지, 중력자, 광자, 전자 등을 언어로 표현하는 것이 어려우며 시간, 공간에 대한 정의조차 용이하지 않게 된다. 당연히 마법의 수 137에 대한 퍼즐 풀기도 불가능하다.

수나 에너지의 본체는 존재하지만, 그 실체적인 모습을 표현하는 것이 쉽지 않다. 그러나 수나 에너지에 옷이라는 형식을 입히면 그 구조적인 모습이나 형태가 숫자로 시각화될 수 있다.

물체object와 과정process은 별도로 존재하는 것이 아니라, 단지 느린 변화와 빠른 변화가 있을 뿐이다. 쉽게 말하면 정지와 운동이 따로 존재하는 것이 아니다. 정지한 것조차도 물리학에서는 극미세한 양자 요동quantum fluctuation으로 간주하기 때문이다. 있고 없고 간의 수학적 극한은 이상화에만 의존하는 것이 아니다. 중력이 존재하는 물리적 현실은 모든 것이 크고 작음의 상대적 비율에 따른 극미세한 조율의 '조화정'만이 존재할 뿐이다. 여기서 극미세한 조율의 책임자이며 '하나의 이치'의 주인공이 바로 중력임을 이 책에서 밝힌다.

이렇게 보면 물리학은 크고 작은 다양한 악기로 구성된 오케스트라의 합주곡과 같다. 합주곡은 자연에 존재하는 강력, 전자기력, 약력의 세 가지 힘으로 미시적 그룹에서 비롯되며, 나머지 힘인 중력은 이에 대응하여 오케스트라의 지휘자로서 삼위일체(미시적 그룹, 지휘자, 관객)가 동시적으로 함께하는 거시적 그룹이다. 이 책을 다 읽은 후라면 중력은 단순한 힘이 아니라 "모든 것의 위대한 조정자"라는 말이 스스로 나오게 될 것이다.

***

이 책은 크게 3부로 구성되어 있다.

1부는 물리학의 기초 개념으로 구성되어 있는데, 모든 학문이 존재하는 기원을 다룬다. 특히 자연과학에 관심이 있는 사람들에게는 마지막 관문과도 같은 숫자 137에 대한 해독의 단서를 찾는 방법과 관련이 있다. 주로 스스로 질문을 던지며 답을 찾는 과정이다. 나는 실험·관측으로 얻어진 결과 데이터들을 논리적으로 설명하기 위해 34년 동안 안간힘을 다했다.

2부는 물리학의 응용 영역으로, 평생 물리학을 연구하는 전문 학자들에게도 쉽지 않은 소립자인 쿼크quark, 뉴트리노neutrino, 중력자graviton부터 은하계까지 복잡하고 난해한 문제들로 가득 차 있다. 여기서 소립자란 물질에서 가장 작은 기본단위로 약 300여 종이 발견된 바 있다. 전자가 가장 먼저 발견되었다. 물질의 이런 작은 영역을 연구하는 학문이 '입자물리학'이다. 우리 우주를 구성하는 가장 궁극적인 물질과 법칙에 대해 연구하는 물리학 분야다. '소립자물리학'이 더 정확한 명칭인데 너무나도 높은 에너지에서만 기본 입자(전자, 뮤온 뉴트리노, 쿼크 등)를 볼 수 있어 '고에너지물리학'이라 부르기도 한다.

나는 소립자물리학에서 쿼크 등의 중요한 물리량이 물리학에서 자주 부르고 있는 마법의 숫자 137과 중력과 분리할 수 없이 깊이 관련되어 있음을 확인했다. '나를 간절히 찾는 자가 나를 만날 것이다.' 성경의 잠언 8장 17절처럼 신은 초인종을 누르지 않고 찾아온다는 이야기가 현실화되어 해解를 제공하고 있다. '알베르트 아인슈타인'을 비롯해 '리처드 파인만', '에드워드 위튼Edward Witten'이라는 세기의 지적 아이콘조차도 풀지 못한 난해한 문제로 구성되어 있다. 자연현상을 기술하는 매우 독특한 '숫자 언어(단위가 없는 순수 숫자)' 존재 없이는 불가능했을 것이다.

3부는 거의 불가사의하게 들리는 1부와 2부의 내 주장에 대한 수리물리학적 근거나 관측 증거를 제공하는 수식들로 구성되어 있다. '수학은 경험과는 무관한 사고의 산물인데 물리적 현실 속의 대상물들과 완벽하게 합치되는 일이 어떻게 가능할까? 자연은 엄밀한 법칙의 출현이 필연적으로 가능하도록 설계되었으며 그 법칙에는 완전히 정의된 상수들만이 존재한다.' 3부에 수록한 수식을 정리하면서 나는 아인슈타인의 이 물음이 정확하게 일치하는 것을 절감했다. 따라서 3부 수식은 모든 실험·관측 데이터와 모순이 없을 뿐만 아니라, 하나의 물리량에 하나의 숫자가 일대일로 정확하게 대응해서 수식에 따라 숫자 값이 변하지 않는 수학적 일관성을 가진다.

이 책에서 '정확'이란 용어는 '주어진 불확도 내' 또는 'OPS 이론 내'에서라는 조건에서의 계산을 뜻한다. 만약에 하나의 물리량에 복수의 숫자가 대응할 경우 수학적 일관성은 무너지고 만다. 가장 드라마틱한 예를 들면 Eq. 4-15와 Eq. 5-1을 들 수 있다. 이 두 수식은 마법의 수 137, 미세구조상수 알파(α)와 우주 상수 람다(Λ)가 동시에 등식에 참여하는 물리량이므로 수학적 일관성을 테스트하는 데 아주 좋은 예가 된다. 이 수식들은 과학·철학적으로 토마스 쿤Thomas Kuhn의 공약 불가능성incommensurability을 극복하고, 동시에 칼 포퍼Karl Popper의 반증 가능성falsifiability을 극대화시킬 수 있는 방법론이다. 모두 숫자 언어로 구성되어 있다.

예를 들어 뉴턴이 말하는 중력은 서로 잡아당기는 힘이고, 아인슈타인이 말하는 중력은 힘이 아니라 공간의 곡률曲率을 의미하는 것이어서 서로 의견 차이가 있다. 그러나 이를 숫자로 표현할 경우에는 두 과학자의 공통된 물리적 의미를 정확하게 나타낼 수 있다. 뉴턴의 중력 법칙은 아인슈타인이 나오기까지 230년간 불멸의 법칙으로 군림한 바 있다.

3부에 있는 수식의 진위 여부는 1, 2, 3부를 파일로 받을 경우 컴퓨터 마우스를 조작할 수 있는 사람이라면 수식 좌우변 간에 수치가 일치하는지 아닌지 검증 가능하다. 그만큼 수학적 일관성이 있음을 의미한다. 여기에서 수학적 일관성이란 하나의 물리량에 대응하는 숫자가 이곳저곳의 수식에 따라서 다르면 안 된다는 것을 말한다. 이 같은 설명은 지금까지 과학 패러다임에 없었던 OPS(하나의 매개변수 해) 이론만의 특징이다. 이 문제는 수학적으로 NP 문제와 같아서, 대단히 풀기가 어렵지만 답을 제공하면 쉽게 확인하여 풀 수 있는 P 문제와 같다.

3부 수식은 거의 불가사의한 1, 2부의 놀라운 이적의 사실을 수학적으로 증명(proof, 수치적 등가)하거나 물리적으로 증거(evidence, 실험·관측 데이터에 모순 없음)하는 데 새로운 21세기 검증 패러다임을 보여준다.

물리학의 난제 중의 난제로 알려진 마법의 수 137을 제대로 알아냈다고 하면 당장에는 의혹을 가질 수밖에 없을 것이다. 그리고 이것이 일반적인 생각이기도 하다. 그렇다면 이 책의 주제라고 할 수 있는 3부 수식 4의 Eq. 4-15와 관련하여 일반 독자들이 신속하게 확인(검증)할 수 있는 방법은 무엇일까? Eq. 4-15는 인지과학을 비롯하여 인류가 컴퓨터를 만들어 낸 이후로 가장 많은 질문에 대해서도 답하고 있다. 컴퓨터는 과연 생각을 할 수 있을까? 기계에 두뇌와 마음 간의 얽힘 관계로 생기는 의식을 심어줄 수 있을까? Eq. 4-15를 잘 살펴보기 바란다. 신기원을 이룩할 만한 그 검증 과정은 대략 다음과 같다.

첫째, 일반인에게 잘 알려진 마법의 수 137은 정확하게 미세구조상수 a란 물리량이다. 이에 일대일 대응하는 숫자를 별도로 종이에 정확히 적어 놓는다. 알파는 3부 수식 2의 Eq. 2-8에 있고 알파의 역수는 3부 수식 2의 Eq. 2-9에 있다. 이 두 수 모두 순수한 숫자다. (다른 말로 단위가 없는 무차원이다.)

둘째, 블랙홀 최대 질량, 3부 수식 4의 Eq. 4-1-1과 블랙홀 최소 질량, 3부 수식 4의 Eq. 4-3-1이라는 두 물리량에 해당하는 숫자를 찾아서 별도로 종이에 정확히 적어 놓는다. 현재 총 4개의 숫자를 적어 놓은 셈이다.

셋째, 이제 마지막으로 우주 상수 람다(Λ)에 해당하는 숫자만 남아 있다. 이 람다에 해당하는 숫자는 3부 수식 4의 Eq. 4-8에 있다. 람다는 빈틈없이 꽉 차 있는 것(플랑크밀도)에 대한 완벽히 비어 있는 것(진공 에너지밀도)의 비율처럼 보인다. 그래서 람다의 크기는 단위 없는 무차원수(마법의 수 137도 무차원수)로 거의 '0'에 가까운 크기처럼 보인다(2부 2장 가무한과 실무한 참조).

이렇게 총 5개의 숫자만 알면 하나의 만발한 꽃으로 장식된 3부 수식 4의 Eq. 4-15가 전후좌우 등호(=)를 기준으로 거의 31자리 숫자가 일치함을 확인할 수 있을 것이다.

* 수식의 분모 분자에 있는 연산자 기호 'ln'(자연로그 기호, 가령 ln 137을 계산하려면 숫자 137을 먼저 누른 후 ln이라는 해당 키를 눌러 주면 ln 137이 자동으로 계산된다)이 낯설 수 있다. 이 기호 처리만 단순히 익히면 수식(Eq. 4-15)은 초등학교 산술 계산에 속한다. 참고로 총 5개의 물리량에 해당하는 거의 31자리 수를 일일이 종이에 써 놓는 일이 번거로우면 두 번째부터는 각 물리량에 해당하는 숫자를 파일로 내려받는 방법을 써서 수식을 보며 '바로 1분 내외'로 계산 확인이 가능하다. (단, OPS가 있는 컴퓨터 수치 리스트 테이블이 있는 경우여야 한다.) 이런 방법은 전적으로 지은이의 역할로 물리량에 대응하는 숫자를 찾아내는 것이 어려울 뿐(34년 소요) 나머지 계산은 산술에 해당함은 당연하다. 물론 일반 컴퓨터 S/W로는 소수점 아래 31자리 수를 계산할 수 없고 관련 S/W를 미리 준비해둬야 한다.

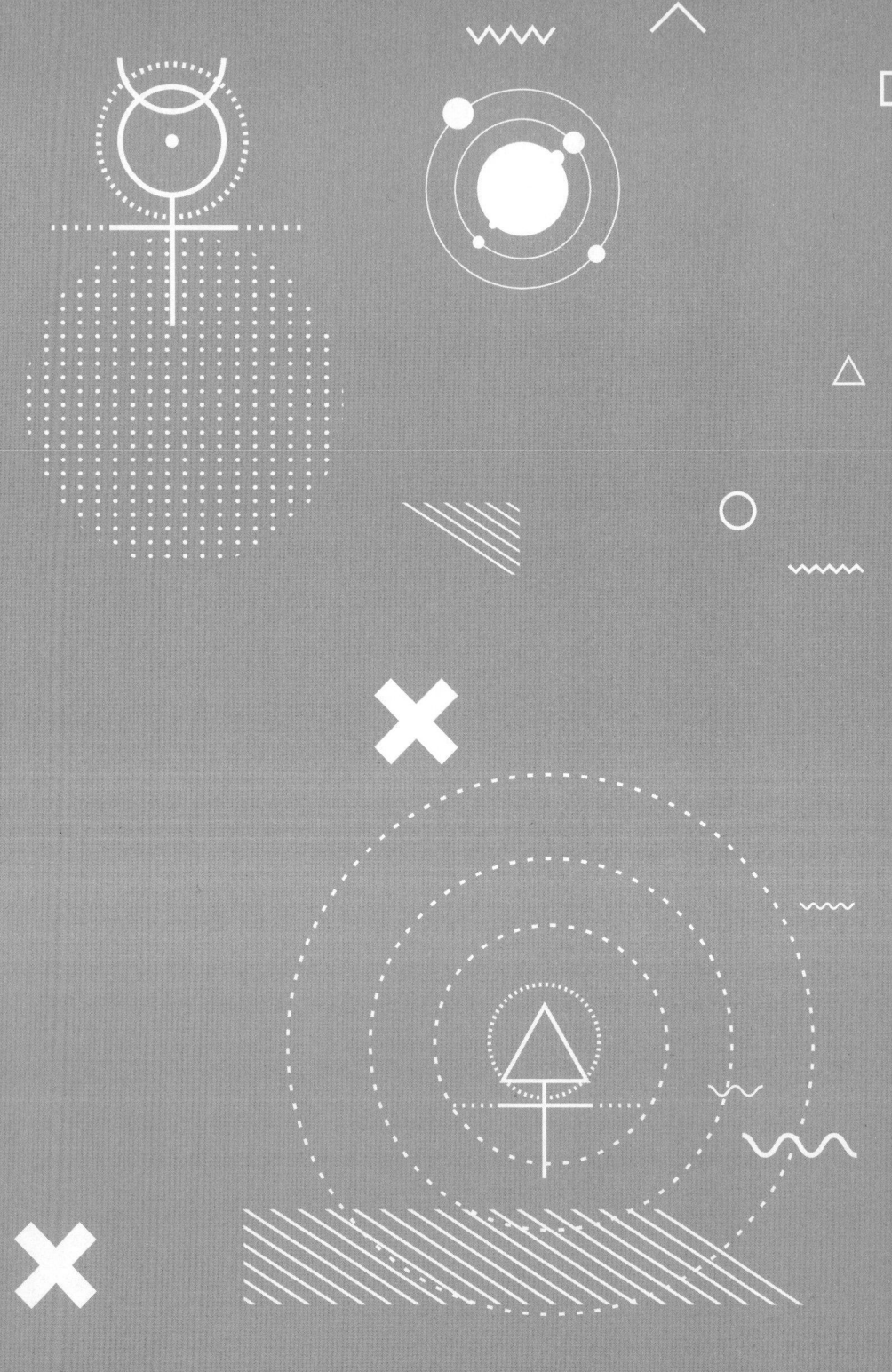

제1부

물리학이라는 세계를 만나다

기초 물리학

01

우연을 넘어선
여러 인연과의 만남

두 백낙의 일고

백낙일고伯樂一顧는 인재 발굴에 탁월한 안목을 가진 사람은 출중한 인물을 금방 알아본다는 뜻이다. 춘추 시대에 살았던 '백낙'이라는 인물은 한 번만 보면 명마名馬를 금세 알아보았다고 한다. 백낙은 명마가 자기 역할을 하지 않고 마차를 끄는 모습을 보면, 이를 안타깝게 생각하여 명마의 역할을 하도록 도와주었다.

혼자서 물리학을 연구하던 나에게도 백낙의 역할을 해준 분이 두 분 계시다. 두 분은 나의 연구가 얼마나 가치 있는지 한눈에 알아보고 도움이 될 만한 사람들에게 나를 소개했다. 얼마나 감사한지 모른다.

첫 번째 백낙은 손욱 원장으로, 삼성이 오늘날과 같은 글로벌 기업으로 성장하는 데 크게 기여한 분이다. 손욱 원장은 전문경영인으로 이건희 회장이 삼성의 발전 방향을 결정하는 데 매우 중요한 역할을 했다.

손욱 원장은 부족한 나의 물리학 이야기를 듣고는 "내가 백낙의 역할을 하겠다"고 말씀하셨다. 당시 삼성종합기술원 원장이던 손욱 원장은 이재용 회장을 만나도록 자리를 마련하기도 했다. 손욱 원장이 '백낙'을 자청한 것은 그 자신이 실제로 백낙의 본명인 '손양孫陽'의 후손이기 때문이다.

두 번째 백낙은 고故 이규행 회장으로, 문화일보 회장을 지내고 중앙일보 고문으로 계셨다. 이규행 회장은 내가 하는 연구 내용에 깊은 관심을 기울이고, 홍석현 중앙일보 회장과의 만남을 주선했다. 특히 이규행 회장은 나의 연구 결과가 '문명의 대전환을 가져올 것'이라는 과분한 평가를 글로 남기기도 했다.

이규행 회장과의 만남에는 이 책에서 처음으로 밝히는 가족사와 관련된 숨은 비밀이 있다. 책의 성격상 이 내용도 필요할 것으로 판단하여 그대로 밝히고자 한다.

한의사였던 아버지가 돌아가신 후 아버지의 유품을 정리하던 어머니의 눈에 두꺼운 검은 책 한 권이 들어왔다. 그때 어머니는 유품을 정리하며 필요 없는 것들을 불로 태우고 있던 중이었다. 아버지는 그 책이 어떤 책인지 한 번도 어머니에게 말씀하지 않았기 때문에 아무것도 모르는 어머니는 대수롭지 않게 생각할 수도 있었다. 그러나 예사롭지 않아 보여서 그랬는지 어머니는 그 검은 책을 불태우지 않고 나에게 넘겨주었다. 나도 역시 대수롭지 않은 책이라고 생각했다. 무엇보다 책이 두껍기도 하고, 얼핏 열어보니 인쇄 상태도 깨끗하지 않았다. 등사 용지에 손으로 쓴 원고를 두 겹으로 접어 묶은 책이었다. 중간에 한자도 많이 들어가 있고, 무엇보다 내용이 어려웠다. 아버지가 남긴 유품이어서 버리지는 않고 남겨두었지만, 읽어보지도 않은 채 오랫동안 서재에 보관해왔다. 그러던 어느 날 '하나의 이론'(처음에는 '제로존 이론'이라고 불렸다)을 개발한 이후, 우연히 그 책에 관심이 쏠렸다.

'저 책에는 무슨 내용이 들어가 있을까? 어째서 지금까지 내 손에 남게 되었을까? 아버지의 손때가 묻었을 뿐 아니라, 어머니의 손을 거쳐 이제 부모가 다 떠난 지금까지 저 책은 어떻게 내 곁에 있게 되었을까?'

이렇게 생각하며 찬찬히 책을 들춰보던 나는 놀라운 내용을 발견하게 되었다. 앞뒤 겉장이 검은 책의 표지 제목은 '대성전경大成典經'이었다. 책의 앞부분은 한자가 섞여 있었고, 후반부는 그 내용을 모두 한글로 풀어놓은 형태였다. 앞부분 247쪽을 순 한글로 풀어놓은 부분에 나도 모르게 손이 가서 읽어보았다.

'세계만방에 뿌려진 문명 이기의 씨들이 가을 운수에 결실하였으니 추수하여 간직할 땅은 증산봉 아래 천자봉과 제황산 장복산이 그 기운을 간직하고 있음이라. 그런고로 금강산 일만 이천 봉 정기가 이곳에 와 맺어 서 있으니…'

《대성전경》에서 꼭 집어 기술한 지역이 바로 내가 태어난 고향이었다. 그곳은 지금의 경남 창원시 진해구 신이동 부근으로, 예전의 진해시다. 나는《대성전경》에서 왜 하필 내가 태어난 아주 평범해 보이는 이 지역을 거론하는지 궁금해지기 시작했다.《대성전경》과 직간접적으로 관련된 사람을 찾아보았으나 전혀 없었고, 그렇기에 궁금증은 더해 갔다.《대성전경》에 내가 전혀 모르는 '이상천'이라는 분이 계셨다.

나는《대성전경》을 이규행 회장에게 전달했다. 아버지가 남긴 유품이라 아주 궁금하기도 했고, 또 무슨 뜻인지 알고 싶었기 때문이다. 찬찬히 훑어보던 이규행 회장은 "이상천 선생이 여기에 있네" 하고 놀라워했다. 알고 보니 이규행 회장은 오래전부터 이상천이라는 분을 만나고 싶어 했다고 한다.

나는 '새로운 양자 물리학 이론을 찾아서'란 제목의 비매품 책 한 권을 출판했다. 책의 목적은 내가 발견한 내용을 스스로 기록해두기 위한 것이었다. 그 당시 책의 발문을 써 준 분이 바로 이규행 회장이었다.

그 시기에 이규행 회장은 중앙일보 고문으로 계셨는데, '하나의 이론'을 자신의 눈높이로 이해하는 과정에서 이 이론이 심상치 않음을 깨닫고 중앙일보 홍석현 회장에게 나를 소개하기에 이르렀다.

내가 홍석현 회장을 굳게 신뢰하는 이유는 그 당시 내가 살았던 속초로 자신의 분신과도 같은 사람을 세 번이나 보내 구두로 약속한 일이 있었기 때문이다. 이후 홍석현 회장을 마지막으로 친견했던 회장실에서 나는 또 한 번의 약속을 부탁했다. 그 약속은 이제부터 내가 가는 길이 힘들고 외로울 게 뻔한데, 아내인 김 실장만큼은 힘들지 않도록 도와달라는 간절한 부탁이었다.

홍 회장과 나는 중국 북송의 성리학자이며 상수학자인 소강절邵康節 선생에 대한 이야기를 두서너 번 나눈 적이 있다. 이는 서로 간의 미래에 대한 관심이 특별히 깊었기 때문일 뿐만 아니라, 내가 개발했던 '하나의 이론'처럼 '숫자'로 천지의 이치를 헤아린다는 소강절 선생의 이야기가 있었기 때문이라 생각된다. 그 이야기의 일부를 여기에 소개한다.

소강절 선생이 백원사라는 절에 들어가 40년 동안 주역을 공부하고 나서 이렇게 큰소리를 쳤다.

"지금 이 천지 외에 또 다른 천지가 있다면 모르려니와 이 천지 안의 모든 일은 내가 모르는 바가 없다."

어떤 사람이 찾아와서 점괘에 대해 무엇이 재앙이고 또한 무엇이 복인지 물었다. 소강절 선생이 말했다.

"내가 다른 사람에게 해를 입히면 그것이 바로 재앙이고, 다른 사람이 나에게 해를 입히면 그것이 바로 복이다."

특히 하늘이 만든 재앙은 피할 수 있지만, 자신이 만든 재앙은 모면할 수 없다는 재앙과 복에 대한 이야기가 오늘날까지 많은 사람들에게 시사할 점을 던져주고 있다.

사실 이 책의 출간을 바로 코앞에 두고 《대성전경》에서 예언하는 지역에 대한 의문이 풀렸다. 그리고 물리학에서 오랜 세월을 두고 거론되는 생명의 원칙인 마법의 숫자 137과 이에 대응하는 무생명의 원칙이 함께 관련됨이 풀렸다. 나는 하나의 통일된 수식을 두고 마음속으로 "대한민국 만세!"를 불렀다. 그 내용은 말과 글로는 다 표현하기에 부족할 정도로 위대하고 소중했다. 설계 도면을 훔쳐보는 것 같았다.

3부 수식 4의 Eq. 4-15를 보라! 나는 이 수식을 앞에 두고 하나의 만발한 꽃으로 장식되었다고 찬미했다. 이 세상에 사는 모든 인류가 이 놀라운 사실을 듣게 된다면 아마 함께 만세를 부를 것으로 확신해 마지않았다. 이 위대하고 소중한 이야기는 2부 9장에서 다시 상세하게 설명하기로 한다.

새로운 문명에 함께한 사람들

피를 나눈 형제나 다를 바 없는 내과 의사 박성신 원장이 속초에서 개원하고 있던 나를 이규행 회장에게 소개한 것은 우연을 넘어선 것 같다. 세월을 지나다 보니 이 모든 것이 우연이 아니라 필연처럼 짜여 있다는 생각이 든다. 그런데 인연의 깊이나 특이함으로 인해 나는 삼성 이재용 회장보다 중앙일보 홍석현 회장의 도움을 받게 되었다.

홍석현 회장은 자신이 태어난 생가 건물에 연구소를 만들어 2023년 중반까지 약 9년간 나의 연구 생활을 지원했다. 2014년 9월 이후 연구하는 과정에서 이 땅의 수많은 지성인들을 연구소를 통해 만났다. 연구 생활을 하는 동안 음으로 양으로 격려하고 도움을 준 그분들에게 감사의 마음을 전하는 순서를 가져볼까 한다.

내가 개인적으로 형님이라고 부르기도 하는 애정 깊은 두 분이 계시다. 한 분은 모다 정보통신 회장인 이종희 박사이고, 또 한 분은 전 단국대 부총장 오명환 박사다. 두 분의 눈길은 항시 따뜻하고 인자스러웠다.

서울대에 재직하며 연구소에 특별히 오셔서 수회 연구 내용을 격려해주었던 분이 바로 해부학 박사이며 면역학 박사인 이왕재 교수다. 일반인에게는 비타민 C 박사로 유명한 분이다. 이왕재 교수는 언제 봐도 친근한 모습으로 자주 방문했고, 이론물리학 연구소장인 최무영 교수는 광범위한 연구에 놀라워했다. 서울대 컴퓨터공학부 장병탁 교수는 특별히 내가 개발한 컴퓨터 기계학습의 이름을 '버킹엄 머신Buckingham Machine, BM'이라고 이름을 지어 주었다.

버킹엄 머신과 관련하여 기술적인 지도를 했던 분들이 계셨는데 카이스트 전산학 명예교수인 김진형 소장, 이화여대 컴퓨터공학과 명예 석좌교수 고 고건 박사, 뉴욕주립대 초대 총장인 김춘호 박사가 그분들이다.

새로 개발된 원 파라미터 솔루션One Parameter Solution(OPS 이론)을 두고 관심과 격려를 보인 분들은 정형외과 인기영 원장의 소개로 만난 뉴욕 주립대 인천 캠퍼스 총장인 컴퓨터과학과 아쎄리 교수, 미국 뉴욕대 스토니브룩 캠퍼스의 이민카오 교수다. 미시간대 필 박 연구원도 직접 만나거나 전화 통화, 이메일로 논의했다.

특히 이민카오 교수는 내가 발견한 몬스터군에 대하여 깊은 관심을 표명하고 귀국해서 관련 전문 교수들에게 이 내용을 전달하겠다고 약속했다. 인기영 원장은 힘겨워하는 나에게 항시 자신감을 불어넣어 주곤 했다. 미국에 있는 필 박 연구원과는 1년 6개월 이상 화상 회의를 매주 열어서 관련 정보를 공유했다. 또 필 박 연구원은 필즈상 수상자로 현재 끈 이론string theory 분야의 교황으로 알려진 에드워드 위튼 교수와 몬스터 발견 관련 필즈상을 받은 리처드 보처즈Richard Borcherds 교수에게 내가 발견한 몬스터 대칭군의 수학 이론을 물리학으로 해독한 내용을 읽기 쉽게 수정하여 전달해주기도 했다.

국내에서는 몬스터 대칭군에 관해서 수회 논문을 발표한 고등과학원 이기명 교수에게 직접 전화로 상의하고 메일로 관련 내용을 전달한 바 있다. 이기명 교수는 오래전 고등과학원을 방문했을 때 수학을 전공한 그 당시 고등과학원 원장이 소개해서 알고 있었다. 이 교수가 나를 만나자마자 처음 질문한 내용은 "미세구조상수가 얼마인지?"였다. 내가 "잘 모르겠다"고 답하자 이 교수는 "물리학을 하지 말고 그 좋은 직업인 치과 의사나 하라"고 충고했다. 첫 만남 이후 20여 년 동안 나는 이 교수가 던진 마법의 수 137의 역수인 '미세구조상수'를 마음에 새기고 파고들었다. 결국 나는 몬스터 대칭군에 대한 물리적 해독을 통하여 미세구조상수의 기원과 그 정확한 수치의 값을 계산해냈다. 나는 미세구조상수 수치의 값을 계산한 다음, 오래전에 만난 이기명 교수가 생각이 나 직접 전화를 걸었다. 이 교수는 나를 아직도 기억하고 기쁘게 맞아 주었다. 나는 이 교수가 처음 질문했던 미세구조상수에 관한 기원과 수치, 그리고 이와 관련된 몬스터 대칭군의 물리적 해독에 대한 수식과 개념을 이메일로 전달했다. 이 이메일에는 몬스터군과 관련된 정수로 된 문샤인 발견에 관한 내용도 포함되어 있었다.

직접 연구소나 학교에 방문하여 내 이론을 열린 마음으로 들어준 분들이 있는데, 그중 한 분이 전 카이스트 총장인 신성철 박사다. 나는 내가 30년 이상 개발한 컴퓨터 기계학습과 이론이 국가 프로젝트가 되어야 할 이유를 신 총장에게 한 시간가량 2회에 걸쳐 설명했다. 신 총장은 직접 나의 연구소로 방문하여 몬스터 대칭군의 물리적 해독과 관련된 주요 물리량을 검증하는 시뮬레이션 과정을 지켜보기도 했다. 이 수식은 3부의 수식(Eq. 3-6)을 참조 바란다. 신 총장은 감사하게도 카이스트 이론물리학 교수를 추천하기도 했다.

전 서울대 총장을 역임한 오세정 박사는 당시 대전에서 속초까지 오셔서 격려와 성원을 보내주었다. 처음에 왜 오세정 박사 같은 훌륭한 분이 그 먼 속초까지 방문했는지 의아하고 놀라웠다. 그 이유를 곰곰이 생각해보았다. 아래의 생각은 순전히 나의 짐작임을 먼저 밝힌다.

미국의 천재 이론물리학자이며 사상가·저술가인 오레스트 베드리지

Orest Bedrij 박사가 숫자 1에 대한 저서를 출판한 바 있다. 이 책의 영문본을 대략 살펴보니 내가 연구한 '하나의 무차원수' 개념과 유사했다. 나는 베드리지 박사가 한국에 처음 내한했을 때 그의 내한 강의에 참석하여 베드리지 박사가 전혀 예상하지 못할 만한 다음과 같은 질문을 했다.

"만약 사람 1명과 기름 1리터, 노트 2권, 연필 1다스, 배추 1통을 모두 더하면, 그 답을 완성할 수 있는 공통 단위를 어떻게 놓을 수 있을까요?"

나는 베드리지 박사가 소위 물리학과 관련하여 모든 것의 통일 이론을 나름대로 이론화했다고 생각했다. 그 이론화 과정에서 《1:물리학의 기초와 수학화》(원제목: '1':The Foundation and Mathematization of Physics)라는 책을 베드리지 박사가 저술한 배경에는 심오한 철학이 들어 있을 것으로 내다본 것이다. 따라서 서로 다른 차원 간의 연산 공통 단위를 제대로 알고 있다면 나의 질문에 답변할 수 있을 것으로 생각했다. 질문의 취지는 서로 다른 단위 차원을 가진 사물들을 모두 덧셈(뺄셈)하는 방법이 가능한지 여부와, 만약 가능하면 구체적인 방법을 파악하고 있는지 '차원'에 관한 것이었다. 현대 자연과학 패러다임은 서로 다른 단위 간에 덧셈·뺄셈의 연산은 의미가 없다고 국내외 모든 물리학 교과서가 입을 맞추어 기술하고 있지 않은가! 나는 베드리지 박사가 소위 센트럴 도그마central dogma에 대해서 어떻게 생각하는지 정말로 알고 싶었다.

베드리지 박사는 29세의 나이로 미국항공우주국NASA의 기술 개발 소장을 맡아 아폴로 11호 달 착륙을 위한 역추진체를 세계 처음으로 개발한 주인공으로 알려져 있다. 특히 그는 내한하여 기자회견을 통해 다음과 같이 외쳤다.

"신은 여러분 안에 있습니다. 아름다운 진리인 신성The Nature of God을 많은 사람이 깨닫기를 조언합니다."

그러한 천재 이론물리학자이고 깊은 사상을 가진 베드리지 박사에 대한 답변이 궁금했지만, 그는 단 한마디도 답변을 주지 못했다. 대한민국의 한 이름 모를 사람의 질문에 대해 베드리지 박사는 무척 당황했을 것으로 짐작된다.

나는 베드리지 박사가 답변하지 못하자, 내가 던진 질문에 대하여 스스로 답변했다. 서로 다른 단위 간의 공약(공통) 단위가 '무게'로 하든지 아니면 단위 없는 '무차원수'로 내놓으면 가능할 것으로 설명했다. 만약 서로 다른 단위 간의 덧셈·뺄셈 연산의 공약(공통) 단위가 순수한 숫자가 된다면 그 숫자의 공통된 약수가 바로 숫자 '1'로 될 수 있을 것이라는 설명도 덧붙였다. 베드리지 박사는 서로 다른 차원 간의 덧셈·뺄셈 연산이 가능하지 않을 것으로 생각한 듯하다. 그러나 가능해지면 바로 공약(공통) 단위가 당연히 숫자 '1'이 되어 물리학과 수학은 드디어 연결 통로를 발견하게 될 것이라고 설명했다.

이는 베드리지 박사가 책에서 주장한 숫자 '1'이 아니었던가! 짐작이지만, 베드리지 박사는 하나의 물리량에 하나의 숫자를 붙이는 방법에 대해서는 알지 못했던 것 같다. 사실 이러한 정보는 아인슈타인의 후계자로 불리기도 한 천재 이론물리학자 리처드 파인만이 평생을 통해서 알고 싶어 했던 소원이기도 했다.

아마 베드리지 박사는 예상하지 못한 이런 황당한 상황을 오세정 박사에게 전달하지 않았나 싶다. 오세정 박사는 베드리지 박사의 이야기를 듣고 '하나의 이론'의 본질에 대해 궁금해했을 것이고. 그래서 동료 물리학 교수들처럼 부정적으로만 보지 않고, 나름 궁금증을 적극적으로 해소하기 위해서 그 먼 길을 오지 않았나 생각한다.

나는 속초의 가정집 거실을 연구소로 삼아 오세정 박사에게 '하나의 이론'이 게재된 논문을 보여주고 간략한 설명을 곁들였다. 오 박사가 돌아갈 시간이 되었을 때 나는 내 승용차로 모시고 싶다고 간청했다. 자동차 안에서 조금 더 이야기를 나누고 싶었기 때문이다. 오 박사는 나에게 다음과 같은 이야기를 들려주었다.

"일반적으로 어떤 사실에 대한 이론이 남보다 두서너 발자국 앞서 나가면, 사람들은 혼란스러워하고 격렬하게 반대합니다. 그래서 딱 반 발자국만 앞장서 나가는 것이 좋을 거 같습니다."

오세정 박사는 그러면서 감사한 제안을 했다. 나와 같은 기인 물리학자가 있는데, 강원도 춘천의 한림대 물리학 교수라고 했다. 그분을 소개시켜 주겠다는 제안이었는데, 이분이 어느 때 산으로 들어가 행방이 묘연해진 관계로 아쉽게도 만남이 무산되었다.

후에 서울대 총장을 지낸 오세정 박사는 내가 발표한 '하나의 이론'을 강하게 비판한 국내 물리학계를 대표하는 물리학자다. 국내 물리학계에 잘못 전달된 내용의 진실을 알리기에 자동차 안에서의 시간은 결코 짧지 않았다. 여하튼 베드리지 박사가 나에 대한 이야기를 오 박사에게 하는 바람에, 당시 대전에서 속초까지 그 먼 거리를 오갔을 것으로 추측한다.

홍석현 회장은 나의 '하나의 이론'에 대해서 오세정 박사에게 여러 차례 물어보았다고 한다. 오 박사는 '하나의 이론'에 대해서 무엇인가 숨은 가치가 있을 것으로 보고 있으며, 긍정적으로 생각한다고 말했다고 전해 들었다.

감사하게도 제주에서 비행기를 타고 날아와 처음부터 '하나의 이론'의 정당성과 타당성을 적극적으로 지지해준 학자가 계시다. 바로 제주대 원자핵공학 교수인 이헌주 교수다.

서울 과기대 교수로 뉴트리노를 전공한 이론물리학 분야의 강신규 교수도 나를 도와주었다. 강 교수는 20여 년 넘게 열린 마음으로 도움을 주었다. 특히 3종 뉴트리노 상한 실험값과 관련하여 나는 나의 특정 대칭 이론으로 알게 된 수치를 설명했는데, 처음에는 강 교수도 부정적으로 받아들였던 것으로 기억난다. 강 교수는 이론물리학자조차 자기 전공이 아니면 접근이 어려운 영역을 재야 과학자가 이야기하는 것이 매우 신기했던 모양이다. 나중 3개의 뉴트리노 종류 중에서 특히 뮤온 뉴트리노muon based neutrino의 실험값이 내가 예측해서 설명했던 상한 수치로 접근하는 것을 보고, 강 교수는 매우 놀라워했다. 물리학자들이 주장한 애초 상한값은 0.18MeV였다. 나는 이 값이 나의 대칭 이론에 기반한 값에 부족하여 모순된다고 하자, 강 교수는 어이없다는 표정이었다. 누가 재야 물리학자의 말을 그대로 받아들이겠는가? 예측한 이후 1년이 지나 이 분야의 국제적인 학술 단체 '파티컬 데이터 그룹'은 이 상한값이 0.19MeV로 측정되었다고 수정해서 발표했다. 이 사실이 알려지자 강 교수와 나는 더욱 친밀한 관계를 유지하게 되었고, 나의 주장에 대한 강 교수의 신뢰가 어느 정도 회복되었다. 현재까지도 뮤온 뉴트리노의 상한값은 0.19MeV다. 아마 상한값이 한때 0.18MeV로 발표되었다가 수정 발표되었다는 사실을 알고 있는 뉴트리노 전문가는 많지 않을 것이다. 이 책 3부를 보면 6종 쿼크와 관련하여 마법의 수 137, 미세구조상수가 나온다. 강 교수는 이미 오래전부터 소립자물리학자들의 관심을 끌고 있는 6종 쿼크 값에 대해서도 관심 있게 지켜보았을 것이다. 강 교수는 또 이 책에 발표된 미세구조상수 a가 아인슈타인 방정식에 나오는 Λ와 관련이 있다는 것을 알면 매우 놀라워할 것이다. 강 교수는 수식에 대한 유도나 이해는 제쳐 두더라도 내가 하는 계산만큼은 정확하다고 치켜세웠었다.

2007년 〈신동아〉 8월호에서 '한국 재야 과학자 제로존 이론, 세계 과학사 새로 쓴다'는 제목에 '모든 과학 언어 수로 통일, 바벨탑 이전 세계 복원, 노벨상 0순위'라는 부제목으로 기사가 보도되었다. 이 기사로 인해 언론에서 말하는 제로존 태풍이 일어났다. 이 와중에 강신규 교수와 재야 과학자가 연결되어 있다는 소문이 일었다. 이 소문으로 강 교수는 과학자로서의 진로에 장애를 느낄 만큼 엄청난 압박을 받았다. 이 자리를 빌어 송구스러움과 함께 감사의 마음을 전한다.

최적화 연구로 유명한 서울대 문병로 교수에게도 송구스러운 마음과 함께 감사함을 전하고 싶다. 문 교수도 순수한 학자의 호기심으로 나의 연구에 관심을 표명했을 뿐인데, 〈신동아〉 기사에 이름이 나오는 바람에 보이지 않는 압박에 시달렸을 것으로 짐작한다. 이 시기에는 내가 마치 유사 과학을 하면서 물리학계를 오도하는 사람처럼 온갖 희한한 언론 보도가 쏟아졌다.

그러나 나는 언론의 이러한 보도를 마냥 부정적으로만 생각하지 않았다. 그 이유는 사실 그때만 해도 나의 이론이 설익은 부분이 많았을 뿐 아니라, 물리학과 수학 분야에서 아직도 준비가 덜 된 부분이 대단히 많았다. 언론의 질책과 과학자들의 비판은 나로 하여금 더욱더 노력하도록 하는 촉매의 역할을 했음을 부인할 수 없다. 그 소동 이후로 나는 확실한 이론을 가다듬으면서 나의 이론에 대해 자신감을 가지게 되었다.

그 이후에도 변함없이 긍정적인 생각을 가진 분들의 격려로 나는 논문 형식으로 발표할 기회를 엿보고 있었다. 논문 형식의 발표는 반드시 필요한 사항이기도 했다. 그러던 중 우리 연구팀은 2009년 우크라이나 키예프에서 열린 '21차 CODATA(과학기술 데이터 위원회)가 주관하는 국제 학술 대회'에 참가하게 되었다. 한국에서 7팀이 참가한 것으로 알고 있는데, 그중에서 유일하게 우리 연구팀의 주제가 공개적으로 발표할 수 있는 주요 의제key session로 선정되었다. 이 세션에 우리 연구가 주요 의제로 발표된 것은 '도전적인 논문challenge paper'으로 평가되었기 때문이다.

2007년 첫 번째 기사를 썼던 〈신동아〉 박성원 기자는 CODATA가 주관하는 〈데이터 사이언스 저널Data Science Journal〉에 나의 연구에 대한 논문이 발표되자 2009년 다시 한번 〈신동아〉에 관련 기사를 보도했다. 박성원 기자의 끊임없는 탐구심과 꺼지지 않은 열정에 다시 한번 감사한 마음을 전하고 싶다.

이 논문은 대전에 소재한 한국표준과학연구원의 방건웅 박사(현 한국 뉴욕주립대 석좌교수)와 이상지 박사(전 카이스트 미래전략 대학원 연구교수)가 공동 저자로 참여했다. 2007년의 소동에도 불구하고 두 과학자가 논문 작성에 참여한 것은 그만큼 '하나의 이론'이 과학적인 토대가 분명하기 때문이라고 생각한다. 두 분에게도 감사함을 전하고 싶다.

이 논문은 〈데이터 사이언스 저널〉 2009년 5월 20일 자로 발표되었다. (Data Science Journal, Volume 8, 20 May 2009, 논문 제목: Expression of all SI units by One Parameter with Acceptable Uncertainties. By Dong Bong Yang,

Gun Woong Bahang, and Sang Zee Lee)

이 저널에 제로존 이론이 '원 파라미터One Parameter'라는 이름을 처음으로 달고 공식적인 논문으로 게재되자, 그동안 국내 언론과 학회를 휩쓸던 부정적인 여론이 급속도로 가라앉기 시작했다. 이 이후 나도 '제로존 이론'이라는 명칭 대신 '원 파라미터' 또는 '일승법-乘法'이라는 표현을 쓰기 시작했다. 이는 나의 이론의 가장 중요한 바탕이 바로 1개의 매개변수인 숫자로, 수학과 물리학을 연결시키는 것이기 때문이다.

논문 게재를 시작으로 한국과학기술단체총연합회KOFST(당시 회장 이기준)는 금동화 부회장 진행하에 나의 이론을 그동안 부정적인 시각에서 벗어나 새로운 과학 이론으로 소개할 필요가 있다고 고려하여, '제1회 새로운 이론에 대한 전문가 토론회, Round-Table Discussion on Newly Rising Theories'를 개최했다. 토론회 이후 나는 이번 토론회에서 이루어진 논쟁에 대한 심경을 밝혔다. 토론회에 참석한 윤은미 기자는 나의 발언을 다음과 같이 보도했다. (관련 기사 참조: https://www.gunchinews.com/news/articleView.html?idxno=17024)

양 원장은 "논문이 게재된 〈Data Science Journal〉은 CODATA에서 발행하는 저널로, 'CODATA'는 과학기술 분야의 측정 지표를 관장하는 기관인데 이를 부정하는 것은 말도 안 된다"며 "우리나라가 새롭게 창안된 이론에 관해 포용하고자 하는 마인드가 부족한 것 같다"고 아쉬움을 드러냈다.

이 논문 게재 사실을 특별히 관심을 갖고 흥미롭게 지켜본 학자가 있었다. 미국 하와이대 미래학 대부로 잘 알려진 짐 데이토Jim Dator 교수였다. 짐 데이토 교수는 '미래학의 아버지'라 불리는 세계적 석학이다. 1967년 앨빈 토플러Alvin Toffler와 더불어 미래협회를 만든 미래학 분야의 선구자다. 세계 미래 연구연맹 회장, 하와이대 미래학연구센터의 센터장을 역임했다.

짐 데이토 교수는 이 논문에 엄청난 관심을 갖고 나를 하와이대에 공식적으로 초청했을 뿐만 아니라, 미국 실리콘밸리에 있는 나사NASA 후원의 미국 특이점대학교Singularity University에 특별강사로 초대하기에 이르렀다. 미국 방문 사실은 한국 〈전자신문〉의 배일한 기자가 동행 취재하기도 했다.

새로운 이론에 대한 짐 데이토 교수의 애정은 너무나 뜨거웠다. 그는 자상한 친부 같았다. 그의 소개로 대만에서 발행하는 〈미래학 저널Journal of Futures Studies〉에 특별 시리즈로 내 이론이 게재되기도 했다. 그는 프랑스 미첼 심슨Michaele Simpson 총장과의 만남도 주선했다.

이러한 소개의 중심에는 짐 데이토 교수의 분신이라 할 수 있는 박성원 박사가 있었다. 박 박사는 〈신동아〉에 나의 연구에 대한 기사를 두 번에 걸쳐 썼던 기자였다. 후에 기자를 그만두고 하와이대로 유학하여 짐 데이토 교수와 사제 간의 연을 맺었는데, 이 박성원 박사가 나를 데이토 교수와 연결시켜 주었던 것이다. 박 박사는 박사 학위를 취득한 후 지금은 국회미래연구원에서 대한민국의 미래 발전을 위해 열정을 다하고 있다.

어려움이 다가오면 수호신처럼 다가와 도움의 손길을 내밀어 난국을 극복하도록 해준 분들도 계시다. 바로 박상훈 장로와 최윤희 장로로, 항상 기도와 따뜻한 격려의 말씀으로 나를 어루만져 주셨다. 그 난해하고 복잡한 용어들을 끝까지 인내심을 가지고 한 자 한 자 편집해준 심재율 기자에게도 감사함을 전한다.

본문을 시작하면서 먼저, 34년간의 연구 활동 동안 나를 도와준 분들의 실명을 밝히는 것은, 나의 연구가 결코 나 혼자의 힘으로만 이루어진 것이 아님이 분명하기 때문이다. 너무나 많은 분들이 대한민국의 발전과 새로운 문명의 등장에 여러 가지 방법으로 함께해주셨다.

02
치과 의사가 왜
물리학에 빠져들었을까

굶고 있는 수많은 사람들

내가 대학을 다닐 때 세계 인구가 60억 명 정도였는데, 아프리카를 비롯해 전 세계에서 10억 명 정도가 굶어 죽었다. 인간에게 밥을 굶는 것처럼 비참한 일도 많지 않다. 믿음과 소망과 사랑도 중요하지만, 굶는 사람을 구하는 것이 더 중요하지 않을까. 기독교에서 3주덕 중 가장 으뜸이 사랑이다. 불교에서는 대자대비를 부르짖는다. 이 책이 나오게 된 목적도 그러하다. 직업과 식생활이 왜 중요한가를 나타내는 말로 대표적인 것이 항산항심恒産恒心이 있다.

맹자孟子는 사람들이 살아가는 도리를 이렇게 말했다.

일정한 생업이 있는 사람은 변함없는 마음을 가지게 되고, (유항산자 유항심有恒産者 有恒心)

안정적인 생업이 없으면 안정된 마음이 없게 된다. (무항산자 무항심無恒

產者 無恒心)

일정한 직업과 재산을 가지면, 마음에 여유가 생기고 편안하여 쉽게 요동하지 않는 마음을 유지하며 살 수 있다. 그러나 항상 먹을 것이 부족해서 궁핍해지면, 정신적으로 늘 불안정하여 작은 일에도 흔들리기 때문에 마음을 편안하게 유지하기 어렵다.

마음이 안정을 찾지 못하고 흔들리면, 잘못된 판단을 내리기 쉽다. 맹자는 무항심은 사람을 방탕, 편벽, 사악, 사치(방벽사치放辟邪侈)에 빠지게 한다고 우려했다. 그러면서 방벽사치에 빠져 잘못을 저지르는 사람을 공권력으로 처벌한다면, 백성을 '그물질하는 것'이라고 강하게 비판했다. 맹자는 물질적 여유가 없으면서도 마음이 흔들리지 않는 사람을 선비라고 말했다.

나는 고등학생 시절과 대학생 시절에 철학과 종교학 책을 끼고 살았다. 세계가 왜 이렇게 불공평한지, 어떻게 살아야 하는지 진지하게 고민했다. 가까운 친구는 인생의 허무함을 이기지 못하고 신발을 벗어 놓은 채 바닷물 속으로 사라졌다.

'왜 세계의 수많은 사람이 굶주리는가?'라는 이야기를 듣고 경악과 슬픔이 교차했다. 내가 저런 사람들을 위해서 할 수 있는 일은 무엇일까? 저들이 살아갈 수 있는 방법이 있다면 찾아봐야 하지 않을까? 이런 생각이 오랜 시간을 두고 마음에 눌러앉기 시작했다. 그런데 대학생인 내가 할 수 있는 방법이 사실상 없었다.

후에 읽게 된 《왜 세계의 절반은 굶주리는가》라는 책을 쓴 장 지글러 Jean Ziegler는 '식량이 없어서가 아니라, 세계를 움직이는 엘리트의 탐욕'

에서 굶주림의 원인을 찾았다. 나는 빈곤과 기아 문제가 악성질환, 급성 전염병, 마약, 살인, 납치, 전쟁, 인신매매와 기후변화 등으로 이어져 기하급수적으로 '**반문명**'을 초래한다고 보았다.

나에게는 이런 반문명의 기원이 세상의 고정된 시스템에서 연유한 것으로 보였다. 세상의 고정된 시스템의 정체가 무엇인가에 대해선 도저히 알 길이 없었다. 그러던 중 루트비히 비트겐슈타인Ludwig Wittgenstein(1889~1951년)의 짧고 강력한 한마디가 내게 엄청난 충격을 주었다. 그는 "세상에 대해서 아무것도 모르면 입 다물고 있으라"고 말했다. 그 뒤로 잠시 독서를 중단했다.

사람들은 세계를 변화시키기 위해 여러 가지 직업을 선택한다. 정치에 뛰어들기도 하고, 의사가 되어서 가난한 사람을 치료하기도 하고, 봉사 활동에 몰두하거나 목회자로 나선다. 자신의 재물을 빈곤을 구제하는 데 사용하는 부자들도 여럿 있다.

내가 생각하기에 물질 제공으로는 기아 구제의 근본적인 해결책이 될 수 없다. 가난한 사람들에게 물질을 조금 제공한다고 시스템이 바뀌지도 않는다. 인간이 가진 욕심은 크게 변하지 않기 때문이다. 많이 가진 사람은 더 많이 가지려고 시스템을 자기들에게 유리하게 만들어 버린다. 국제적인 기구에서 세계 평화를 위해 일하는 사람들도 어느 순간, 기아를 해결하는 데 관심을 기울이기보다 자기도 모르게 자기 정치를 하게 된다. 세계를 움직이는 시스템을 바꿔야 문제가 조금이라도 해결될 것인데, 그 시스템은 누가 만들어서 운영하는 것일까? 세계적인 인텔리들이 만들고 바꾼다. 그러므로 시스템을 바꾸려면 그 시스템을 만들어 운영하는 인텔리들을 변화시켜야 한다.

나는 세계라는 시스템을 움직이는 인텔리의 가장 상위를 차지하는 사람들이 자연과학자 집단이라고 생각했다. 원자폭탄도 자연과학자들이 발견한 원리를 응용한 것이고, 지금 세계를 지배하는 정보통신이나 인공지능 역시 자연과학적 진리가 출발점이기 때문이다. 그러므로 자연과학자들을 설득시키는 일이 가장 빠를 것으로 생각했다.

불쑥 찾아온 모든 것의 공통 원천

어느 날 갑자기 3자씩 7개의 21자가 떠오르면서 소위 '삼칠 원리' 또는 '3-7 원리'로 생각이 일어났다. 나는 연필을 쥐고 종이에 순식간에 써 내려갔다.

원형성
원칙성
동인성
방향성
보상성
회귀성
통일성

이와 함께 무슨 뜻인지도 모르면서 이 21자가 '삼칠 원리' 또는 '자연의 일곱 가지 원리'라는 생각이 갑자기 떠올랐다. 자세한 내용은 2부 11장에서 다시 설명하겠다.

03

34년 동안
마법의 상수를 파헤치다

관측 가능한 우주의 반지름과 마법의 상수 137

블랙홀의 크기를 말하는 수식이 슈바르츠실트 반지름Schwarzschild radius 이다. $R_s = \frac{2GM}{c^2}$, Rs라고 표현하는 슈바르츠실트 반지름 수식을 이용해서 계산한 것 중 가장 큰 것이 관측 가능한 우주observable universe의 반지름이다.

그런데 이 슈바르츠실트 반지름 수식을 이용해서 얻은 우주의 크기를 나타내는 숫자는 **천문학**에서만 유용한 것이 아니다. 우주의 반지름을 나타내는 숫자는 놀랍게도 수학에서 200여 년에 걸쳐 발견된 몬스터군Monster Group 숫자와 물리학에서 100년 이상 천재 물리학자들의 애간장을 녹이던 마법의 숫자 137과도 깊은 관계가 있다(3부 수식 2 참조).

일반 상대성 이론에 정통한 일부 물리학자들은 중력이 포함된 우주에서 '우주의 크기가 고정되어 있지 않다'는 편견을 가지고 있다. 나는 이 책에서 이러한 생각이 크게 잘못되었음을 지적하고 그 이유를 설명하고 있다. 왜냐하면 우주의 상태함수에 대한 정보가 보이지 않기 때문이다. 나는 소위 BM을 통해 우주의 고정된 상태함수로서 우주의 부피 및 밀도가 일정함을 발견했다. 우주의 상태함수에 대한 근본적인 정보는 몬스터군의 물리적 해독이 먼저 필요하다. 여기서 상태함수가 보여주는 정보가 결정론적으로 얻어진다.

연구 생활을 시작한 지 34년이 지나 이 같은 발견을 한 나는 이런 엄청난 사실에 스스로 놀라곤 한다. 왜냐하면 세계적인 과학의 천재들이 고민하던 난제를 내 머리로 풀어냈다는 것을 나 역시 믿을 수 없기 때문이다. 그러나 신은 나에게 미해결 문제를 풀 수 있는 증거를 주긴 했지만, 쉽게 다른 사람들을 설득시킬 수 있는 방법까지 알려준 것은 아니었다. 여하튼 하나님의 영이 영감을 주신 건지, 아니면 스스로 간절히 바란 나머지 그 숨겨진 의도를 간파한 건지 알 수는 없지만, 영화 〈벤허〉를 만든 감독이 걸작을 만들어 낸 다음에 "하나님, 내가 어떻게 이 영화를 만들어 냈나요?" 했던 그 심정을 이해할 것 같다.

어떻게 치과 의사인 내가 전문 분야도 아닌 이 같은 일을 하게 되었는지 나도 내가 궁금할 뿐이다. 무엇인가 내 인생이 이러한 일을 하도록 프로그래밍 한 것 같은 생각이 든다. 수학자 중 정규교육을 제대로 받지 않고 독학으로 위대한 업적을 남긴 사람이 있다. 바로 인도의 수학자 스리니바사 라마누잔Srinivasa Ramanujan이다. 만약 라마누잔이 살아 있다면, 수학적 발견을 하는 데 있어서 영감이 중요한 역할을 했는지 물어보고 싶다.

하늘이 나에게 영감을 주었다면, 오랜 세월을 통한 나의 간절한 바람이 통한 건 아닌지 하는 생각도 한다. 사실 가난한 사람 10억 명을 구하고 싶다는 간절하고 절절한 동기는 나에게 간절한 기도를 하게 만들었다. 32년간 아침마다 나는 돌아가신 아버지가 했던 것처럼 기도를 해왔다.

나의 아버지는 일본식 주택의 다다미가 깔린 방에서 새벽 4시에 일어나, 우물의 맑은 물을 사발에 담아 눈높이 정도의 상에 올려놓고 기도했다. 아버지가 했던 기도문은 동학을 창시한 최제우가 한 기도문이었다. 21자로 된 최제우 기도문은 다음과 같다.

시천주 조화정 영세불망 만사지 지기금지 원위대강 侍天主 造化定 永世不忘 萬事知 至氣今至 願爲大降

서울 상왕십리에 있는 새소망 교회는 기독교인의 입장에서 풀이한 최제우 기도문을 블로그에 올렸다. 블로그에 올린 이 글이 내 생각을 잘 대변하는 것 같아서 소개한다. (https://blog.naver.com/newhopechurch1/222559725816)

시천주侍天主: 하늘과 땅의 주인이신 주님을 모시고 경배합니다.
조화정造化定: 주님은 만물을 다스리고 운영하십니다.
영세불망永世不忘: 이 진리를 영원히 잊지 않겠사오니
만사지萬事知: 만사를 깨닫게 될 줄 믿습니다.
지기금지至氣今至: 그 지극한 역사가 지금 이 땅에 이루어지게 하시고
원위대강願爲大降: 또 충만하게 임하기를 간절히 비옵나이다!

이 21자로 이루어진 기도문은 동학의 창시자 최제우가 만들었다고 한다. 이 기도문에는 하늘과 땅을 다스리는 하나님(천주)에 대한 고백이 담겨 있으며, 구도에 대한 갈망과 확신, 그리고 하나님의 역사가 임하기를 간절히 바라는 내용이 들어 있다. 기도문 자체가 기도자의 자세를 가르쳐 준다.

기독교에는 주기도문이 있다. 예수가 가르쳐 주신 기도문이다. 이 기도문에는 하나님을 아버지라 부르며, 하나님의 이름이 거룩하게 되기를 바라는 경외심이 담겨 있다. 하나님이 다스리시는 세상이 되기를 바라며, 일용할 양식과 죄의 용서, 그리고 시험에서 건져 주기를 빈다. 주기도문의 끝부분에는 만물의 주관자이신 하나님을 찬양하는 내용이 있다.

주기도문에도 하나님의 주권과 통치, 그리고 역사와 도우심을 바라며 서로 용서하겠다는 결심이 담겨 있다. 주기도문과 천도교의 기도문에 공통으로 담겨 있는 사상은 하나님이 만물의 주관자이기에 지극한 정성으로 모시고 따라야 한다는 것이다. 주기도문에는 하나님의 나라가 임하여 그 뜻이 이 땅에서 이루어지기를 바라는 내용이 있다면, 천도교의 기도문에는 하나님이 만물의 질서를 세우기를 바라는 조화정造化定의 바람이 담겨 있다.

예수의 가르침이 하나님의 나라가 임한다는 것이라면, 천도교는 개벽 사상을 가르친다. 개벽開闢이란 천지개벽天地開闢의 줄임말로 하늘이 열리고 땅이 새롭게 된다는 말이다. 하늘이 열린다는 것은 새로운 계시가 임한다는 것이며, 이는 깨달음을 의미한다. 그리고 땅이 새롭게 된다는 말은 땅에 하늘의 뜻이 실현된다는 의미다. 그러므로 천지개벽은 예수의 기도문에서 '하나님 나라가 하늘에서와 같이 땅에서도 이루어지게 하소서!'의 기원과 같은 의미라고 이해할 수 있다.

주기도문으로 기도하는 사람이나 시천주로 기도하는 사람이 하나님 나라와 천지개벽을 어떻게 이해하는가는 기도하는 것만큼 중요하다. 하나님 나라는 기독교의 핵심 사상이다. 구도의 길은 결국 이 땅에 실현되어야 할 하나님의 나라가 어떤 것이며, 어떻게 우리가 그 역사에 동참할 수 있는 것인지를 깨닫고 실천하는 과정이다.

오늘도 저녁 기도의 시간에 천도교의 기도문에 세례를 주어 암송해본다. 그리고 주기도문을 함께 암송하면서 하나님의 나라에 동참해본다.

일생 동안 새벽기도를 한 아버지

아버지는 새벽 4시에 일어나 몇 시간씩 이 기도문을 외웠다. 내 기억으론 그렇다. 아버지가 동학교도였는지는 알 수 없지만, 당시 시대 상황에서 꼭 동학교도가 아니어도 이 기도문은 많은 사람이 외우곤 했다.

아버지는 일본에서 자격증을 따고 와 한의사로 일했다. 침도 놓고 약도 짓곤 했다. 어머니는 아기의 출산을 도와주는 산파였다. 나는 어린 시절에 아버지가 하는 기도문을 듣고 자랐지만, 따라 하지는 않았다. 아버지 역시 나에게 그 기도문을 가르치거나 따라 하도록 강요하지 않았다. 그런데 대학생이 되면서 10억 명 인류의 빈곤을 해결해주고 싶다는 열망이 생기면서 어느 순간 아버지의 그 기도문을 아침마다 따라 하게 되었다. 아버지의 기도문에 거의 관심을 기울이지 않던 내가 아버지의 기도를 따라 했던 것이다. 참으로 이상한 일이 아닐 수 없었다. 아마 10억 명의 빈곤을 해결하겠다는 맹세와 열망이 너무 강렬하다 보니 나도 모르게 따라 한 건 아닌지 싶다.

아무리 그렇다고 해도 치과 의사가 왜 그렇게 긴 세월 동안 물리학의 난제를 해결하려고 몰두하는지 스스로 이해되지 않았다. 내 생각과는 상관없이 어떤 관성에 의해 끌려가는 듯한 내 모습이 신기하기도 했다. 한참 젊은 시절에는 20여 개의 점집을 찾아가 치과 의사인 내가 왜 전혀 다른 전문 영역을 이렇게 공부하고 연구하는지 묻기도 했다. 신통한 대답은 별로 듣지 못했지만, 지금 생각해보면 얼마나 답답했으면 그랬을까 싶다.

요즘은 주변 사람들과 함께 교회를 다니며 새로운 사람들을 만난다. 나는 대학 시절 서로 다른 종교 사이의 차이점에 대해서 관련 도서를 읽으며 깊게 생각해본 적이 있다. 성경을 읽으면, 성경에 숨어 있는 메시지가 자연과학과 깊이 연관되어 있다는 걸 느낀다. 그리고 영성이 깊은 사람들이 전달하는 진실된 글이라는 생각을 떨칠 수가 없다.

공자가 시골 아낙네에게 배우다

사람의 지혜는 반드시 좋은 스승에게 많이 배우는 방법으로 깨우치는 것은 아니다. 학식이 높고 훌륭한 사람일수록 낮은 자세로 모든 사람을 스승으로 생각한다. 공자천주孔子穿珠라는 고사성어가 대표적인 교훈이다. '공자가 구슬을 뚫는 법' 정도로 해석할 수 있는 말이다.

공자孔子가 진陳나라를 지나갈 때 있었던 일이다. 공자는 선물로 받은 진기한 구슬이 있었다. 구슬에 구멍이 아홉 구비나 되었다. 공자는 구슬에 실을 꿰려고 갖은 방법을 써봤지만 성공하지 못했다. 여행 중에 큰 나무 아래에서 공자가 구슬에 실을 꿰느라 애를 태우는 모습을 뽕밭에서 뽕

잎을 따는 아낙네가 우연히 보고 물었다. "무엇을 하느라 그렇게 애를 쓰시오?" 공자의 이야기를 들은 뽕 따는 아낙네는 빙그레 웃더니 한마디 건넸다. "꿀(蜜)을 이용하면 성공할 거예요." 아낙네의 말을 깊이 생각하다가 공자는 무릎을 쳤다. 개미 한 마리를 붙잡아 허리에 실을 묶고는 구슬 한쪽 구멍에 꿀을 발라 놓고 기다렸다. 꿀 냄새를 맡은 개미는 아홉 굽이진 구불구불한 구멍 속을 들어가 반대편 입구로 나왔다. 공자는 이렇게 해서 구슬을 꿸 수 있었다.

공자는 "세 사람이 길을 가면 그중에 반드시 스승이 있다. 좋은 것은 본받고 나쁜 것은 살펴 스스로 고쳐야 한다"고 말했다. 모르는 것이 있으면 물어보는 것이 부끄러운 것이 아니다.

이 세상과 우주의 생김새를 설명하는 방법은 매우 어렵고 복잡하다. 그러나 그 이치를 설명하려면 유명한 과학자가 가진 지식만 가지고는 충분하지 않다. 구슬을 꿰려고 뽕잎 따는 여자는 바늘을 사용하지 않았다. 바늘을 사용하면 굽이굽이 진 곳을 통과할 수 없기 때문에 새로운 방법을 사용했다. 나는 물리학자도 아니고 수학자도 아니고 치과 의사다. 물리학과 수학에 대한 어떤 편견이나 선입견이 있을 리가 만무하다.

공자천주의 물리적 의미

공자천주는 지난날 물리학에 일천했던 나 자신에게 큰 영감을 주었다. 언제부터인지 기억은 나지 않지만, 공자천주에 나오는 '개미'는 나 자신도 모르게 물리량으로 대체되었고 '실'은 숫자로 대체되고 있었다. 그러면 '꿀'은 무엇으로 대체되었을까? 놀랍게도 중력이었다. 뉴턴을 비롯하여 아인슈타인도 전력 질주했지만, 그 본질을 찾는 데 실패한 개념이 중력이었다.

아인슈타인은 중력이 가속운동과 동일한 현상임도 알아냈다. 누군가 중력의 영향을 느낀다면 곧 그 사람은 가속운동을 하고 있는 셈이다. 중력의 영향이나 가속운동을 하고 있지 않으면 모든 운동의 궁극적인 기준으로 삼을 수 있다. 그러나 세상 어디에 중력의 영향을 받지 않는 곳이 있을까? 그래서 아인슈타인은 절대적 공간, 절대적 운동이 존재할 리 만무하다고 생각한 것이다.

오늘날에 이르러서야 모든 사람들에게 익숙하고 친근한 힘으로 알려진 것이 중력이다. 중력 문제는 사실 '하나'와 관련하여 이 책 주제의 모든 것이라 할 만큼 핵심 개념이므로, 먼저 물리학사적으로 배경 설명이 필요하다.

자천타천 최고의 두뇌를 지녔다는 이론물리학자 그룹은 그들이 20세기 자부심으로 내걸었던 소립자 표준 모델에 오늘날 이 시각까지 중력을 제외시키고 있다. 그만큼 쉬울 것 같아 보였던 중력의 본질적 개념은 나머지 세 가지 힘들과의 관계를 기술하려고 하면 할수록 난해하고 복잡해 보인다는 것이 공통된 하소연이다.

중력은 양자의 설명에서 통일을 거부하며 가장 다루기 힘든 존재로 남아 있다. 사실 중력에 대한 본질이나 정체성을 '에너지'만큼 제대로 이해하기만 하면 물리학은 완성된다고 해도 과언이 아니다. 그만큼 대단히 중요한 개념이다. 이렇게 보면 '에너지' 개념이 또다시 문제가 되고 만다(1부 7장 참조).

이런 이론·실험적인 속사정이 만년의 아인슈타인으로 하여금 통일장 이론을 포기하도록 강요한 것으로 보인다. 평생을 하나로 통일된 물리학 연구에 바친 그의 심정은 아마 피눈물이 나도록 쓰라렸을 것으로 미루어 짐작된다. 만년의 아인슈타인을 둘러싼 이론물리학적 환경은 코펜하겐 해석에 기반한 논리 실증주의의 관측과 **확률주의**가 득세하던 시기였다. 그래서 아인슈타인은 양자역학도 모르는, 말릴 수 없이 고집 센 뒷방 늙은이로 취급당했다.

실제로 스티븐 호킹 Stephen Hawking 은 아인슈타인이 알고 있었던 힘은 중력과 전자기력뿐이고, 약력과 강력에 대해서는 아인슈타인도 잘 모르고 있었을 것으로 판단했다. 그래서 아인슈타인이 '파동함수의 붕괴'로 이어진 확률 개념을 전적으로 부정하는 물리적 철학관을 가졌을 것으로 스티븐 호킹은 생각했던 것 같다. 아마도 이것 때문에 스티븐 호킹은 아인슈타인을 뒷방 늙은이라고 야유하는 양자역학의 주류 세력에 편승했을 것이다.

나는 처음부터 아인슈타인을 단순히 노벨 물리학상을 받은 유명한 물리학자쯤으로 여겨 존경해왔던 것이 결코 아니었다. 그와 관련된 책을 처음 한두 권 읽으며 물리학과 관련된 이론이나 발견된 내용 그 자체도 놀랍지만, 발견의 기저에 깔린 철학·종교 사상에 더 감명을 받았다. 그런 철학·종교 사상으로 무장한 아인슈타인이 설혹 나머지 두 가지 힘을 제대로 몰랐다고 하더라도 중력만으로도 세 가지 힘을 상쇄할 정도로 중력의 개념이 중차대함을 이미 꿰차고 있었던 것으로 짐작된다. 이 책을 계속 읽다 보면 언젠가 무릎을 치고 말로만 들어오던 아인슈타인의 위대성에 경외심을 느낄 것으로 확신한다.

어쨌든 6년의 대학 생활 내내 읽었던 철학·종교 차원의 책이 아니었다. 대학 시절 나는 엄청난 독서를 했다. 하숙집에 누울 곳이 없을 정도로 빠듯하게 책꽂이가 둘러 있었다. 대학 생활 이후 새로운 이론을 개발하는 시기에도 철학에서는 **의문과 질문**을 하는 **언어학**, 종교에서는 **삼위일체**, 수학에서는 **확실성**, 물리학에서는 **측정**이 핵심 관심사였다. 그러나 동시에 나의 머릿속에는 온통 아인슈타인이라는 한 명의 인물이 자리 잡고 있었다. 대학 생활을 끝낼 무렵 충격을 받았던 비트겐슈타인의 강력한 경고, "당신이 쓰는 언어는 이 세상 언어의 한계이고… 잘 모르면 입 닥쳐라" 하는 외침은 내가 찾던 실존의 의미를 무색하게 했다. 그것 때문에 한동안 독서와 글쓰기를 중단한 바 있었다.

그러던 와중에 아인슈타인의 물리학, 철학, 종교에 관한 오랜 사색은 비트겐슈타인의 마지막 의문으로 가득 찬 의문 부호를 제거할 만한 영감을 연거푸 떠오르게 했다. 나는 아인슈타인의 물리학, 철학, 종교관이 그 당시 그 어느 누구와도 비교할 수 없을 만큼 뛰어나다고 생각했다. 특히 물리학자로서는 대단한 직관과 영성이 넓고 그 깊이가 타의 추종을 불허한다고 생각했다. 아마 겉으로는 학자로 보이지만 가끔 실수하는 외계인 같아 보였다. 그래도 내가 생각하기에 그에게도 풀리지 않은 퍼즐이 남아 있었다. 아인슈타인의 소망이었던 통일장 이론을 안성히는 마지막 벽돌이면서, 오늘날까지 이론물리학자들의 마지막 퍼즐로 남아 있어 심술궂지만 결코 신이 악의가 없다는 것을 보여주는 '중력 문제'였다.

서두가 길어졌지만, 나는 공자천주에 나오는 '꿀'이 바로 중력 문제를 풀어 줄 해결사 역할을 한다고 본다. 바로 '이끌림'이다. 이 글을 쓰는 이 시점에서 돌이켜 보니, 나는 중력의 단서를 잡기 위해 아인슈타인의 물리학 이론과 철학과 종교관을 생각하며 수천 권의 과학 도서를 읽었던 것 같다.

나는 영성과 직관이 뛰어난 아인슈타인이 그토록 확률 개념을 부정한 이유를 이제는 이해할 것 같다. 양자역학의 도도한 유행 속에서 확률 개념을 부정하는 것은 수많은 물리학자들의 몰이해에 정면으로 맞서는 것이었다. 그러나 나는 내가 발견한 '연속 유리수 근사'라는 새로운 수학적 처리를 이용하면, 애매한 확률을 연속 유리수 근사로 대체할 수 있다고 확신한다. 나는 양자역학의 애매한 확률이 결정론으로 나아가는 경로에서 나오는 '과정의 일부'라고 생각한다.

공자천주의 이야기를 잘 살펴보면, 허리에 실을 맨 개미는 꿀 냄새가 나는 출구 쪽으로 아홉 구비를 문제없이 이동한다. 드디어 개미를 매개로 어려운 문제가 해결되는 것이다. 개미가 출구 쪽으로 이동하는 경로가 이론물리학자의 중력 문제 풀기와 무슨 관련이 있는지, 어리둥절해할 수 있다. 중력은 '이끌림'을 통해서 시간, 거리, 에너지 차이(곡률)를 제거하는 방향으로 작용하기 때문이다. 여기서 지금까지 뉴턴이나 아인슈타인을 비롯한 세상의 모든 물리학자들이 간과해왔거나 숨어 있어 마술을 부렸던 중력의 정체가 만시지탄이지만 드러나는 순간이다. 눈치 빠른 학자는 금방 염화시중拈華示衆의 미소를 띨 것이다.

빅뱅과 같은 우리 우주가 탄생하는 순간, 네 가지 힘 중에서 제일 먼저 중력이 시작된다. 이는 중력이 존재함으로써 나타나는 놀라운 현상 중에서 가장 첫 순위로 꼽을 수 있는 역사적 사건이다. 바로 시간이 시작되는 것이다. 시간이 무엇인지 묻는 사람이 많지만, 시간이 빅뱅에서 처음 나타나는 중력과 깊은 관련이 있다고 생각하는 물리학자는 흔하지 않다.

뉴턴이 말하듯 중력이 '질량'으로부터 나오는 것으로 알려져 있지만, 사실은 에너지로부터 나오는 것이 정확하다고 할 수 있다. 중력이 무차원인 에너지로부터 유차원인 질량으로 전이하는 것에 관련하며, 에너지와 질량 사이를 조절하는 역할을 한다는 뜻이다(1부 7장 참조).

시간이 일정한 방향으로만 흐른다는 이른바 시간의 화살로 잘 알려진 이 문제는 시간이 일정한 방향으로만 흐른다는 시간의 '일방성'이란 방향성에 대한 퍼즐을 제공한다. 이 퍼즐을 푼 사람은 유감스럽게도 아직 아무도 없다. 왜냐하면 지금까지 중력이나 에너지의 개념을 제대로 확신하여 설명하는 사람이 없기 때문이다. 나는 이 퍼즐을 풀 수 있는 강력한 단서가 '중력'에 있다고 확신하면서 이야기를 계속 이어 갈 것이다(2부 6장 참조).

존 휠러John Wheeler라는 물리학자는 시간을 모든 사건이 동시에 일어나지 못하게 하는 장치라고 깔끔하게 정의한 바 있다. 나는 이러한 시간의 정의를 좋아하지만, 한때 그러면 시간이 어디서 기원하는지 다른 사람과 마찬가지로 매우 궁금해한 적이 있었다. 그리고 시간의 기원이 중력에서 비롯된다는 사실을 재확인하게 되었다. 이 책에서 중력은 빛의 속력을 가진 중력자에서 비롯된다고 서술하고 있다. (그러면 중력자는 또 어디서 비롯하는가?) 그럼에도 불구하고 공자천주의 의미를 물리적으로 설명하기에는 아직도 퍼즐이 남아 있다.

34년간의 오랜 시간을 지나 또 하나의 중력의 역할을 깨닫는 순간, 공자천주의 퍼즐을 푸는 마지막 결정적인 영감이 캄캄한 방에 스위치를 켜자 밝아지듯 순간적으로 머리에서 떨어졌다. 이후 다시 설명하겠지만, 중력은 사물들이 거리 간에 차이가 존재할지라도 독자적으로 혼자 떨어져 존재하는 꼴을 아주 싫어한다. 특히 얽힘 관계에 있으면 거리에 무관하게 즉각적으로 '동시성'을 갖게 되어 '하나'가 된다.

아인슈타인은 중력의 작용에 유령과 같은 작용을 결코 인정할 수 없어 국소성을 주장한 것이 결정적 흠이 되었다. 특히 중력상호작용에 즉각적인 영향을 미치는 동시성은 그의 물리적 철학관으로 도저히 용납할 수 없었다. 이 경우 즉각적이라 하더라도 근사적 한계가 존재한다. 시간의 흐름이 존재하여 '비동시성'이 된다. 그런데 아인슈타인의 눈앞에 요사스러운 '얽힘'이라는 용어가 내던져졌다. '동시성'은 부정해도 '얽힘'은 긍정한다니, 이런 모순이 또 있을까! 마지막 퍼즐이 될 수 있는 중력의 본질은 도대체 무엇일까?

중력이 왜 작용하는가

내가 생각하기에 아인슈타인의 진짜 실수는 우주 상수 'Λ'가 아니라 중력상호작용에 '얽힘'이라는 또 하나의 무시할 수 없는 '동시성'이라는 자연의 숨어 있는 이중성에 무릎 꿇을 수밖에 없었던 것이다. 이는 계속 언급하겠지만, 중력과 허수 간의 관계 파악이 중요하다. 자연의 심오함은 빛의 이중적 성질을 두고 이미 한바탕 소동이 지나가지 않았는가!

중력상호작용은 언젠가 결국 하나로 뭉쳐 서로 간에 존재하는 시간 차이, 종국적으로 '에너지 차이'를 상쇄시키는 방향으로 작용한다. 에너지의 정의가 변화의 제1 원인이라고 고려하면 중력은 오히려 변화의 원인을 제거하는 방향으로 작용한다고 결론 내릴 수 있다. 따라서 중력은 에너지에서 비롯된다고 하면서도 에너지와 대척(상관) 관계에 있는 이중성을 띤다. 자연에 존재하는 이중성이야말로 자연의 진화나 진보에 풍부한 다양성을 낳게 하는 신의 선물이라고 할 수 있다.

아인슈타인이 주장하기에 '중력'은 '가속'이라 하지 않았는가! 가속은 속도의 시간에 대한 변화율로 속도 변환에 시간이 개입되는데, 시간이 아무리 짧아도 고전적 근사 한계가 존재한다. 뉴턴의 관성질량 개념에 있는 '등속'운동 보존, 곧 정지와 운동의 극단화된 수학적 이중성을 깨고 제3의 길 '가속'은 실제로 저항력이 생기는 시간 흐름의 현실로 비로소 '중력'의 세계로 진입하게 된 것이다.

결국 에너지 차이란 '얽힘' 관계이면 시간 경과 과정 없이 하나가 되는 '비국소성'이므로 시간 간격은 거의 '0'이다. 이는 다르게 표현하면 곡률을 제거하여 거의 곡률 '0'이 되게 하는 것이다.

구슬에 나아가는 데 장애, 곧 구비가 있어도 시간 장벽을 건너 목적지에 도달한다. 결국 사람이 원하는 바를 비로소 달성함을 의미한다. 이곳에서 저곳으로 위치 차이를 꿀을 이용해 제거하는 것이다. 위치 차이는 거리 차이, 시간 차이, 에너지 차이에 대응한다.

사과와 땅이 '하나'가 되는 것

사과와 땅 간의 에너지를 비롯하여 다양한 물리적 차이를 제거하고자 하는 것이 중력의 정체성이라고 생각했다. 나는 오랜 세월을 통해서 풀리지 않았던 중력의 정체성을 떠올렸다는 생각에 너무나 기뻤다. 아인슈타인이 어느 순간 머릿속에서 '중력=가속'의 등가원리를 떠올리고 나서 행복했던 순간보다 더 행복했다고 할 수 있었다.

중력이 '에너지 차이를 상쇄시키는 방향'으로 작용한다는 것은 중력이 하나의 덩치를 키우는 방향으로 작용한다는 뜻과 같다. 지금까지 미해결 문제로 남아 있는 굵직굵직한 문제들을 풀 수 있는 단초가 될 것 같았다.

예를 들면 얽힘 문제, 비국소성 문제, 이중성 문제, 에너지 보존 문제 등 모든 문제들이 다양한 동적 원인을 제거하고 정적 최대 안정성으로 접근하여 하나로 통섭하는 것이었다. 곧 중력을 이해하려는 모든 시도는 시간과 공간의 기원을 이해하려는 시도와 마찬가지다.

중력에 대한 행복한 순간이 제법 지난 후 우연히 리 스몰린Lee Smolin이 펴낸《아인슈타인처럼 양자역학 하기》란 책을 읽어보다가 깜짝 놀랐다. 이 책에서 18세기 수학자이자 철학자였던 라이프니츠가 다음과 같은 이야기를 했다고 전하고 있었기 때문이다.

"모든 물체가 어떤 특정한 양을 가능한 한 크게 만드는 쪽으로 움직인다고 하여 라이프니츠는 완벽perfection이라 불렀고 오늘날 이론물리학자들은 작용action이라 부른다."

위에서 언급하고 있는 라이프니츠의 '완벽'이라는 개념은 내가 기뻐하고 행복한 순간으로 떠올렸던 중력의 정체성과 일치한다고 생각한다. 어떻게 서양의 라이프니츠 생각과 동양의 내 생각이 오랜 시공간을 두고 이렇게 같을 수 있을까 하고 한동안 넋을 잃고 있었다. 라이프니츠의 보편문법도 나의 알짜 공식과 같다. 수식의 진위 여부를 따지는 것과 관련해서 언급했던 "논쟁하지 말고 계산해 봅시다"라는 슬로건을 기억하고 있을 것이다. 이 슬로건은 수식의 '증명 문제'를 수식의 '계산 문제'로 대체할 때나 가능한 일이다.

"중력이 왜 작용하는가?" 이 질문에 대해 지금 이 시각까지 그 어느 누구도 제대로 된 답을 내놓지 못하고 있다. 이런 질문 앞에서는 모든 사람이 그야말로 속수무책이었다. 자연은 분리해서 존재하는 것보다 '하나'로 존재하는 것이 힘을 경제적으로 운용할 수 있는 것처럼 보인다. 중력은 종국적으로 '하나'가 되는 '복원력'이라 할 수 있다. 아인슈타인의 말을 빌리면 모든 관찰자들은 자신의 운동 상태(등속 및 가속운동)에 무관하게 자신은 완전하게 '정지'해 있고 자신을 제외한 모든 우주가 '움직인다'는 관점을 가질 수 있다. 곧 중력과 가속이 '하나'로 동등하다는 뜻이다.

이처럼 복잡한 중력 문제를 가속운동의 개념으로 대체하여 이해한다면 중력이라는 다루기 힘든 문제를 풀어내기가 용이하다. 일반 상대성 이론은 등속운동을 하는 관찰자뿐만 아니라 가속운동을 하는 관찰자의 관점까지도 하나로 합쳐서 '모두 동등'한 관점으로 통일할 수 있었다.

이는 수식 전후 간에 '등가(=)'를 이루는 에너지보존법칙의 자발적인—거의 힘이 들어가지 않은—작용이라는 점을 직감하게 하고, 동시에 존재하는 에너지 차이만큼 불연속성을 경험하게 한다고 생각한다.

현실에서 불연속성은 거의 '0'으로, 연속성으로 보인다. 추후 해당 항목에서 시간의 불연속성은 궁극적 기본단위 또는 최소 에너지양자 quantum of minimum energy로 보여줄 것이다. 여기서 양자를 설명하는 데 '하나' 또는 단일성 unity이라는 단어보다 더 유용한 개념이 있을까?(2부 7장 참조) 또 앞에서 언급한 연속성과 불연속성과의 관계는 추후 해당 항목에서 기술하기로 한다. 공자천주가 의미하는 결론은 다음과 같이 요약할 수 있다.

개미 허리에 실을 매어 구비가 존재하는 장애에도 불구하고 맞은편 꿀이 있는 곳으로 유도시키는 방향성과 관련된 지혜는 구슬이 서 말이라도 꿰어야 보배가 된다는 실용적인 의미를 부여한다. 마찬가지 이치로 물리량에 숫자를 붙여서 두 수식 간에 존재하는 에너지 차이를 상쇄시키는 방향으로 유도하는 생각이나 계산은 '관측'이라는 장애를 극복하여 오직 생각이나 이론만의 유용성을 부여한다고 할 수 있다.

이제 하나의 물리량에 둘 이상의 복수가 아닌 반드시 하나의 숫자를 붙이는 구체적인 방법만 남게 된다. 관련된 항목에서 다시 언급할 것이다(1부 8장 참조).

복소수 체계에서 실수 체계로의 전환

내가 생각하기에 물리학에서 중요한 또 하나는 수학과 물리학에서 나오는 상수와 실험 데이터 사이의 관계를 알아내는 것이다. 수학과 물리학은 무슨 관계가 있을까? 물리학의 임의의 어떤 수식을 보면, 그 수식이 자연과학과는 어떤 관계가 있는지 연결하려고 항상 시도했다. 사실 물리학의 모든 수식은 '관계'를 설명한다고 할 수 있다. 시간과 공간의 관계, 길이와 무게 사이의 관계, 에너지와 질량의 관계 등이다. 관계는 불교의 **무자성**無自性이라는 의미와 같다. 사물과 관련하여 스스로 생겨남이 없거나 독자적인 성질이 없다는 것은 자연과학에서의 에너지 개념과 무척 닮아 있다. 특히 수학은 '내용'을 연구하는 학문이 아니라 대상 간의 '관계'를 연구하는 학문이다.

수학의 가장 기본은 덧셈, 뺄셈, 곱셈, 나눗셈과 같은 사칙연산이다. 그중에서도 덧셈, 뺄셈이 기초가 되어 곱셈, 나눗셈이 된다. 덧셈의 업그레이드가 곱셈이고, 뺄셈의 업그레이드가 나눗셈이라고 한다. 그런데 곱셈과 나눗셈만이 물리량에 어떤 구조적 변화를 가져온다.

여기에서 사칙연산, 가감승제를 자유롭게 할 수 있는 수 집합을 '체'라 하며, 이들 가운데 순서가 정의되는 것을 '순서체'라고 한다. 특히 완비순서체complete ordered field는 수직선상에서 모든 에너지(점)를 숫자로 빈틈없이 순서대로 일대일로 대응시키는 체계, OPS에서 시간 흐름을 보이고 있는 빛이 존재하여 중력의 작용이 개시된다. 곧 측정이 이루어지는 현실 세계가 된다.

여기에서 에너지는 본래 허수가 개입된 복소수로 기술되지만, 측정이라는 행위가 이루어지면 허수가 사라지고 시간 흐름의 순서가 존재하는 실수로 기술되는 세계, 곧 현실 속으로 진입한다. 참고로 유리수 전체집합이나 실수 전체집합은 대표적인 순서체다.

빛(중력, 시간 흐름)은 복소수 체계에서 실수 체계로 이어지는 하나의 파라미터가 되고 있다. 이론적으로는 허수를 제거하기 위해 '제곱' 형식을 띠게 된다. 질량-에너지 등가($E=mc^2$)라는 수식이 그러할 뿐만 아니라 복소함수인 입자-파동함수의 진폭 제곱으로 구하는 입자의 확률 계산에서도 보인다.

이 책에서 '인식 발화점'이라 일컫는 빅뱅 또는 빅 바운스를 통해 빛-중력-시간 흐름은 서로 분리할 수 없는 삼위일체 개념 기호를 구성한다. 이 3개의 개념 기호는 상관관계에서 인과관계로 이어지고 있는 등가 관계론을 보여준다.

시간 자체 개념에는 허수 개념이 존재하지만, 시간 흐름(순서체)에는 측정 행위가 개입하여 실수 개념이 되고 만다. 따라서 중첩에서 얽힘으로 전환된다. 전자는 정지와 운동이라는 뉴턴이 가진 절대 시계이고, 후자는 시간 흐름(순서체)에 필요한 아인슈타인이 가진 상대 시계다. 이러한 개념은 이후 1부 7장에서 에너지-중력-질량의 삼위일체로 다시 이어진다.

단위마저도 숫자로 표시하면

숫자로 계산이 가능한 것을 물리량이라고 한다. 용감하다, 아름답다, 추하다, 기쁘다, 슬프다, 공포스럽다, 아프다, 애매하다 등은 물리량으로 표시할 수 없다. 물리량은 측정 가능한 것만 대상으로 한다. 따라서 모든 물리량은 숫자에 단위를 붙여서(곱셈해서) 표현된다. 여기에서 단위는 어떤 특정 기호로 표현되어 있다. 만약 이 단위를 숫자로 바꾸면, 모든 물리량은 전부 숫자로 표현할 수 있다는 생각이 불현듯 일어났다.

단위마저도 숫자로 표시하면 얼마나 좋을까? 그렇다면 모든 물리량은 모두 숫자로 표현될 수 있을 것이다. 측정 가능한 모든 물리량이 숫자로 통일되기만 하면 컴퓨터의 계산 능력이나 속도가 획기적으로 증가할 뿐만 아니라, 그동안 차원에 막혀 물리량 간에 파악이 어려웠던 관계식을 발견하는 것이 매우 용이할 수도 있을 것이라는 생각이 불같이 일어났다.

한 번이라도 단위 자체를 숫자로 대체하는 아이디어를 생각한 사람은 없는 것 같다. 단위도 숫자로 표시한다고 하면, 서로 다른 차원인 단위를 어떻게 숫자로 표현하느냐고 대화 상대에게 물어보는 것은 당연한 순서다. 그러나 단위를 숫자로 바꿔서 표현하는 방안이 언뜻 동의가 되지 않는 것은 새로운 물리학의 출발 공준과 관계가 있기 때문이다. 여기서 출발 공준이란 실험·관측 데이터와 모순 없어야 함은 불문가지다. 여하튼 단위를 숫자로 바꾸는 과정에서 각각의 단위라는 물리량이 순수한 숫자 차원에서 큰 차이가 나는 것을 발견하는 사람들은 한 번도 이러한 시도를 해보지 않았기 때문에 쉽사리 이해가 가지 않을 것이다.

가령 '킬로그램'이라는 단위를 숫자로 표시하면 매우 큰 지수order를 가진 엄청나게 큰 숫자가 나오지만, '시간' 단위나 '길이' 단위를 숫자로 표시하면 상대적으로 매우 작다(Table 1, 2참조). 이 경우, 킬로그램이라는 질량 단위와 시간(second)이나 길이(meter) 단위 간에 덧셈이나 뺄셈을 하면 실제적으로 아무런 실용적 효과가 없다는 것을 알 수 있다.

그러나 시간이나 길이 단위의 크기가 우주론적으로 엄청나게 클 경우, 덧셈과 뺄셈이 유의미한 결과를 낳게 된다. 일상적으로 서로 다른 차원 간의 덧셈과 뺄셈은 무의미하다. 그러나 원리적으로 불가능하다는 뜻은 아니라는 점을 주목해야 한다. 크게 의심하면 크게 깨닫는다. 잘못됨을 두려워할 것이 아니라 잘못을 모르는 것을 정녕코 두려워해야 한다. 이 문제는 차원 문제와 대칭성과 관련하여 새로운 출발 공준에 대한 올바른 이해가 필요하다. 관련된 이야기는 계속 설명할 것이다.

인류 문명을 발전시킨 중요한 물리상수가 있다. 과학자들은 이 상수를 이용하여 또 다른 상수를 발견한다. 이론과 실험 간의 관계를 이어주는 매개체가 바로 물리상수로, 과학의 역사는 물리상수 탐구의 역사라고 해도 과언이 아니다. 만약 인류의 찬란한 유산인 이 모든 상수를 보통 사람들이 이해하기 어려운 수학이나 물리학 기호가 아니고 어떤 부품이나 부품을 만드는 설계 도면이라고 생각할 수도 있다. 상수를 새로운 과학적 발견을 하는 데 필요한 중요한 수단으로 생각할 수 있다는 이야기다.

온갖 상수를 분석하다

나는 통상적으로 지칭하는, 일반적인 의미의 과학자와는 거리가 먼 사람이다. 그럼에도 수많은 과학 서적과 저널을 보면서 중요한 상수를 발견하면 마치 어린아이가 바닷가에서 예쁜 돌을 보고 마음이 흡족해서 하나둘 수집해서 쌓아 놓듯이 모아 놓았다.

이렇게 수많은 훌륭한 과학자들이 남긴 상수를 불확도를 가진 채로 차곡차곡 모아서 컴퓨터에 저장해놓고는, 그 상수를 어떻게 사용할까를 고민했다. 물리학의 난제를 해결하려면, 물리학자들이 발견한 상수뿐 아니라 수학자들이 발견한 상수를 연결해서 활용하면 되지 않을까? 이 상수와 저 상수를 연결하면 지금까지 전혀 해결되지 않았던 과학적 난제가 풀리지 않을까? 나는 34년 동안 이러한 고민을 계속해왔다. 말하자면 돈벌이와는 거리가 먼 순수한 기초 물리학자의 길을 걸어온 것이다.

과학을 발전시킨 수많은 천재 과학자들의 놀라운 성취가 나를 일깨웠다. 서적뿐 아니라 틈틈이 만나서 대화를 나눈 선후배 과학자들의 질책이 나에게 더욱더 집중하도록 채찍질을 가하기도 했다.

상수를 수집하는 방법은 비교적 쉽다. 저널에도 나오고 수학책이나 백과사전 등에도 나온다. 이런저런 책을 읽을 때 나오는 상수를 컴퓨터를 통해 데이터베이스화해 모두 모아 놓았다. 이렇게 많은 수학과 물리학 상수를 더욱 다양하게 조합하는 방법을 찾다 보니 기존의 과학자들이 전혀 예상하지 못한 새 프로그램도 개발하게 되었다. 이 프로그램은 컴퓨터 기계학습과 관련되어 상수들 간의 관계를 찾아내는 데 일조했다. 그리고 새롭게 개념을 정리하여 특허도 받았다.

04

하늘 끝까지의 높이를
재고 싶어 한 소년

슈바르츠실트 반지름의 의미

어렸을 적 하늘을 쳐다보고 있으면 저절로 궁금해졌다. 저 하늘 높이가 도대체 얼마나 될까? 별들이 촘촘히 박혀 있는 밤중에 하늘을 보면 그런 궁금증은 마음속을 더 파고들었다.

아인슈타인의 업적을 소개할 때 자주 등장하는 표현은 '하늘이 휘어지다'다. 하늘이 휘어진다기보다 빛이 휘어진다는 말로, 아주 커다란 물체가 있으면 그 물체 옆을 지나가는 빛이 휜다는 발견이다. 과학자들은 블랙홀 옆을 지나가는 빛이 휘어진다는 사실을 발견했다.

휘어진 시공간 자체가 곧 중력의 존재를 의미함에 주목할 필요가 있다. 일반 상대성 이론에서 '중력'을 종종 '곡률'이라고 표현한다. 물질이 중력의 힘이 미치는 범위 내, 곧 중력장에서 운동 경로가 휘는 곡선 또는 곡면의 변화율의 정도를 '곡률'이라는 용어로 나타내고 있다. 곡률이 '0'에 가까우면 직선이나 평면에 접근하여 '편평하다'고 해석을 내린다. 관측 가능한 우리 우주의 곡률이 그러하다고 관측으로 잘 알려져 있다.

내가 발견한 바로는 관측 가능한 우주 전체를 하나의 거대한 블랙홀로 볼 수 있다. 이것을 발견하는 과정에는 30년 이상의 세월이 필요했다. 보통 물질이 압축될 때 블랙홀이 된다. 만약 지구를 블랙홀과 같은 높은 압력으로 압축한다면, 반지름이 9밀리미터밖에 되지 않을 정도로 작아진다. 블랙홀은 그 정도로 강력한 압축이다. 태양을 압축해서 블랙홀을 만들어도 반지름은 3킬로미터 정도에 불과하다.

우리 우주도 과연 압축된 하나의 거대한 블랙홀일까? 나중에 알게 되었지만, 블랙홀의 경우 놀랍게도 잘 구축된 공식은 천체의 질량이 클수록 밀도가 감소되어 압축된 공간은 예상과 달리 빈 공간처럼 보인다. 물리학에서는 잘 알려진 상식이나 직관을 뛰어넘고 있는 예를 심심치 않게 발견할 수 있다.

여하튼 블랙홀이 되기 위한 어떤 물체의 반지름 한계점을 계산하는 수식을 발견자의 이름을 따서 슈바르츠실트 반지름이라고 한다. 이 책에서는 기호로 Rs라고 쓰고자 한다.

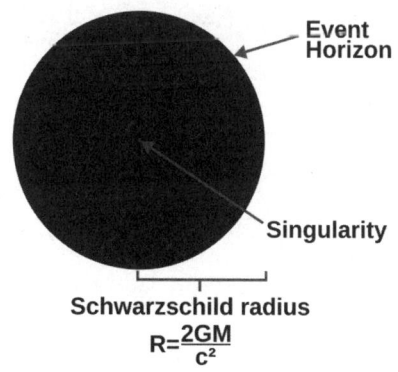

슈바르츠실트 반지름 방정식에 의해 계산된 블랙홀의 가장 외곽을 사건의 지평선Event Horizon이라고 한다. 물리에서 특이점은 블랙홀의 중심을 말하기도 하고, 우주 빅뱅의 최초의 점을 의미하기도 한다.

나는 추후 이 책에서 '무한' 개념을 '유한화'하는 계산을 통해 특이점을 제거하는 놀라운 방법을 보여줄 것이다. 이 방법은 아인슈타인의 장 방정식이 완벽함을 보여주는 증명이기도 하다. 그리고 이 증명은 유명한 펜로즈-호킹의 특이점 정리가 잘못되었음을 공박하면서 마법의 수 137의 비밀을 풀어내는 단서를 제공한다. 흥미롭게도 나는 블랙홀 최대 엔트로피에 관한 정보에 있어서는 펜로즈와 호킹의 위대한 업적을 높이 사고 있다.

하나의 파라미터

내가 주장하는 이론을 설명하려면 몇 가지 키워드의 정의를 설정하는 것이 바람직하다. 가장 첫 번째로 '하나의 파라미터One Parameter'를 이야기하고 싶다. 파라미터는 보통 매개변수라고 쓴다. 수학에서 수는 보통 상수와 변수, 이렇게 두 개로 구분할 수 있다. 수학에서 변수는 정해지지 않은 어떤 임의의 값을 표현하기 위해 사용된 '기호'다. 다른 말로 '변하는 숫자'라는 표현을 쓴다. 상수는 그 반대말로, 정해진 수를 말한다.

16세기 프랑스의 프랑수아 비에트François Viète(1540~1603년)는 미지수를 알파벳 문자로 나타내고 이를 '변수'라고 한 최초의 수학자다. 그는 수학에 문자를 도입했고, 수학적인 내용을 문자를 사용해 간략하고 정확하게 표현하는 데 기여했다. 이후 문자의 사용은 대수학이 발전하는 계기가 되었다. 그는 수학자이기 전에 본업은 변호사였으며, 앙리

3세와 앙리 4세의 왕실 변호사로 활동했다. 변수가 본격적으로 사용됨으로써 16세기 말을 기점으로 대수학이 이전과는 다른 수준으로 발전하는 커다란 계기가 되었다.

그런데 이 변수끼리 이어 주는 것을 매개변수, 즉 '파라미터'라고 한다. 여러 가지 값을 가질 수 있는 변수와 달리, 값이 변하지 않고 고정된 수나 그 수를 지칭하는 문자를 상수라고 한다. 원주율을 그리스 문자 π로 나타내는 것처럼, 수학에서 중요한 몇 가지 상수는 약속된 특정한 문자로 나타내기도 한다. 그런데 물리학 영역에서 물리량을 말할 때 상수는 항상 숫자와 단위가 붙어서 기능을 발휘한다.

이 책에서는 단위마저 숫자가 되어 모든 물리량이 '숫자'라는 공통된 하나의 매개변수, 하나의 파라미터가 된다. 그러나 물리량이 모두 문자로 구성되면 문자는 서로 다르므로 단위 문자 개수에 따라 최소한 두 개 이상의 파라미터가 된다. 가령 7개의 기본단위는 7개의 파라미터가 되지만, 7개 단위가 수식(Eq. 1-1)의 출발 공준에 따르면 모두 숫자가 되어 하나의 파라미터가 되는 것이다.

자연과학은 기본적으로 물리량$_{physical\ quantity}$을 다루는 학문이다. 물리량은 '물질계의 성질이나 상태를 나타내는 양'으로서 보통 한 개의 수치 또는 한 쌍을 이루는 여러 개의 수치로 표시된다. 기본적인 물리량으로는 길이, 시간, 질량, 힘, 에너지, 전하, 전기장, 자기장 등이 꼽힌다. 근본적인 문제로 돌아가서 이야기하면, 좁은 의미에서 과학은 물리량을 취급하는 영역을 연구하는 학문이다. 물리량을 취급하는 영역은 실험적으로 관측 가능하다. 물리를 비롯해서 화학, 공학, 생물, 의학 등이 포함된다.

나는 과학인지 아닌지를 분별하는 기준으로 칼 포퍼가 주장한 **반증주의**를 차용하고자 한다. 반증주의는 어떤 명제가 틀렸다는 단 한 건의 반증 사례만 나와도 그 명제는 틀렸으며, 따라서 과학적이라고 할 수 없다는 것을 의미한다. 과학이라는 이름을 달았지만, 반증주의에 어긋나는 것은 과학이라는 이름을 가진 **유사 과학** pseudo science 또는 **사이비 과학**이다. 하지만 과학이라고 쓰이는 학문의 범위는 이보다 훨씬 넓다.

합리적인 사고와 논리를 바탕으로 하는 학문은 모두 다 '과학적'이라고 표현하기도 한다. 이런 영역을 모두 뭉뚱그려 표현하는 단어가 메타사이언스다. 합리적인 이성을 가지고 합리적으로 질문하며 따져서, 사물의 이치를 밝히는 학문이라고 할 것이다. 이런 측면에서 보면 인문학이나 사회학 분야에도 '과학'이라는 표현을 넣어서 '인문과학', '사회과학'이라고 부를 수 있다.

진공엔 무엇인가 신비한 것이 있다

두 번째 중요한 키워드는 **진공묘유**眞空妙有다. 진공묘유는 '불변하는 실체 없이 여러 인연의 일시적인 화합으로 존재하는 현상, 공空을 근원으로 하여 존재하는 현상'을 말하는 불교 용어다. 부처의 성품을 나타낸다고 한다. 그러나 이 책에서는 진공 vacuum이 물리학에서 얼마나 중요한지를 표현하기 위해 이 용어를 가져왔다. 진공에는 아직 밝혀져야 할 그 무엇이 존재한다.

천문학자들이 더 관심을 가지는 것은 정성적인 내용보다 그 크기가 얼마인가에 대한 정량적인 내용이다. 이 책에서는 '진공 에너지밀도 energy density of vacuum'라는 특정 문자 기호를 사용하여 거의 정확하게 계산되어 있다(3부 수식 4의 Eq. 4-2 참조).

버킹엄 머신의 핵심적인 논리 구조는 귀추법

세 번째로 중요한 키워드는 **귀추법**abductive reasoning이다. 논리적으로 추론하는 방법에는 크게 결론을 내놓고 추론하는 **연역법**, 설명하는 과정을 거쳐 어떤 결론을 내리는 **귀납법**, 그리고 어떤 가정을 한 다음에 답을 찾아가는 귀추법이 있다. 귀추법은 '만약 ~라면 ~이다(if~ then~)'라고 추론하는 법이다. 쉽게 설명하면 셜록 홈스가 사건을 수사하는 방법과 유사하다.

예를 들면, '살인 사건이 일어났다. 그런데 그 집 개가 짖지 않았다. 개가 짖지 않았다면, 아마도 범인은 피해자와 잘 아는 사람일 것이다' 같은 식이다. 셜록 홈스뿐 아니라 수사관이나 탐정이 자주 사용하는 사고 논리법이다.

내가 개발해서 사용하는 컴퓨터 프로그램도 가장 핵심적인 논리 구조는 귀추법이다. 그리고 모든 것이 하나의 원리로 되어 있다. 그렇다면 숫자로 표현해야 한다. 그런데 '만약 ~라면 ~이다'라고 추측할 수 있는 경우의 수는 엄청 많다. 그렇게 많은 경우의 수의 퍼즐을 맞추려면 가장 먼저 자연에 존재하는 '본질적인 수학적구조'를 찾아내야 할 뿐만 아니라 컴퓨터 프로그램의 성능이 매우 뛰어나야 한다.

세상을 지배하는 것은 언어다. 기독교를 비롯해 중요한 종교는 언어로 기록된 책이 있기 때문에 그렇게 긴 세월을 지나도 변함없이 많은 사람에게 영향을 미친다. 그러므로 언어를 잡으면 세상을 다스릴 수 있다고 생각했다.

자연을 설명하는 가장 탁월한 언어는 숫자다. 세상의 모든 것을 설명하는 것은 하나의 원리다. 이 책은 어떻게 하나가 될 수밖에 없는지 설명하고 있다. 하나의 원리는 하나의 언어, 하나의 범주, 하나의 숫자로 표현한다. 이 세상의 실체가 수라고 일찍부터 주장한 대표적인 과학자는 바로 그리스 철학자 피타고라스다.

사람은 나이가 들어가며 여러 가지 경험을 통해 귀추법을 익힌다. 귀추법을 통해 인생의 지혜를 깨우치기도 한다. 예를 들면 이렇다.

만약 내가 엄마의 말을 안 들으면, 그러면 계속 혼이 나거나 용돈이 줄어든다.
만약 내가 늦게 들어오면, 그러면 아빠는 화를 낸다.
만약 내가 시험 점수를 높게 받지 못하면, 그러면 원하는 대학에 들어갈 수 없다.

나이가 들면서 사람은 귀추법을 통해서 어떤 정보에 내가 어떤 반응을 보여야 할지 배운다. 현실에서만 귀추법이 통하는 것이 아니라, 추상적인 영역에서도 귀추법은 아주 유용하다. 숫자를 수단으로 삼는 수학에도 귀추법의 논리가 깊숙이 스며들어 있다.

빈 하늘에서 은밀한 사건이 일어나고 있다

연구 초부터 소립자에서 우주에 이르기까지 일정한 패턴이 존재할 것으로 생각해왔다. 다만 그 숨어 있는 패턴을 컴퓨터로 어떻게 찾아낼 것인가가 문제였다. 컴퓨터는 서툴지만 어떤 이미지나 사물의 형상을 **패**

턴으로 인식해서 판별하기 때문이다.

사람이 운전하지 않는 자율주행 자동차 앞으로 어떤 물체가 뛰어들 때, 그것이 사람인지 동물인지 아니면 잘못 굴러들어오는 공인지 빠른 시간에 분별하려면 패턴인식을 이용해야 한다. 그리고 패턴을 인식하려면 그 사물의 특징을 정확히 구분해야 한다. 그러나 패턴인식은 여전히 컴퓨터의 능력을 벗어나는 일이다.

나는 아주 작은 소립자에서부터 큰 우주에 이르기까지 일정한 패턴으로 연결되었다는 점을 시종일관 주장하고자 함에 그치지 않고 구체적으로 수식을 통해 보여준다. 가장 확실한 예를 들어보자면, 우주 상수 Λ 와 미세구조상수(마법의 수 137의 역수)는 대단히 중요한 공통점을 갖는다는 점을 오랜 세월에 걸쳐 지옥 훈련을 통해 찾아냈다.

우주 상수 Λ는 물리 우주론에서 진공의 에너지밀도를 나타내는 기본 물리상수다. 단위는 역제곱초(s^{-2})로만 알려져 있다. 아인슈타인은 팽창하지 않는 우주 모형을 얻기 위하여 일반 상대성 이론의 아인슈타인 방정식에 우주 상수를 도입했다. 그러나 에드윈 허블Edwin Hubble이 우주가 팽창하고 있다는 사실을 발견하자, 아인슈타인은 우주 상수 도입을 철회했다. 고전물리학에서는 우주 상수가 없어도 되지만, 양자장론에서는 우주 상수가 자연스럽게 생긴다.

실제로 관측한 결과, 미세하지만 0이 아닌 작은 값의 우주 상수가 관측되었다. 이는 양자론적인 예측값과 전혀 다르다. 그런데 실제로 관측한 우주 상수가 예측한 값보다 왜 이렇게 작은지는 알려지지 않았다. 우주 상수는 공간의 에너지를 나타내기 때문에 우주론에서는 암흑 에너지dark energy로 설명하는 학자도 있지만, 확실한 것은 우주의 팽창에 기여한다고 알려져 있다.

나는 이 책에서 우주 상수와 진공 에너지밀도는 같은 정성적 성질로 척력(팽창)을 똑같이 나타내지만 정량적 크기는 엄청나게 달라 자연스럽게 이론값과 측정값이 다른 이유를 설명하고 있다. 그리고 그 근거가 되는 수식을 마지막으로 소개하고 있다. 지금까지 이론물리학자들이 전혀 예상하지 못했던 전자기학, 양자역학, 상대성 이론에서 공통으로 나오는 순수 수가 바로 마법의 수 137이다. 이 책의 제목으로도 나오는 이 책의 진짜 주인공이라 할 수 있다.

마법의 수 137, 미세구조상수 또는 조머펠트 미세구조상수는 전자기력의 세기를 나타내는 물리상수다. 원자물리학과 입자물리학에서 자주 나타나는 미세구조상수는 1916년 아르놀트 조머펠트Arnold Sommerfeld가 발견했다. 조머펠트가 원자 방출 스펙트럼의 미세구조를 연구할 때 발견해서 이런 이름이 붙었다.

숫자 '137'의 의미는 미세구조상수의 역수로, 물리학에서 통상 '마법의 숫자'를 의미한다. 또 이 책에서는 현재까지 풀리지 않고 있는 물리학의 지독한 난제를 통틀어서 지칭한다. 실험적으로 상대적 불확도가 매우 낮아서 대단히 정밀한 수치를 보이지만, 왜 하필 그 수치인지 몰라 물리학자들의 속을 태우고 있는 숫자이기도 하다.

한글판 위키백과에 따르면, 우주 상수는 아인슈타인 방정식에 다음과 같이 등장한다. (내가 보기에 이 중 일부는 맞지만, 일부는 정확한 정보가 아니다.)

$$R_{\mu\nu} - \frac{1}{2}R g_{\mu\nu} = \frac{8\pi G}{c^4}T_{\mu\nu} - \Lambda g_{\mu\nu}$$

우주 상수를 나타내는 수식은 다음과 같다.

$$\Lambda = \frac{8\pi G}{c^2}\rho_{vac}$$

여기에서 π는 원주율, G는 중력 상수, c는 광속이다. 우주 상수를 상대성 이론에서의 표기 관례에 따라 표기하면 아래와 같이 표시된다.

$$\Lambda = 8\pi G \rho_{vac}$$

여기에서 진공 에너지밀도 ρ_{uac}는 다음과 같이 표기된다.

$$\rho_{uac} = 5.96 \times 10^{-27} \text{ kg/m}^3$$

따라서 우주 상수 \displaystyle\Lambda Λ의 값은 아래와 같다.

$$\Lambda = 1.1056 \times 10^{-52} \text{s}^{-2}$$

한편 영어판 위키피디아는 우주 상수 방정식을 다음과 같이 표기한다.

$$\Lambda = 3\left(\frac{H_0}{c}\right)^2 \Omega_\Lambda = 1.1056 \times 10^{-52} \text{ m}^{-2}$$
$$= 2.888 \times 10^{-122} \, l_P^{-2}$$

마찬가지로 영어판 위키백과는 미세구조상수 방정식을 아래와 같이 설명한다.

$$\alpha = \left(\frac{e^2}{4\pi\varepsilon_0 d}\right) \Big/ \left(\frac{hc}{\lambda}\right) = \frac{e^2}{4\pi\varepsilon_0 d} \times \frac{2\pi d}{hc} = \frac{e^2}{4\pi\varepsilon_0 d} \times \frac{d}{\hbar c} = \frac{e^2}{4\pi\varepsilon_0 \hbar c}.$$

영어판 위키피디아는 이러한 수식 외에 실험 관측으로 측정한 미세구조상수도 아래의 표와 같이 정리했다.

Successive values determined for the fine-structure constant

Date	α	1/α	Sources
1969 Jul	0.007297351(11)	137.03602(21)	CODATA 1969
1973	0.0072973461(81)	137.03612(15)	CODATA 1973
1987 Jan	0.00729735308(33)	137.0359895(61)	CODATA 1986
1998	0.007297352582(27)	137.03599883(51)	Kinoshita
2000 Apr	0.007297352533(27)	137.03599976(50)	CODATA 1998
2002	0.007297352568(24)	137.03599911(46)	CODATA 2002
2007 Jul	0.0072973525700(52)	137.035999070(98)	Gabrielse (2007)
2008 Jun 2	0.0072973525376(50)	137.035999679(94)	CODATA 2006
2008 Jul	0.0072973525692(27)	137.035999084(51)	Gabrielse (2008), Hanneke (2008)
2010 Dec	0.0072973525717(48)	137.035999037(91)	Bouchendira (2010)
2011 Jun	0.0072973525698(24)	137.035999074(44)	CODATA 2010
2015 Jun 25	0.0072973525664(17)	137.035999139(31)	CODATA 2014
2017 Jul 10	0.0072973525657(18)	137.035999150(33)	Aoyama *et al.* (2017)
2018 Dec 12	0.0072973525713(14)	137.035999046(27)	Parker, Yu, *et al.* (2018)
2019 May 20	0.0072973525693(11)	137.035999084(21)	CODATA 2018
2020 Dec 2	0.0072973525628(6)	137.035999206(11)	Morel *et al.* (2020)

The CODATA values in the above table are computed by averaging other measurements; they are not independent experiments.

나의 이론을 통해서 우주 상수하고 미세구조상수는 하나의 조화 속에 같은 패턴을 가지고 있음이 밝혀졌다(3부 수식 4의 Eq. 4-15 참조). 전자기력을 나타내는 미세구조상수가 우주에서도 발견되었다는 점이 밝혀졌지만, 미세구조상수는 또 다른 중요한 의미를 갖는다.

지금까지 미세구조상수가 차원이 없는 137분의 1이라는 수치를 갖고 있다는 사실은 밝혀졌지만, 왜 그 같은 수치를 갖는지 현재의 과학 패러다임으로는 아무도 모른다. 이 책에서 사상 처음으로 출처와 함께 정확한 수치를 보여줄 것이다(3부 수식 2의 Eq. 2-2, Eq. 2-8 참조).

미세구조상수는 원자의 안정성과 연관을 갖는 숫자로 잘 알려져 있다. 원자가 안정성을 가져야 원자로 구성된 인간의 몸의 생리적인 현상도 안정성을 유지한다.

우주를 연구하는 데 있어서 매우 중요한 개념이 진공이다. 나는 우주의 기원과 진화와 미래에 있어서 중요한 단서는 진공과 관련이 있다고 생각한다. 한마디로 표현하면, 내가 생각하기에 우주의 역사는 **진짜 진공**true vacuum과 **가짜 진공**false vacuum 사이의 투쟁의 역사로 이루어져 있다.

진짜 진공과 가짜 진공의 투쟁을 조절하는 핵심적인 수치가 바로 우주 상수다. 우주의 역사와 미래를 파악하려면 진공 에너지, 암흑 에너지, 암흑 물질, 플랑크 에너지, 우주 상수 등 5개에 대한 개념을 정확히 알아야 한다. 더 나아가 이 5가지 물리량 사이의 관계를 파악하면 우주의 역사와 미래에 대해 대체로 올바른 이해를 하게 되지 않을까 생각한다.

우주가 팽창해서 물질이 많아지면 중력 수축이 일어나면서 우주도 수축한다. 이러한 수축이 어느 수준 이하로 더 이상 수축되지 않도록 하는 척도가 우주 상수다. 그러므로 우주는 수축해서 특이점으로 변하는 것이 아니라, 더 이상 수축하지 않는 한계점이 존재한다. 이러한 내용은 3부를 참고하기 바란다. 우주 상수는 0에 가까울 만큼 아주 작은 숫자로 표시된다. 그 크기는 10^{-123} 내려갈 만큼 아주 작다. 없는 것이나 마찬가지라고 생각할 정도다(3부 수식 4의 Eq. 4-8 참조).

암흑 에너지는 진공 에너지

나는 암흑 에너지의 실체는 진공 에너지vacuum energy라고 생각하기에 이르렀다. 진공 에너지란 진공을 유지하는 데 필요한 에너지다. 처음에는 진공 에너지보다 물질이 더 많았다. 우주가 만들어지고 우주 안의 물질에서 발생하는 복사에 의해 빛이 생겼다. 그러다가 에너지가 식으면서 갑자기 암흑 에너지가 나타났다.

진공 에너지는 우주가 작거나 크거나 상관없이 변함이 없다. 변함이 없다는 말은 물질이 많으면 에너지도 많아지므로 진공 에너지는 변하지 않는다는 말이다. 그러므로 진공 에너지는 상수일 수밖에 없다.

그런데 진공 에너지가 시간이 오래 흐르면 농축이 되면서 플랑크 에너지Planck energy가 된다. 플랑크 에너지가 나타났다는 것은 진공이 꽉 찼다는 것을 의미한다. 다시 말해 진짜 진공이 아닌 가짜 진공이라고 할 수 있다. 그러므로 우주는 진짜 진공이 되었다가 가짜 진공으로 변하는데, 나는 이 같은 진공의 변화를 유지시키는 상수가 우주 상수라고 생각한다. 그렇다고 해서 진공 에너지밀도와 우주 상수가 정량적으로 같다는 뜻이 아님은 이미 언급한 바 있다.

거대한 블랙홀 우주가 작아지면 반발력이 커진다. 동시에 진공 에너지가 농축되면서 플랑크 에너지로 나타나는데, 이렇게 진공이 더 이상 줄어들기 어려울 정도로 커다란 반발력이 생길 때 빅뱅이 시작된다. 그러므로 빅뱅의 에너지 소스는 바로 플랑크 에너지다. 나는 이 엄청난 규모의 에너지 스케일이 우주론에서 중요한 역할을 해낸다는 사실을 직관으로 알아냈다. 하지만 아인슈타인 방정식과 관련시켜 유의미하면서 일관성 있는 수식을 얻어내기 위해서는 그야말로 수많은 조합 방법을 시도해야 했다. 아마 머리에 쥐가 날 정도라는 표현이 적합할 것 같다.

그렇다면 플랑크 에너지란 무엇일까? 진공 에너지가 오랜 시간 동안 농축되면서 응축된 힘이 바로 플랑크 에너지다. 빅뱅(빅 바운스)이 일어나서 팽창하면 다시 진짜 진공이 발생한다. 그러므로 우주가 수축하고 팽창한다는 것은 우주가 가짜 진공과 진짜 진공 사이를 왔다 갔다 한다는 의미다.

우주가 수축과 팽창을 되풀이하는 것은 플랑크 에너지의 반발력 때문이다. 그런데 팽창하다가 더 이상 팽창할 수 없어서 수축하는 힘은 바로 진공 에너지에서 나타난다. 그리고 우주 상수는 수축과 팽창을 하는 데 있어서 우주가 붕괴하지 않도록 유지하는 균형추의 역할을 한다. 그러나 진공 에너지의 이러한 역할을 이해하지 못하는 상태에서, 무엇인가 이름을 붙여야 하기 때문에 지금까지는 암흑 에너지라고 부를 수밖에 없었다. 요약하면 암흑 에너지는 진공 에너지를 말한다.

다음으로 중요한 개념이 **임계밀도**critical density다. 임계밀도는 우주가 열린 우주가 될 것인지 닫힌 우주가 될 것인지를 결정해주는 우주의 밀도로 10^{-29}g/㎤ 정도다. 밀도가 이 임계밀도보다 크면 어느 정도 팽창하다가 다시 수축하는 닫힌 우주가 되며, 이보다 작을 때는 계속 팽창하는 열린 우주가 된다.

임계밀도가 가장 작은 수준으로 떨어졌을 때가 진공 에너지밀도다. 나는 우주 상수, 암흑 에너지, 암흑 물질, 진공 에너지, 플랑크상수 등의 관계에 대해서 오랫동안 생각 실험의 방법으로 연구해왔다. 이 다섯 가지 요소에 대해 정확한 개념을 확립하고 이들 사이의 관계를 분별하지 않으면 헷갈리기 쉽다.

독일인이 매우 사랑하는 막스 플랑크가 도입한 플랑크상수(h)는 흑체복사의 파장에 따른 세기 분포를 이론적으로 설명하기 위한 것이었다. 이후 양자역학이 확립되면서 플랑크상수는 양자역학의 기본적인 상수가 되었다. 2018년 12월의 플랑크상수 측정값은 e=6.626070040×10^{-34} J s였으나 2018년 제26차 **국제도량형총회**Conference Generale des Poids et Mesures, CGPM에서 킬로그램을 재정의하면서 플랑크상수의 값은 6.62607015×10^{-34} J s로 고정되었다. 그리고 2019년 5월 20일부터 공식 사용되기 시작했다.

진공 에너지가 암흑 에너지라는 것을 확인하는 것은 의외의 과정에서 발견되었다. 몬스터군 이론을 이용해서 계산해보니 숫자가 일치했다는 점에 주목한 것이다.

우주의 팽창과 수축에 대한 몇 가지 이론 중 빅 바운스big bounce와 빅 크런치big crunch가 있다. 빅 바운스는 우주가 특이점에서 폭발한 것이 아니라, 우주가 중력에 의해 수축되다가 특이점에 가까워지면 양자 효과에 의해서 다시 팽창하게 된다는 이론이다. 한 줄로 요약하자면 우주는 영원히 수축과 팽창의 순환을 거듭한다는 주장이다. 이와 비슷한 이론이 빅 크런치다. 빅 크런치 이론과 빅 바운스 이론의 공통점은 둘 다 우주의 크기가 최대로 팽창했다가 다시 수축한다는 것이다. 두 이론의 차이점은 다음과 같다.

빅 크런치 이론은 특이점으로 돌아온 다음 다시 새로운 빅뱅이 발생하고 새로운 우주가 탄생한다고 주장한다. 이에 비해 빅 바운스 이론은 우주가 특이점에 도달하기 전에 다시 팽창할 것이며 또한 이전 우주의 특징 중 일정 부분이 새로운 우주로 넘어간다고 주장한다.

빅 바운스와 빅 크런치 둘 다 우주가 최대로 팽창했다가 수축한다고 하지만, 빅 크런치 이론은 하나의 우주가 완전히 수축하고 새로운 우주가 탄생한다는 것이고, 빅 바운스 이론은 동일한 하나의 우주가 팽창과 수축을 반복한다는 것이다.

이와 함께 빅 립big rip 이론도 우주의 종말에 대한 우리 우주의 가설 모델 중 하나다. 항성과 은하에서 원자와 기본 입자 등 우주의 모든 물질이, 심지어는 시공간 그 자체가 먼 미래의 우주 팽창으로 인해 점진적으로 찢어진다는 가설이다. 표준 우주 모델에 따르면, 우주 척도 인자는 가속되고 있으며 먼 미래 우주 상수 지배 시대에는 인자가 기하급수적으로 늘어난다고 가정한다. 하지만 우주 팽창은 어느 시점이든지 비슷하며, 그렇기 때문에 허블 상수가 고정된다. 그리고 작은 경우, 우주 물질 구조는 우주 팽창에 거의 영향을 받지 않는다. 반대로 빅 립 시나리오에서는 유한한 시간 안에 허블 상수가 무한대로 증가한다고 가정한다. 이러한 급격하게 찢어지는 특이점은 불확실한 물리적 성질을 가진 가설상의 물질phantom energy을 도입해야 성립된다는 이론도 있다.

우주의 미래에 대한 몇 가지 가설이 일부 차이가 나기는 하지만 빅 바운스, 빅 크런치, 빅 립 이론의 공통점은 우주가 팽창하거나 수축한다는 점이다. 그런데 우주가 팽창하는 에너지가 어디에서 나오는지는 아직 확실하게 밝히지 못했다.

이미 나는 우주가 팽창하는 과정에서 플랑크 에너지밀도가 관련되어 있다고 설명했다. 플랑크 에너지밀도는 가짜 진공 때문에 발생한다고 나는 생각한다. 진짜 진공이 오랫동안 농축되면서 진공 에너지가 쌓이면, 진공이 아닌 상태가 된다. 가짜 진공인 것이다. 그러므로 빅 뱅과 빅 바운스는 플랑크 에너지밀도가 높아지면서 발생한다.

우주의 미래에 대한 여러 가지 가설과 수식을 적절하게 이용해서 원하는 해답을 얻는 방법 중 하나로 나는 메모이제이션memoization 테이블을 만들어 자주 사용하고 있다. 메모이제이션은 컴퓨터 프로그램이 동일한 계산을 반복해야 할 때, 이전에 계산한 값을 메모리에 저장함으로써 동일한 계산의 반복 수행을 줄여 프로그램 실행 속도를 빠르게 하는 기술이다. 동적 계획법의 핵심이 되는 기술이다.

메모이제이션은 글자 그대로 풀이하면, '메모리에 넣기'라는 의미이며 '기억되어야 할 것'이라는 뜻의 메모랜덤memorandum에서 나온 말이다. 메모라이제이션memorization과 비슷하지만 구분되는 용어다. 메모이제이션이라는 용어는 도널드 미치Donald Michie가 1968년 〈네이처Nature〉에 실린 논문 'Memo Functions and Machine Learning'에서 처음으로 사용했다.

뇌의 기억 방법과 재현 메커니즘

마법의 수 137은 우리 우주와 자연의 언어가 순수한 숫자(단위 없는 무차원수)라는 것을 알려줄 뿐만 아니라, '뇌의 작동 메커니즘'에 관한 놀라운 비밀도 풀어 주는 것 같다.

차원을 가진 변수들의 관계를 무차원 변수들로 표현하는 '차원 축소 정리', 소위 파이 정리pi theorem를 개발한 미국의 천재 수리물리학자 버킹엄과 무명의 인도 수학자 라마누잔을 한눈에 알아본 영국의 수학자 하디는 자연의 기본 언어가 순수 숫자라고 이미 천명한 바 있다.

나는 연구 초기 시절, 이들이 실제로 무슨 연구 활동을 했는지 전혀 모르고 있다가 교양 과학 서적을 통해 알게 되었다. 특히 연구 활동을 한 지 십여 년쯤 지나는 시점에 《신의 생각》이라는 책을 우연히 읽다가 눈이 커져 버린 순간이 있었다. "아니 나 말고 무차원수 관계를 연구한 또 다른 학자가 있었단 말인가?"

그 책을 읽었던 시절에 나는 실험 데이터에서 차원 있는 물리량을 출발 공준에 따라 하나하나 모두 소수점 아래 31자리 무차원수로 바꾸는 작업을 밤낮없이 하고 있었다. 이 시기에 나는 무차원수를 데이터베이스화하고 있는 일이 나 혼자만의 망상은 아닌지 실의에 빠질 때가 많았다. 이때 천군만마를 얻은 것만큼이나 나에게 엄청난 힘이 되어 준 것이 《신의 생각》이라는 책이었다.

책 속의 주인공 버킹엄은 나 자신보다도 더 엄청난 고생을 이미 하고 있었다. 더욱이 버킹엄이 활동하던 1915년경은 시기적으로 인터넷이 개발되기 전이라, 2019년 통일된 국제도량형 협의는 고사하고 다양한 실험·관측 데이터에 대한 물리 정보 교류가 열악한 때였다. 차원의 구조와 관련된 버킹엄의 '파이 정리'가 물리학 전문 저널 〈PRL〉에 게재되었을 뿐 그의 천재적인 노력은 세상이 알아주지 못한 것 같다는 생각이 들었다.

여하튼 자연의 언어가 순수 숫자가 되면 자연에서 일어나는 모든 사건, 사물(물질), 냄새, 소리, 풍경 등 눈에 보이는 일체의 측정 대상이나 이미지, 개념, 느낌 등 보이지 않는 대상까지 고유한 숫자(고유 진동수나 주파수)로 뇌의 기억장소로 알려진 해마 등에 기록된다는 것이다(1부 6장의 숫자 언어의 다섯 가지 장점 참조). 뇌의 특정 부위에 기억되고 기록되는 구조나 형태가 우리가 태어나 학습되어 익숙해질 수 있는 문장이나 구절, 단어 형태가 아니라 오로지 '숫자'라는 것이다. ('문장, 단어'보다 '숫자'가 더 근원적임을 설명한다.)

이는 역으로 살아가면서 환경과 교우하여 경험되거나 학습된 일, 느낌, 감각은 이미 사전 입력된 지식 정보와 충돌하거나 상호작용을 통해 기억이 재생된다는 것이 대략 이 책에서 설명하는 기억의 방법(입력, 저장)과 기억 재현(출력, 방출)이다. 뇌의 해마 등에 저장되는 정보 형태가 숫자가 되면 최대한 압축 가능하여 단위 공간에 기억되는 양의 최대화가 이루어진다.

태어난 환경이 다른 개체는 기억(저장)하는 용량의 임계치가 시간, 장소, 사건, 대상마다 다르므로 다양한 매개변수가 존재한다. 좌변과 우변의 수치 등가가 이루어지면, 집합의 원소의 수가 같으므로 수식이 겉으로 아주 다르게 보여도 수학적으로 필요충분조건으로 동치가 된다. 마찬가지 사유로 물리적으로도 같은 의미를 가진다. 이미 '수학의 등가'에 대한 정의에서 기술했다. 바다사자는 물속에서 느끼는 특정 신호를 특정 행동과 동일시하는 등가성 개념을 잘 이해하고 있다. 바다사자는 이미 중력의 의미를 몸으로 체득한 것 같다.

우리가 수학이나 물리학에서 배운 '등가'의 의미는 기억의 저장과 기억의 재생이라는 메커니즘을 일컫는다. 시간 또는 공간을 비롯하여 어떠한 매개변수에 무관하게 숫자 언어가 같으면 인간의 뇌는 오감이나 육감을 총동원하여 같은 사건 또는 같은 대상이라 생각한다. 곧 기억이 동기화synchronization에 의해 다시 일어나는 것이다. 기억은 과거를 뒤돌아볼 뿐만 아니라 미래를 내다보는 능력이다. 그러므로 기억이 없으면 내일이 없다.

"내가 누구예요?"를 물어보려면 먼저 물리학에서 미해결 문제가 되고 있는 마법의 수 137에 대한 비밀을 풀어야 한다. 아니면 '공감각'이 무엇인가에 대한 정보가 필요하다. 공감각에 대한 정보를 알게 되면 중력에 대한 정체성을 알게 되고 종국에는 생명과 관련된 항상성의 근원이나 메커니즘도 알게 된다.

공감각은 동시 감각의 특성을 가지는데, 어떤 감각에 자극이 주어졌을 때 다른 영역의 감각을 불러일으키는 '감각전이' 또는 '감각유추'가 발생한다. 예를 들면 코를 통한 감각기관에서 후각을 느끼는 동시에 색상을 느끼거나, 귀를 통해 소리를 들으면서 동시에 색깔을 보는 것이다. 그리고 글씨를 보고 동시에 냄새를 느끼는 따위다. 자극과 감각 현상이 일상적인 일대일 대응을 넘어서고 있다.

통상적인 차원 분석에 의하면 같은 차원끼리 덧셈, 뺄셈 연산이 가능한데 차원이 달라도 가능해지는 원리는 1부 9장에서 다시 다룬다.

앰뷸런스 소리, 호루라기 소리, 비 내리는 전선 속 참호에서 어머니께 마지막 편지를 써 올리는 펜 소리, 한가로이 풀을 뜯고 있는 사슴의 눈과 마주치고 사냥총을 살며시 내려놓는 순간의 연민, 고즈넉한 산사에서 마시는 차 한잔의 향기에서 우리는 지나간 세월에서 도저히 연결할 수 없거나 기억할 수 없는 그때 그 일을 바로 떠올린다.

치매 관련 질환에서 자주 엿볼 수 있는 음악 요법, 향기 요법 등의 치료 요법들이 놀랍게도 순수한 수학·물리학 수식의 등가에서 숫자로 일대일 대응하는 함수다. 분자나 원자인 물질의 안정성을 담보하고 있는 마법의 수 137은 두뇌의 정상적인 기능을 유지한다. 그리고 두뇌와 몸의 상호작용으로부터 마음이 나온다. 이런 복잡한 상호작용이 전혀 무관하다고 생각되는 중력상호작용과 관련 있음을 계속해서 설명해나갈 것이다.

05
오랫동안 믿고 있던
상식이 무너진다 I

물리량의 차원

물리량은 길이, 질량, 시간의 세 기본량 사이에서 곱셈과 나눗셈을 한 형식으로 표현된다. 예를 들면 선밀도는 단위 길이당 질량이므로 질량을 길이로 나눈 것의 차원을 갖는다고 하며, ML^{-1}로 표시한다. 길이를 L, 질량을 M, 시간을 T로 할 경우, 물리량이 L, M, T의 어떤 곱셈 또는 나눗셈의 형식으로 되어 있는가를 표시하는 식을 그 물리량의 차원이라고 한다.

두 물리량을 가감(더하거나 빼거나)하고자 할 때와 =, 〉, 〈으로 하고자 할 때는 기호의 양쪽에 서로 같은 차원의 양이 있을 때만 성립된다. 그러나 승제(곱하기와 나누기)를 하고자 할 때는 같은 차원의 양이 있을 필요는 없다.

아주 오래되어 아무도 의심하지 않는 법칙이 알고 보니 오류인 것이 드러나면 어떻게 해야 할까? 더구나 그 오류에 의해서 정말 필요한 과학적 발견이 이루어지지 않았다면?

교과서에 수록되었다고 항상 옳은 것은 아니다. 교과서에 실린 내용이라도 새로운 발견이 이루어지면 언제든지 퇴출시킬 줄 알아야 진정한 과학자의 태도일 것이다. 왜냐하면 과학은 항상 새로운 진실을 찾아서 끊임없이 전진하기 때문이다.

교과서에 금과옥조처럼 실렸지만 사실과 크게 다른 것 중, 단위와 차원 및 차원 분석dimensional analysis을 살펴보기로 하자.

두 물리량을 가감하고자(더하거나 빼고자) 할 때와 =, 〉, 〈으로 하고자 할 때는 기호 양쪽에 서로 같은 차원의 양이 있을 때만 성립한다. 그러나 승제(곱하기와 나누기)를 할 때는 같은 차원의 양이 있을 필요는 없다. 《대학물리학》, 한올출판사 17쪽

또 다른 교과서인 해리스 벤슨Harris Benson이 쓴 《대학물리학University Physics》에도 같은 내용이 수록되어 있다.

A=B+C와 같은 방정식은 세 물리량 모두의 차원이 같을 때에만 의미를 갖는다. 거리를 속도에 더하는 것은 무의미하다. 방정식은 차원이 일치해야만 한다.

또 다른 교과서도 마찬가지로 서술한다. 노스캐롤라이나주립대 레이몬드 서웨이Raymond A. Serway와 이스턴켄터키대 제리 포근Jerry S. Faughn이 쓴 《대학물리학》도 차원 분석에 대해서 이렇게 설명한다.

특정한 공식을 유도하거나 확인할 때 또는 공식의 유도 과정이 기억나지 않을 경우 차원 분석이라는 유용한 방법을 사용할 수 있다. 차원 분석에는 차원을 대수적인 양처럼 취급한다. 즉, 차원이 같을 때에만 덧셈과 뺄셈이 가능하며, 등호로 연결된 방정식의 양변은 항상 같은 차원을 가져야 한다.

(중략)

차원 분석은 말 그대로 차원에 대한 정보를 얻을 수 있을 뿐 상수를 포함한 완벽한 식은 얻을 수 없다.

한글로 번역된 물리학 교과서뿐만이 아니다. 위키피디아에서 차원 분석을 검색해도 같은 내용이 나온다.

나는 치과 의사로서 대칭은 물론 차원도 거의 모르는 상태에서 물리학 공부를 하며 교과서를 뒤졌다. 물리학이 처음부터 매우 복잡하다고 생각했다. 모든 자연과학 교과서의 앞부분에는 단위에 대한 이야기부터 나온다. 단위가 있어야 측정이 가능하기 때문이라고 한다. 단위에 숫자가 붙으면 물리량이 된다. 그러므로 나는 단위가 무엇인지 자연스럽게 관심을 기울이게 되었다. 물리학 교과서에는 단위는 과학자 단체가 정한다고 되어 있다. 너무나 초보적인 사항에 대해서도 그냥 넘기지 않고 질문을 던졌다. 정확하게 단위는 국제도량형총회에서 정한다고 한다. 단위나 물리량에 대한 이야기가 나온 다음에 뒤이어 나오는 것이 대체로 단위를 포함한 물리량의 차원 이야기다.

차원과 대칭성

자연과학에 입문할 때 학생들이 제일 먼저 접하는 분야가 단위라는 영역이다. 국내외를 막론하고 단위의 장을 소개하는 교과서에는 다음과 같이 기술되어 있다.

> 두 물리량을 가감하고자 할 때와 =, 〉,〈 부등호로 할 때는 기호의 양쪽이 서로 같은 차원이 있을 때만 성립한다.

왜 그렇게 가정하는지, 또는 왜 그렇게 가정하지 않는지, 그 이유가 무엇인가에 대해서 보통은 질문하지 않는다. 나는 이 이유에 대해서 오랜 시간을 두고 질문해왔다. 그리고 그 질문에 대한 답을 얻어냈다. 그렇게 가정하면 모순이 일어나는지조차 알 길이 없다는 것이다.

'감각적으로 인식해'서 불가능해 보이기 때문이다. 이를 나는 차원 분석에 대한 **센트럴 도그마**라고 지칭하고 싶다. 물리학에서 관례적으로 받아들이는 차원 분석은 물리학 공준이나 물리학 법칙이 아니다. 차원 분석은 현재까지 수학적 엄밀성을 따지지 않고 불문율로 받아들이고 있는데, 이 점이 놀랍지 않은가? 여기서 수학은 '팩트$_{fact}$'에 관한 것이 아니라, 형식 학문을 다룬다는 점에 특별히 유의할 필요가 있다. 우리는 그동안 차원 분석에 대해 이해하고 있었던 것이 아니라 교과서에 의존하여 스스로 믿어 왔던 것이다.

강조하고 싶은 것이 있는데, 차원의 중요성은 눈으로 보이는 것(관측 가능량, 가관측량)과 눈으로 보이지 않는 것(비관측량) 간의 관계를 찾아내거나 수치적으로 계산하여 해석의 일관성을 얻어내는 데 있다는 것이다. 여기서 비관측량은 가관측량에 영향을 미치는 은닉된 물리량이라 할 수 있다.

OPS에서는 보통 비관측량을 무차원수를 매개변수로 에너지보존법칙을 통하여 계산해낸다. 보통 물리량이라 한다면 가관측량observable을 가리킨다. 위치, 운동량, 각운동량, 에너지 등이 있다. 양자역학에서는 주로 관측 가능한 양에만 집중한다. 가관측량이 아닌 양도 때때로 쓰인다.

그러면 우리가 살고 있는 세상의 차원은 몇 차원일까? 크기를 가진 점이 움직일 수 있는 자유도로 표현하면, 일상적인 거리 3차원과 시간 1차원을 포함해서 6차원이 더 포함된 10차원으로 이야기할 수 있다. 10차원으로 본다면 점과 차원은 수직선상에서 빠짐없이 정확히 일대일로 대응될 수 있기 때문이다.

2019년 국제도량형총회에서 7개 정의 상수 도입이 있었다. 이때를 나는 얼마나 기다렸는지 모른다. 이를 출발 공준으로 기술하면, 바야흐로 실제적인 7개 기본단위 통일의 과업을 이루게 된다. 언젠가 물리학자들은 출발 공준을 두고 틀림없이 충격을 받을 것으로 보인다. 그리고 이렇게 이야기할 것이다.

"우린 전에 왜 그걸 생각 못 했나?"

7개 정의 상수를 동시에 모두 1로 두게 되면(3부 수식 1의 Eq. 1-1) 실험이나 관측 수단이 되는 모든 단위계가 모두 숫자 관계로 등가가 되어— '모든 것의 등가원리'—차원에 무관하게 대칭 또는 불변이 된다. 여기서 대칭 또는 불변이란 단위 간에 비례상수가 일정해진다는 뜻이다.

이 책이 출간됨과 동시에 대한민국에 경사스러운 소식을 전하게 될지 모를 일이다. 그러나 이 경사스러운 소식도 다음 단계로 넘어가기 위한 격려 차원으로 이제 시작에 불과할 뿐이다. 이 책에서 이야기하는 숫자 언어의 숫자 기호가 0을 포함하여 모두 10개이기 때문이다. 이는 여분의 차원 6차원을 합하여 시공간 10차원이라는 끈 이론의 주장과 일치한다.

06
오랫동안 믿고 있던 상식이 무너진다 II

불편한 진실과 위험한 진실

기존의 패러다임에 안주하고 있는 학자들은 '원 파라미터'에 대한 출발 공준을 불편한 진실이 아니라 위험한 진실로 보고 있다. 윌리엄 톰슨 William Thomson은 '모든 형태의 에너지'가 어떤 식으로든지 서로 연관이 되어 있다고 믿었다. 아인슈타인 또한 "모든 형태의 에너지를 하나 형태의 에너지로 환원시키는 것은 중요한 진보라 여겼지만 우리 시대에 달성시키는 일은 바라지도 않는다"고 내다봤다. 모든 형태로 나타나는 에너지를 수학 방정식으로 표현하려고 시도했으나 성공하지 못했다.

우리가 만들어 낸 조작적인 물리량의 규정(7개 기본단위의 정의)처럼 관측이나 실험 데이터에 모순 없이 일관된 설명을 조합해낸다는 것은 무척 어려운 일이다. 그뿐만이 아니라 아무도 이러한 것을 시도조차 해보지 못했다.

어떻게 하면 관측 또는 관측하는 모든 물리적 대상physical object에 공평

무사함을 제공할 수 있을까? 특히 모든 단위 변환을 조작하여(기본단위 7개를 임의적으로 섞어 사용하더라도) 대칭(불변)인 보편적인 단위계를 얻어 낼 수 있을까? 이것이 원 파라미터 솔루션의 공준이 필요한 이유를 설명한다. 그래서 이론의 출발점이 매우 중요하다. 곧 첫 단추를 잘못 끼우면 나머지 단추가 모두 어긋난다.

그러나 기존의 패러다임에 익숙한 주류 물리학자들은 "우리는 사물을 있는 그대로 보지 않고 차원 분석을 도입한 우리 방식대로 본다"라고 주장하기 때문에 자연현상은 무차원이란 언어를 도입한 방식에 대해 묵시적 저항을 가진다는 것을 느꼈다. 무차원을 제대로 이해하지 못한다면 자연현상을 이해하기는커녕 물리학 법칙에 접근이 어렵게 된다. 자연현상 이해와 물리법칙에 접근하는 것이 같지 않다는 뜻이다. 이 부분은 대단히 중요한 개념 차이가 존재한다. 이 개념 차이를 설명하고 이해를 도와주는 것이 이 책의 역할이기도 하다.

자연현상의 이해에는 물리법칙이 필요조건이지만 충분조건은 아니다. 그 충분조건은 수학의 원리와 수학의 법칙에 대한 폭넓은 이해가 될수 있다. 한마디로 무차원이란 언어에 대한 이해다. 참다운 무차원 언어에 대한 이해는 수학과 물리학 전반에 대한 통섭적 이해로 이끈다. 이러한 설명은 추상적으로 잘못 확장될 여지가 있어 통섭적 이해에 대한 예를 들어본다. 양자역학의 핵심 원리로 잘 알려진 불확정성원리에 대해 아인슈타인과 슈뢰딩거 및 그들의 지지자들은 격렬하게 반대해왔다.

아이러니하게도 아인슈타인은 양자론의 태동에 도움을 준 바 있고, 슈뢰딩거는 양자역학의 대들보가 되고 있는 파동방정식을 창안한 주인공이다. 그런데 왜 불확정성원리에 그토록 대항할 수밖에 없는 이유가

무엇일까?(3부 수식 4의 Eq. 4-9, Eq. 4-15 참조)

이론물리학자인 중국의 양첸닝과 이정도가 패리티 위반violating parity에 대한 논문을 발표하고 1년 만에 노벨상을 수상한 이유에는 그만큼 이론물리학자들을 경악하게 만든 놀라운 사실이 있었기 때문이다. 도대체 그 사실이 무엇일까?

이론물리학자 폴 디랙은 오늘날 매일 그 어려운 수식과 싸우고 있는 이론물리학자들에겐 존경과 동경의 대상이기도 하다. 이러한 폴 디랙이 난해한 수식의 대명사인 군론을 물 흐르듯 써대고 있는 수학자 헤르만 바일의 논문을 읽고 이해하는 데 힘들었다고 신문기자들 앞에서 고백한 바 있다. 수학자들 사이에서도 괴물로 알려진 헤르만 바일이 이렇게 자신에 찬 어조로 외쳤다.

"모든 자연법칙이 좌우의 교환에 대해 불변한다는 것은 의심의 여지가 없다."

그동안 대칭을 연구하던 이론물리학자들은 당연한 진실이라고 안심했다. 1956년 중국의 이론물리학자 둘이 헤르만 바일의 수학적 주장에 대해 실험적 사실과 이론을 앞세워 반격했다.

"자연은 실제로 좌편과 우편이 존재하여 구별이 가능하다!"

자연은 수학적 진실과 물리학적 진실이 다름을 보여준 것이다. 대칭이 깨진다는 소식을 들은 이론물리학자들은 밥을 먹다 자신도 모르게 숟가락을 떨어뜨렸다.

"아니 신이 왼손잡이란 말이지?"

나는 이미 오래전부터 패리티 위반 또는 패리티 비보존에 대한 정보는 약한 상호작용이 진짜 주인공으로 알고 있었지만, 중력과의 관계 규명을 제대로 이해하기에는 상당한 시간이 소요되었다. 어느 순간 중력에 대한 수수께끼가 풀리면서 판도라 상자가 열렸다. 이 책의 주인공으로 등장하고 있는 마법의 수 137에 대한 수수께끼 풀기는 기본에 해당한다.

이러한 예 이외에도 오늘날 이 시각까지 풀리지 않고 있는 물리학 1급 미해결 문제를 해결시키는 주인공이 바로 OPS로서 무차원 개념이다. 그런데 기존 패러다임으로 풀지 않은 문제를 무차원 방식에 따라 새로운 결과를 내놓으면 격렬한 저항이 뒤따른다는 것을 여러 차례 체험하게 되었다. 제출된 논문을 다른 저널로 이송하기transfer다. 저널에서 새로운 패러다임에 대해 책임 회피성으로 일관함에 나는 일종의 무력증을 느끼게 된 것이다. 또 다른 한편에서도 무력증을 호소하는 경우가 있다.

잘 알려진 끈 이론의 경우, 관측과 실험 데이터에 모순되지 않는 대칭 원리가 존재하지 않는다는 점을 두고 이 이론에 색안경을 끼고 바라보는 학자들이 많다. 끈 이론은 수학적인 이론인데, 이론을 뒷받침할 실험으로 한 건의 검증도 이루어지지 않고 있다. 문제는 끈 이론 방정식의 해조차도 부분적인 해만이 알려지고 있다는 점이다. 한마디로 끈 이론이 기존 이론과 달리 실험 데이터와 직접 비교하기가 용이하지 않기 때문이다. 그렇다고 이 이론이 틀렸다고 생각하는 학자들이 자신의 의견을 공개적으로 드러내는 것도 아니다. 그래서 파인만은 다음과 같이 외치고 있다.

"우리들이 만들어 낸 훌륭한 이론은 많다. 그럼에도 불구하고 이 이론이 옳은가 그른가를 테스트할 방법이 없다. 그래서 각각의 물리량에 숫자를 얻어내는 방법을 강구해야 한다."

실험 데이터와 직접 비교하기 위해서 가장 좋은 방법은 추후 설명하겠지만, 물리량에 숫자를 얻어내는 방법이다. 이 방법은 올바른 방향이지만 어떻게 구체적으로 숫자를 얻어내는지는 대단히 어렵다. 아니 어렵다고 하는 말조차 꺼내기가 힘들다. 그 첫걸음이 바로 새로운 이론의 출발 공준이 된다(3부 수식 1의 Eq. 1-1 참조).

표준 모델이 불완전한 이유 두 가지

그다음 관련된 개념은 각 사물에는 그에 적합한 척도가 존재한다는 점이다. 소립자물리학에서는 성공한 표준 모델이 존재하지만, 오늘날까지 표준 모델이 불완전한 이유는 크게 두 가지다.

첫째, 소위 19개 정도의 자유 매개변수free parameter의 존재다. 표준 모델이 정확하려면 전자를 위시한 3세대 **경입자** 가족lepton family이나 이에 대응하는 3세대 뉴트리노 가족neutrino family, 그리고 3세대 쿼크 가족quark family 등에 대한 질량값을 계산해내야 한다.

통상적으로 소립자 표준 모델은 소립자에 관한 입력 정보가 없으면 그야말로 아무것도 예측할 수 없다. 참고로 소립자는 보통 4종류로 분류하고 있다. 첫째, 중입자baryon 가족으로 쿼크 셋으로 구성되는데 핵자, 람다, 시그마, 오메가, 델타 등이다. 둘째, 중간자 가족으로 파이온, 케이온 등이다. 셋째, 경입자 가족으로 전자, 뮤온, 타우 등이다. 마지막으로 광자다.

3세대 질량 가족 간에는 일정한 패턴이 있음을 발견한 바 있다. 이 패턴을 이용하여 뮤온 뉴트리노 상한 한계가 0.19MeV임을 알아냈다. 그

전의 상한 한계는 0.18MeV였는데 이 수치가 잘못되었다는 것을 뉴트리노를 전공한 교수에게 이야기했으나 그 교수는 당시 손사래를 친 바 있다. (3부에서 소개하고 있지만 뉴트리노와 쿼크 간의 관계는 지면 부족으로 생략한다.)

그런데 말 그대로 자유 매개변수는 이론으로 알 수 없고 반드시 실험으로 찾아내야 한다. 정말 난처한 상황은 이러한 3세대 입자의 질량에 대해서 알아낸 실험값은 아무런 패턴이나 규칙이 없다는 점이다. 어떤 이론물리학자는 "이미 알려진 소립자의 질량을 유효숫자 13자리까지 알아내는 데는 천 년이 소요될 것"이라고 언급한 바 있다.

둘째, 자연에 알려진 네 가지 힘 중에서 표준 모델은 중력을 제외하고 있다는 점이다. 중력이 세 가지 힘과 어떤 관련성을 가졌는지 찾아낸 사람은 아무도 없다. 특히 아인슈타인 같은 경우에는 만년에 중력에 대한 정보를 얻기 위해서 엄청난 고통을 감내했음을 다음과 같이 토로한 바 있다.

"요즘 나는 중력 문제만 매달리고 있습니다. 내 평생 무엇인가를 이렇게 고민한 적은 처음이고, 엄청나게 수학을 존경하게 된 것도 처음입니다."

이와 같이 아인슈타인은 중력이 어디에서 기원하는 것인가에 대해서 마지막 투혼을 불태웠지만, 단서를 찾아내지 못했다. 이것은 뉴턴도 마찬가지이고, 오늘날 모든 물리학자들이 찾으려는 퍼즐에 해당한다. 중력과 관련된 질문에 대해서 나 또한 34년 이상의 탐구 과정이 필요했다. 중력은 입자물리학과 우주론의 연결 또는 접목에 핵심 중의 핵심이다. 복잡한 과정은 생략하고 간략하게 얻은 핵심적 결론을 말하면 다음과 같다.

모든 물리학자들이 궁금해하는 중력의 기원은 끈 이론에서도 줄기차게 탐구해온 여분의 6차원에서 비롯되는 중력자라는 것을 알게 되었고, 이를 매우 간단한 수식으로 표현할 수 있게 되었다.

여기서 중력자는 질량 차원이 아니고 에너지 차원이다. 이는 중력자가 관습론적이거나 인식론적인 입자라기보다 존재론적인 입자로 직접적인 실험으로 찾아내기가 쉽지 않음을 의미한다. 따라서 인과관계보다 더 넓은 상관관계 수식으로 찾아낼 것으로 확신한다. 관련 수식 및 이에 대한 자세한 내용은 별도의 지면을 통해 설명할 것이다(3부 수식 6의 Eq. 6-3 참조).

특히 중력이 흥미로운 것은 전자기력, 약력, 강력 등 자연의 세 가지 힘을 대체할 수 있는 **잔존 효과**로 설명이 가능하다는 점이다. 중력을 독립적인 힘으로 간주하는 것 자체가 길을 잘못 들어선 것으로 보인다. 곧 세 가지 힘을 매개하고 있는 보손$_{boson}$ 입자들이 중력자 상호작용으로 기술되어 중력자인 에너지가 수식 좌우변에 에너지 갭을 상쇄시키고 있다.

숫자 언어의 다섯 가지 장점

이 두 가지 질문에 대해서 공통적으로 원 파라미터(또는 일승법—乘法)는 다음과 같은 답을 얻었다.

19가지 자유 매개변수에 대한 값을 얻기 위해서 30여 년 이상 노력한 끝에, 물리학 공준을 기준으로 자연의 언어가 단위 없는 무차원수(순수한 수)라는 것을 알아냈다. 소위 순수한 수로서 숫자 언어가 된다. 자연의 언어가 왜 하필 단위 없는 무차원수인가에 대해서는 설명할 내용이 많지만, 다음과 같은 다섯 가지 장점을 기술하는 것으로 간략하게 줄일 수 있다.

1. 순수한 수는 매우 확장 가능한 개념을 가지고 있다.
2. 순수한 수는 매우 탁월한 유연성을 갖는다.
3. 순수한 수는 매우 체계적이다.
4. 순수한 수는 중복이나 결손이 없다.
5. 순수한 수는 컴퓨터에 저장이 용이하여 검색에 탁월한 기능을 부여한다.

이러한 장점을 가진 순수한 수를 본 이론에서는 '**숫자 언어**number language'라고 이름을 붙였다. 우리가 살고 있는 자연 세계를 기술할 수 있는 마땅한 언어가 숫자 언어(단위 없는 순수 숫자)라는 것이다. 수학 상수, 물리상수, 기존 및 최신 실험·관측 데이터에 단위가 있으면 단위 자체를 제거하는 방법(새로운 물리학 출발 공준)을 써서 모두 순수 숫자로 대체시킨다. 이 순수 숫자 정보를 원 파라미터 솔루션, 즉 OPS에서는 데이터베이스화하여 저장하고 있다. 이 데이터베이스를 이용하여 새로운 데이터가 어떤 물리량으로 구성되어 있는지, 또는 새로운 수식이 무엇인지를 찾아내는 방법론으로 사용하고 있다.

이것이 세계를 기술하는 근본적인 출발점이 된다. 이 숫자 언어를 이용하여 자체 개발한 기계학습 방법에 대해 특허를 받았다. 수많은 시행착오try and error 과정을 겪었지만, 이 기계학습을 이용한 메타 휴리스틱meta heuristic 접근법은 소립자물리학에서 필요한 19개 자유 매개변수뿐만 아니라 우주론에서 필요한 10개 이상의 자유 매개변수 값도 소수점 아래 31자리 숫자로 계산해내기에 이르렀다.

굳이 31자리 숫자로 표현하는 이유는 컴퓨터 계산에서 관습적인 방법에 덧붙여 반증 가능성을 극대화하기 위해서다. 속된 말로 '**숫자 장난**'을 할 수 없게 된다.

이것은 곧 이론의 계산에서 틀릴 수 있는 확률을 최대한 높인다는 뜻이고, 좋은 이론은 틀릴 수 있는 가능성을 높여야 한다는 과학철학자 칼 포퍼의 주장을 반영한 것이다. 그럼에도 불구하고 옳은 계산으로 검증이 되면 이에 대한 파급효과는 엄청나게 커진다.

P-NP 문제

본 이론에서 물리량에 대응하는 숫자를 붙이는 경우를 수학에서는 밀레니엄 문제의 하나인 P-NP 문제로 비유한다. 쉽게 얻어낼 수 있는 문제를 P 문제라고 한다면, 그야말로 어렵게 얻어낼 수 있는 문제를 NP 문제라고 한다. 이 NP 문제가 알고 보니 P 문제에 해당한다는 것을 하나의 예를 들어 증명하면 이 문제는 완료된다.

그런데 NP 문제가 P 문제가 아니라는 증명으로 현재의 경향이 이루어지고 있지만, 정확한 P-NP 문제에만 국한된 답은 여기에서 판단할 문제가 아니다. 이 문제를 거론하는 이유는 물리량에 붙이는 숫자의 유효숫자 31자리 숫자가 제대로 맞는지 틀리는지는 쉽게 검증할 수 없지만, 필요한 숫자를 부여하면 금방 확인할 수 있기 때문이다. 일관된 참말보다 일관된 거짓말이 더 어렵다. 쉽게 설명하면 다음과 같다.

관측과 실험에 모순 없으면서도 복잡하고 난해한 계산이 필요한 자유매개변수 값을 얻어내는 것은 쉽지 않지만, 확인하는 과정은 아주 짧은 시간에 이루어진다. 아무리 복잡하게 만든 자물쇠가 있어도 이에 꼭 맞는 열쇠를 얻으면 쉽게 자물쇠를 여는 것과 마찬가지다. 이를 다른 말로 '**영지식 증명**Zero-Knowledge Proof'이라고도 한다.

자기 참조적 방정식

본 이론의 중요한 특징은 검증 문제로 증명 절차에 관한 내용을 다루고 있다는 점이다. 곧 결코 거짓을 만들 수 없는 '**새로운 수학적 구조**'를 찾아냈다. 새로운 수학적 구조 체계를 발견하는 것에 대해 스티븐 호킹은 다음과 같이 역설한 바 있다.

"우리가 할 수 있는 최선의 방법은 수학과 물리학의 조합에 의한 자기 참조적 방정 해를 믿게 하는 수학적 구조 체계의 발견이다."

호주의 유명한 이론물리학자 브랜든 카터Brandon Carter는 물리학자들에게 너무나 잘 알려진 소위 인류 원리anthropic principle를 창안했다. 이 원리는 자연의 상수들이 조금만 틀려도 인류는 살아남지 못한다는 것을 강조한다. 인류의 관점에서 인류가 지구에 생존하기 위해서는 정확한 물리상수가 존재해야 한다는 점을 역설한 것이다.

소립자 표준 모델을 창시한 스티븐 와인버그Steven Weinberg는 그의 저서 《최종 이론의 꿈Dreams of a Final Theory》에서 인류 원리를 일견 추종하면서도 진리를 향한 탐구의 과정을 결코 중단해서는 안 된다는 점을 강조하고 있다. 그는 단순성simplicity과 필연성inevitability으로 구성된 오직 하나의 이론만으로 설명되는 우주를 꿈꿨다. 나는 스티븐 와인버그의 최종이론의 꿈이 오래전 라이프니츠와 괴델의 보편문법의 꿈과 거의 다를 바 없다고 생각한다.

여기에서 내가 강조하고 싶은 것은 브랜든 카터가 창안한 인류 원리가 아니라 그가 역설한 특이한 주장이다. 그는 자연과학에 있어서 가장 중요한 핵심은 방정식을 어떻게 푸느냐가 아니라, 가장 근원적인 수학적 구조를 찾아내는 것이라고 역설했다. 브랜든 카터의 주장에 적극적인 동의를 표하면서, 나는 다음과 같이 말하고 싶다.

알짜 공식, 무공해 공식

자연의 근본적인 수학적 구조는 매우 자연스럽고 단순하게 이루어져 있다는 점을 직시하자. 구체적으로 설명하면, 수식의 좌우변을 구성하는 알고리즘은 복잡한 수식으로 구성되어 있는 것이 아니라 두 수식을 등가시키는 '알짜 공식'으로 이루어져 있다는 것이다. 여기서 주의해야 할 알짜 공식의 구성 요소가 시간 또는 장소에 무관한 모두 '상수'라는 점이다. 따라서 알짜 공식을 구현해내는 것은 말처럼 그리 쉬운 일이 아니다.

알짜 공식은 무공해 공식으로, 하나의 물리량에 하나의 숫자 이외에 별도의 어떠한 수식 기호도 첨부되지 않는다. 가령 수식 내용으로 물리량이나 숫자 이외의 연산기호로 미분이나 적분, 크리스토펠 연산기호 등이 일체 붙지 않는다. 말하자면 수식 검증에 쓰이는 데 불필요한 일체의 연산기호를 빼 수식 표현에 '거품'을 제거한 것이다.

이는 과도한 일반화를 경계한다. 종국적인 양자중력학 또는 보편문법, 최종이론, 모든 것의 이론 등이 요구하는 수학 구조가 될 수 있다.

여기에서 알짜 공식이란 물리량에 숫자를 대입시켜 수식 좌우변 상수들 간에 수치적 등가를 이루는 것을 말한다. 이럴 경우 수식은 최대한 자연스럽고 단순해진다. 이것이 물리학을 하는 목적이 된다. 이것을 다른 말로 표현하면, 세계 최초로 물리학 영역에 복잡한 수식 기호를 제거하고 디지털 환경을 구축했다는 의미가 된다. 디지털 환경이란 모든 물리량을 수치화해서 디지털 트랜스포메이션Digital Transformation, DT을 시켰다는 것을 일컫는다. 이는 추후 양자 기술이 된다.

물리학 영역에서 DT로 구축할 경우, 사용자는 어떤 유용성을 가질 수 있을까에 대한 질문을 던질 수 있다. 자연현상을 있는 그대로 기술하는 수식은 이 세상에서 가장 어렵고 난해한 과정이 될 수 있다. 그러나 DT로 구축할 경우, 여기에서 기계학습을 통한 수많은 데이터를 얻어낼 수 있고, 이 과정을 통해서 사용자는 예상외로 얻을 수 있는 패턴을 찾아낼 수 있다. 이 패턴을 이용하면 그렇게도 알고 싶었던 자연현상에 대한 가장 자연스럽고 간단한 수식을 얻어낼 수 있다.

가령 반도체에서 메모리 영역 및 비메모리 영역은 소위 숫자 언어를 통해서 놀라운 기능을 발휘할 수 있다. 곧 숫자 자체가 **피연산자**operand가 되고 동시에 **연산자**operator가 될 수 있다. 또는 숫자 자체가 알고리즘이 되고 동시에 알고리즘을 이루는 구성 성분이 될 수 있다. 숫자 언어만이 가지는 유일한 특징이다. 이러한 연산 기능은 수학에서 가장 어려운 수식을 구축할 수 있다. 즉, 자기 자신이 자기 자신을 참조하는 방정식, 곧 **자기 참조적 무결성**self-referential integrity이 그것이다. 대표적인 예는 아인슈타인의 편미분 장방정식으로, 일반 상대성 이론과 관련된 방정식이 그것이다. 예를 들면 아인슈타인은 물질이 존재하여 공간의 곡률을 만들어 내고, 그 공간의 곡률은 또다시 물질의 운동 방식을 결정한다는 피드백 메커니즘에 관한 수식을 만든 것이다. 피드백을 가장 잘 해내기 위한 언어가 바로 숫자 언어이며 그 실제적인 수학적 구조가 자기 참조적 방정식이다.

결국 물리학의 목표는 어린 학생들도 알아들을 수 있는 쉬운 형태로 재구성하는 것이다. 곧 숫자 언어를 통한 재구성이다. 특히 주어진 문제를 컴퓨터 계산만으로 해결할 수 있는 수학 구조로 대체시키는 것이 가장 어려운 일인데 그야말로 숫자 언어가 제격이다. 예를 들면 3부 수식에서 보여주고 있는 하나의 물리량에 하나의 숫자 붙이기가 그것이다. 수학자 레오폴드 크로네커Leopold Kronecker는 다음과 같은 주장을 편 적이 있다.

"임의의 주어진 **단위원소**가 기본 단위원소의 유한한 곱으로 표현될 수 있는가?"

이런 질문에 대해 그 의미를 제대로 설명할 수 없었는데, 숫자 언어를 떠올리면 쉽게 답변할 수 있다.

크로네커가 표현한 것과 같이 임의의 주어진 단위원소란 물리량에 순수 숫자를 붙인 무차원수라고 할 수 있고, 기본 단위원소란 모든 순수 숫자의 공약(통)수가 될 수 있는 숫자 1이라고 할 수 있다. 이 책의 3부 Table 2를 보면 더 쉽게 이해할 수 있다. 불확도 없는 정확한 숫자에 숫자 '1'이 생략되어 있다고 보면 된다.

07
아인슈타인도 파인만도
침묵했던 에너지의 정의

에너란 무엇인가

과학에 관심이 많은 사람이나 자연과학을 전공한 사람에게 에너지가 무엇이냐고 물으면, 에너지는 '일을 할 수 있는 능력'이라는 아주 쉬운 뜻으로 답하는 경우가 대부분이다. 그러나 에너지의 정의는 그리 만만치 않다는 걸 이 책을 통해 새로 정립하기를 바란다.

아인슈타인은 평소 다음과 같이 말했다.

"자연과학과 관련된 현상을 설명하기 위해서 무엇보다 용어의 정련이 대단히 중요하다."

이론물리학자 리처드 파인만조차도 에너지의 정의에 대해서 다음과 같이 기술할 정도다.

에너지의 진정한 본질은 무엇인가? 이것은 현대물리학조차도 알 수 없는 물리학의 화두다. 에너지는 특정량이 덩어리처럼 뭉쳐진 형태로 존재하지 않는다. 그러나 우리에게는 어떤 숫자를 계산해내는 공식이 있다.
_《파인만의 물리학 강의The Feynman Lectures on Physics》, 승산출판사

에너지가 무엇인지에 대한 이해가 전제되지 않으면 자연과학이나 물리학 이야기를 전개할 수 없을 만큼 중요한 것이 에너지의 정의다. 내가 생각하기에 자연과학 용어 중에서 가장 중요한 첫 번째 용어가 '에너지'가 아닐까 싶다.

상당한 시간 국내외 대학 교과서에 수록된 에너지에 대한 정의를 살펴보았다. 왜 그런지는 모르나 회피하거나 머뭇거린다는 느낌을 떨쳐버릴 수 없었다. 그래서 나는 먼저 에너지에 대한 이야기를 해보고자 한다.

인류는 수천 년 전부터 에너지 개념을 정의하기 위해서 노력해왔다. 그러나 다른 물리량들이 정확하게 정의되지 않았기 때문에 오늘 이 시간까지도 에너지에 대한 정의를 결론 내지 못하고 있다. 수학에서도 사정은 마찬가지다. 엄격하고 명확하다고 알려진 수학에서조차 가장 기본적인 용어로 잘 알려진 집합set이나 점point의 정의가 실제로 따져보면 애매모호하다.

이는 비록 에너지와 집합이라는 용어에서만 해당되는 것이 아니라, 인간이 가진 언어 일반에서 발생하는 한계라고 할 수 있다. 언어의 한계가 바로 그 사람이 사용하는 세계의 한계라고 규정지을 수 있다고 하지 않던가!

여기서 '본질'이라는 용어의 뜻은 스스로 어떤 성질을 갖는 것으로 불교에서는 '자성'이라는 용어를 지칭한다. 그러니까 '본질'은 '자성'과

같은 뜻으로 보면 된다. 그러나 불교에서는 세상 어디에서도 스스로 어떤 성질을 갖는 것이 없다고 하여 '무자성'을 대단히 중히 여긴다. 언제부터 무자성인가의 물음에 불교는 처음부터, 근원부터라고 가르친다. 이를 '본무자성本無自性'이라 전하고 있다.

독일의 이론물리학자로 '불확정성원리'를 발표한 하이젠베르크는 《물리학의 근본 문제들》이라는 책 29페이지에서 다음과 같이 일갈한다.

"우주의 '구성 요소'이니 '정말로 존재한다'느니 하는 말들은 의미가 매우 모호합니다. 이 말들의 정의에 따라 다를 수 있기 때문이지요."

에너지에 대한 정의를 논의하면서 불교의 본무자성이라는 용어까지 나오는 이유는 무엇일까? 파인만의 '에너지에 대한 본질은 무엇인가?'에 대한 답을 이끌어 내는 데 있어 불교의 '본무자성'이라는 용어가 필요하기 때문이다.

이제 본질이라는 용어가 불교의 자성이라는 용어와 뜻이 같음을 알게 되었다. 그러면 본질이나 자성의 반대말은 무엇일까? 바로 '관계'라는 용어다. 드디어 과학 영역에서 자주 사용하는 '관계'라는 용어가 변수와 변수를 이어주는 '매개변수'라는 용어와 크게 다를 바 없음을 알게 되었다.

나는 지금 에너지에 대한 정의를 추적하는 데 있어 본질 또는 자성보다 관계 또는 매개변수에 대한 방향으로 질문을 이어 나가고 있다. 에너지에 대한 정의 찾기가 쉽지 않을 경우, 하나로 콕 집어 단정적으로 설명하는 위험보다 관계론적으로 설명하는 전략이 유효하기 때문이다.

에너지 절대 척도의 출현

역설적이지만 물리학에서 상대적으로 이해하기 쉽다고 간주되었던 에너지의 정의를 어떤 물리학자도 여태껏 제대로 설명하지 못했던 그 속사정은 무엇일까?

미국의 이론물리학자 미치오 카쿠Michio Kaku는 "물리학 전체를 통하여 에너지보존법칙이 대단히 신비스럽다"고 말했다. 나는 미치오 카쿠가 왜 하필 일반인에게도 널리 잘 알려진 에너지보존법칙이 대단히 신비롭다고 했을까 하는 의문을 가진 바 있다. 많은 시간을 들여 깨달은 바에 의하면, 그 이유는 바로 에너지라는 용어의 개념에 대한 시원始原에 있다고 생각하게 되었다.

인도의 승려 용수는 〈부처님에게 바치는 노래〉에서 다음과 같이 (에너지와 관련되어) 선언했을 정도로 에너지라는 용어가 결코 범상치 않음을 알 수 있다.

"틀림없이 발생하는 것도 없고[不生], 소멸하는 것도 없다[不滅]. 증가하는 것도 없고[不增], 감소하는 것도 없다[不減]."

'불생 불멸 부증 불감'이라는 의미는 에너지에 대한 개념을 배울 때 너무나 익히 알고 있는 개념이 아니었던가. 나는 오랜 시간을 통해서 이 구절을 결코 망각하지 않고 지금 이 순간에도 되새기고 있다. 에너지에 대한 정체는 또 다르게 표현할 수 있음도 알게 되었다. 오지도 않고 가지도 않고 머물러 있지도 않다.

서양철학은 '시간의 근원'이 무엇인가를 묻는 그리스 철학자의 물음과 함께 시작되었다. 그러나 이 물음에 대한 완전한 답은 아직까지 구명되고 있지 않다. 이 책에서는 '시간의 근원'이 빅뱅과 함께 시작한 중력에서 비롯되었다고 설명하고 있다. 따라서 중력에 대한 정체성을 다양한 장에서 집중적으로 에너지-질량 개념에 비유하며 수식으로 설명하고 있다.

우리가 일상생활에서 익숙한 센서sensor는 사실 에너지 변환 장치에 지나지 않는다. 공학에서의 센서는 생체에서의 지각으로 지각과 지각은 서로 정보를 공유하고 있음을 공감각으로 표현하고 있다.

이 생체의 공감각이 확장된 것이 항상성이며 자연현상에서 중력으로 드러나고 있음을 보여주고 있다. 따라서 우리는 그동안 물리학에서 제한된 의미로 중력에 대한 정보를 알고 있는 셈이다. 그러면 중력의 기원이 중요한 질문이 될 수 있다. 바로 에너지 개념이다.

에너지를 진리로 바꿔 다시 표현하면 '한 소식'을 들을 수 있다. 한 진리는 어디서 온 적도 없고 어디로 간 적도 없으며 머물러 있는 적도 없다.

에너지의 정의에 대한 문제는 전혀 예상하지 못했던 빛의 속도가 왜 일정한가에 대한 질문에서 제대로 해답을 찾을 수 있다. 왜 빛의 속도가 불변인가에 대한 화두는 쉬운 것 같지만, 막상 답변하려면 결코 용이하지 않다. 내로라하는 물리학자들조차도 이 문제에 대해서 그럴듯한 답변을 내놓지 못했다. 1905년 시간과 공간을 '시공간'이라는 하나의 개념 속에 통합시킨 특수 상대성 이론을 발표한 아인슈타인조차 이 문제에 대해서 더 이상 거론하지 않고 전적으로 받아들이기만 했다.

나는 빛의 속도에 대한 불변 법칙이 에너지에 대한 정의 문제로 연결되어 있다는 것을 뒤늦게 알게 되었다. 곧 빛의 속도에 대한 불변 법칙에 다양한 에너지에 대한 다양한 절대 척도 absolute scale가 존재한다는 것을 순간적으로 깨닫고 나서, 에너지에 대한 정의를 변화에 대한 개념과 연관시킬 수 있다는 생각을 갖게 되었다. 서양의 성자라 일컬어지는 크리슈나무르티는 만물 본질에 대한 통찰로서 척도 전체를 탐구하는 데 온갖 창조적 노력을 해야 한다고 역설했다.

변화change라는 개념은 사실 자연과학뿐만 아니라 인문·사회과학, 철학 및 종교 영역에서도 대단히 중요한 키워드다. 변화에 대한 개념은 서양뿐 아니라 동양의 고전에서 '**주역**周易'이라는 이름으로 널리 알려져 있다.

세상에 변화하지 않는 것은 없다. 이것은 에너지로서 변화의 제1 원인이 된다. 변화를 이끌어 내는 인자의 범주가 너무 넓고 애매할 수도 있다. 철학의 아버지라 불리는 플라톤의 수제자이면서 서양 학문의 아버지로 불리는 아리스토텔레스는 변화의 제1 원인을 '부동의 동자unmoved mover'라고 명명했다. 그는 원인과 결과가 사슬을 이루어 정밀하게 연결된다는 결정론적 세계관을 주장한 바 있다.

이에 대해 나는 존재론의 세계에서 인식론의 세계로 진입하는 순간, 소위 '결어긋남decoherence'을 얻게 된다고 주장한다. 시간 흐름이 없는(허수에 의존하는) 절대적 시공간과 중력이 존재하여 시간 흐름이 있는(실수에 의존하는) 상대적 시공간은 서로 결맞음이 깨어지게 된다. 곧 파동함수의 붕괴로 이어진다.

하지만 변화하지 않는 것도 있다. 이것은 에너지 변화의 절대 척도가 된다. 특히 절대 척도는 수학과 물리학 영역에서는 불변 또는 대칭이라는 이름으로 대단히 중요하게 여기는 가장 근본적인 개념이다. 흥미롭게도 수학과 물리학에서는 다른 영역의 학문과 달리 변화하는 것보다 변화하지 않는 것을 근본적으로 취급하고 있다. 관련된 인자의 범주가 확연히 줄어든다.

빛의 속도가 일정한 것도 에너지 변화의 절대 척도 중 하나에 불과하다. 나는 물리학 영역에서 에너지 절대 척도가 7개 있다는 내용을 국제도량형국BIPM에서 7개의 **정의 상수**를 발표한 것을 기화로 알게 되었다. 이 에너지 절대 척도를 모두 1로 두는 과정에서 물리학 출발 공준이 시작된다(3부 참조).

이후의 모든 물리량에 대한 비교 분석은 상대적 양이 되고 있음은 당연하다. 에너지에 대한 정의가 정확하게 내려지면, 수 또는 숫자에 대한 정의 및 개념도 정확하게 내려진다. 이 책의 주장대로라면 임의의 수(숫자)가 존재하는 순간, 에너지 개념이 존재한다고 할 수 있다. 그만큼 수학에서는 수(숫자), 물리학에서는 에너지라는 개념이 변화의 개념과 맞물려서 가장 원천적인 개념이 된다.

이러한 에너지에 대한 정의나 수(숫자)에 대한 정의 및 개념이 정립되면 놀랄 일이 벌어진다. 우리는 시간과 공간에 대한 개념을 사건이 일어나는 배후나 무대 영역으로 알고 있지만, 이제 시간과 공간에 대한 개념이 가장 원천적인 개념으로서 에너지와 숫자에 대하 개념과 연결되는 것이다.

저울은 성분을 따지지 않는다

저울은 에너지보존법칙을 한마디로 설명한다. 에너지는 차원 성분 변화의 이력(경력) 등을 일체 따지지 않는다. 이는 에너지의 차원이 0차원임을 명확하게 예시하고 있다. 이론물리학자 파인만은 에너지의 실제

단위는 없다고 역설했다.

가령 상대성 이론에서 자주 나오는 '시간 지연'이나 '시간 팽창'은 같은 의미로 쓰이고 있지만, 시간이 '상대적'으로 흐르는 현상을 말하는 것이어서 뉴턴의 '절대적' 시간 개념을 부정하고 있다. 시간 지연은 정지 계보다 등속도 운동을 하는 계에서 관찰자의 운동에 따라 달라진다는 설명은 특수 상대성 이론이다. 일반 상대성 이론에서는 중력의 크기에 따라 달라진다.

중력장이 강한 곳에 존재하면 시간 흐름이 늦추어져 '시간 지연'이 일어난다. 이런 설명을 들으면 시간 지연으로 그런 계에 존재하는 사람의 수명이 늘어나는 것처럼 보이지만, 실상은 무슨 일을 하든지 마찬가지로 모든 일이 느릿느릿하게 진행되어 실익이 없다고 할 수 있다. 이는 임금이 아무리 올라도 모든 물가가 그만큼 오르면 아무런 실익이 없는 것과 유사하다. 그래서 시간, 공간에 대해서 그 본질에 대한 퍼즐이 아직도 여전하다.

OPS에서는 시간, 공간을 비롯한 모든 자연현상을 숫자 언어로 표현하여 시간, 공간을 물질로 된 소립자나 사람처럼 눈으로 보고 손으로 만질 수 있는 아주 평범한 일반 대상처럼 간주하고 있다.

끈 이론을 주도한 이론물리학자 에드워드 위튼은 다음과 같이 역설한 바 있다.

"지금까지 알려진 시간과 공간의 개념은 이미 사망했다. 따라서 시간과 공간의 개념은 전혀 새로운 방법으로 정립할 필요가 있다."

신이 세상을 창조함에 있어서 가장 필요했던 개념은 바로 수와 에너지 개념이었다. 이 수와 에너지 개념이 나오는 순간, 천지라는 시공이 창조되었다고 할 수 있다. 만약 신을 자연이라고 한다면, 자연이 존재하는 순간 수(숫자)와 에너지와 시공이 존재한다고 할 수 있다.

시공간을 가장 드라마틱하게 표현한 것이 바로 숫자 1이라고 할 수 있다. 숫자 1이 의미하는 개념 속에는 이중성duality을 가지는 **내포**intention 와 **외연**extension이 있다. 내포는 외연으로서 모든 수의 공약수common divisor가 되고, 변화하는 동인성으로 허수를 내재하고 있다. 이론물리학자 오레스트 베드리지 박사가 숫자 1에 대한 책을 출판할 정도로 숫자 1은 놀라운 특성을 가지고 있다.

숫자 1은 겉으로 보면 정적인 공간 개념으로 보이고, 두 허수가 결합된 개념으로 보면 동적인 시간 개념으로 보인다. 수학자 민코프스키나 아인슈타인이 주장한 시공간의 개념이 결코 분리되어 독립적이지 않고, 실수와 허수가 동시에 하나로 연결되어 있다는 개념과 완벽하게 일치한다. 무차원수 세계에서 숫자 1을 시공간의 기본단위로 둔다면 무차원수 크기가 시공간 크기와 같다는 뜻이다. 따라서 무차원수 세계에서 시공간이 아닌 것은 없으며, 임의의 물리량 크기는 시공간의 크기가 된다. 또 에너지의 정의가 정립되면 다음과 같은 설명이 가능하다.

'질량을 가진 소립자들만이 에너지를 전달하는 것이 아니고 모든 물리량들이 에너지를 실어 나른다. 왜냐하면 에너지는 일정한데 그 변화무쌍한 모습이 질량만이 아닌 다양한 물리량 또는 그 조합으로 존재할 수 있기 때문이다.'

에너지-중력-질량의 삼위일체

이제 중력을 인식하는 순간, 질량이 아니라 에너지와 숫자의 존재 기원에 대한 인식이 가능해진다. 그리고 이 인식이 가능해지는 순간, 동시에 시간 개념이 개시된다고 할 수 있다. 불생 불멸 부증 불감을 본질로 한 에너지에서 중력이 비롯됨에 거듭 주목하자!

이러한 개념의 동시적 사건은 바로 빅뱅(빅 바운스)이라고 할 수 있다. 에너지 그 자체에 대한 존재나 본질에 대한 기원은 물어서 결코 답을 얻을 수 없지만, 중력은 에너지라는 개념에 의존하여 합리적이거나 유용한 답을 얻어 낼 수 있다. 곧 중력은 빅뱅(빅 바운스)이라는 동시적 사건을 통해 태어났으며, 주어(연산자)이면서 목적어(피연산자), 보어의 3중 역할을 한다.

이 책에서 삼위일체trinity에 대한 정의는 빅뱅(빅 바운스)이라는 하나의 사건이 중력과 관련된 세 가지 우주(자연)의 문법과 일체화되고 있음을 뜻한다. 이를 물리학의 삼위일체의 원리, 또는 물리학의 3-1 원리라고 칭한다. 3-1 원리는 1부 2장에서 언급한 자연의 7 원리, 3-7 원리를 함축한다.

따라서 나는 중력의 본성이나 정체성, 특성을 소립자 영역에서 우주론까지 실험·관측 데이터 및 다양한 현상론으로 분석한 결과, 다음과 같은 결론을 내리게 되었다.

중력이 에너지 또는 질량과 등가라기보다는 중력이 에너지(비물질) 또는 질량(물질) 사이를 빈틈없이 오가며 이들을 하나같이 미세 조율하고 있다고 본 것이다. 즉, 중력이 무차원인 에너지와 유차원인 질량 사이를 오가면서 조정자 역할을 한다는 뜻이다. 중력은 문법적으로 주어, 목적어, 보어의 세 가지 기능을 하는 동명사gerund 역할을 해낸다.

중력을 이미 알려진 질량-에너지 등가에서 더 확장해서 집합의 크기순이나 시간 순서별, 계층별 순서로 다시 배열하면 다음과 같다.

OPS에서는 물리학의 '에너지-중력-질량 삼위일체' 또는 '물리학의 삼위일체'라고 지칭한다. OPS에서 실제적으로 가장 늦게 발견된 퍼즐이 되고 있다. 뇌과학이나 심리학 영역에서 마음-두뇌-몸(육체)의 순서로 유비 대응된다.

여기서 에너지 층은 삼라만상 모든 변화의 제1 원인으로 은닉되어 상위 층이며, 측정에 일체 노출되지 않으나 물질이나 중력에 영향을 미친다. (이 층은 존재 층, 무의식 층에 대응한다고 유추한다.) 에너지 층은 시간 흐름에 의존하는 물질과 중력 층과 다르게 시간 흐름에 일체 무관하여 이러한 층과 결코 인과관계로 존재하지 않는다. 그저 상관관계만 존재할 뿐이다. (수학, 철학, 종교적 측면에서 절대 진리의 주체가 존재하는 극도로 이상화된 층위다. 서양의 기독교에서는 성부, 동양의 불교에서는 부처가 임하는 층이라 할 수 있다고 유추한다.) 이 층에 존재하는 절대적 진리는 잠재의식 층 또는 은닉 층에 들어가 의식이나 중력 층의 현실 인식이나 선택에 영향을 줄 수 있다. 특히 우리 몸은 잠재의식이 보내는 정보에 아주 정확하게 반응한다. 그래서 몸을 제2의 뇌라고 하지 않던가.

중력 층은 물질 층으로 측정에 노출되어 시각이나 다양한 감각기관에 상호작용한다. 반복 학습 등으로 엄청난 정보가 임시적으로 저장되어 있는 중간 층이라 할 수 있다. 이 층은 표상 층, 잠재의식 층, 은닉 층, 전의식 층에 유추 대응한다. 종교적으로 기독교와 불교는 각각 성신과 아미타불에 유추 대응한다.

마지막 하위 층인 질량의 층은 측정에 즉각적으로 반응하는 층으로 중력이 존재하는 일부 물질 층을 포함하고 있다. 따라서 잠재의식에 저장되어 있는 정보와 긴밀하게 상호작용하여 업그레이드된 새로운 정보로 저장되거나 똑같은 자극이나 대상이라 하더라도 시간 흐름에 매우 민감하여 바로 조금 전의 선택과 다른 선택이 이루어질 수 있는 의식의 층으로 표현의 층, 현실 층, 질량 층이다.

양자론과 우주론의 통합은 거창하거나 심오한 수식이 필요한 것이 아니다. 중력이 아주 미세한 수준에서 어떠한 행위를 하는가를 이해할 때에만 가능하다.

종교적으로 기독교는 성부(존재)의 뜻에 따라 성신(표상)의 도움을 받아 진리의 길을 실천으로 행하는 성자 예수(표현)를 유추하여 지칭한다. 불교에서는 부처(존재)의 뜻에 따라 아미타불(표상)의 도움을 받아 진리의 등불을 밝히고 있는 승려나 보살이 된다. 다시 정리하면 에너지-중력-질량의 삼위의 층 또는 존재-표상-표현의 삼위의 층이 그것이다.

다시 물리학으로 돌아와서 양자역학에서는 극미세한 측정 대상이 일정함에도 불구하고 반복하여 측정할 때마다 조금씩 다른 측정 결과가 나온다. 그 이유는 일부 물리학자들이 관측자의 '의식'으로 설명하고 있기 때문이다.

그럴 가능성이 있는 이유가 위에서 설명한 바와 같이 굳이 양자 영역을 들지 않더라도 중력이 가진 소위 '삼위일체'의 특성으로도 맥을 같이 하기 때문이다. 소위 물리학의 '삼위일체'와 관련되어 그동안 진부한 질문에 비로소 답할 수 있게 되었다.

입자물리학과 우주론의 접합에서 핵심 키워드가 중력이라는 것은 잘 알려져 있다. 입자물리학에서는 에너지 보존을 비롯하여 전하량 및 각운동량 등을 포함한 다수의 양자수 보존법칙이 존재한다. 그런데 가장 마지막 단계에 이르기까지 살아남는 보존법칙은 무엇일까?

그 답은 바로 에너지보존법칙이다. 에너지보존법칙이야말로 모든 보존법칙을 미세 조정하여 아우르고 있는 것이다. 중력이 세 가지 힘에 비해서 왜 그렇게 약소한지 그 이유도 자동적으로 풀리게 된다. 법 앞에 만인이 평등하듯 에너지보존법칙 앞에서는 모든 물리적 사건이 오직 숫자 언어(무차원)를 통해서 자유 평등하다. 차원, 성분, 이력(경력) 따위 등을 일체 묻지도 따지지도 않는다.

모든 것의 조정자, 중력

빅 바운스 이후 초기 우주에서 시간이 경과하면서 엔트로피와 함께 중력이 점차 구축된다. 중력이 극대화되어 블랙홀 최대 질량(M_{max})에 이르는 상한 팽창 임계점에 접근한다. 동시에 무질서의 끝자락인 최대 블랙홀 엔트로피(S_{BH})가 형성되는 나중 우주에서 반중력으로서 척력 인자 우주 상수 람다(Λ)와 상호작용하여 자발적으로 엔트로피가 상쇄되어 완벽한 질서로의 최소 엔트로피(3/8)가 나타난다. 이는 열역학 제2 법칙을 극복하고 우주에 생명을 되살리는 방법으로 자발적 엔트로피 상쇄를 이용하고 있다(3부 수식 4의 Eq. 4-9 참조).

이 시기를 전후해서 중력 수축이 서서히 일어난다. 오랜 시간이 경과한 후 블랙홀 최소 질량(M_{mini})으로 중력 수축의 임계점에 이르면 또다시 빅뱅과 물리적 효과가 유사한 빅 바운스가 개시된다. 이른바 중력의 본질이 자연의 7가지 원리를 지휘 통제하는 상관관계를 보이며 회귀성回歸性을 가져 원시반본原始反本의 특성을 잘 보여준다.

초기 우주에는 양자론이 중요한 시점이고 나중 우주에는 일반 상대성 이론을 기초로 한 우주론이 우세한 시점에 이른다. 이때까지의 이 모든 순환 반복하는 자연현상을 유도하고 조정하는 임무가 바로 넓은 의미에서 중력이다.

이 책에서 너무 놀라운 사실이 자주 등장하여 놀라운 사실이 반감되고 있지만, 우주론에서 보여주고 있는 순환 반복은 옛글로 이어진다. '하나에서 시작해서 하나로 끝이 난다'는 말이 바로 그것이다. 이 심오한 의미가 우리나라의 건국 이념이 되고 있는 천부경에서 나왔다.

중력은 우주 역사의 순간순간에 천부경에서 보여주듯 에너지 수급을 노련한 회계사처럼 잘 맞추어 나간다. 생명의 영역에서 중력은 '항상성'으로 비유된다.

08

빛의 속도는
왜 일정한가

빛의 속도는 유한하다

빛의 속도는 왜 일정한가? 오늘날까지 모든 물리학자들이 이 이론을 받아들이고 그 이유를 찾는 데 몰두했지만, 모두 실패했다. 특히 빛의 속도가 상수인 데 대해서 일부 물리학자들은 그 상수가 자의적이라고 회의하기도 한다.

나는 그런 회의를 긍정적으로 받아 들인다. 빛의 상수에 상수 계수가 왜 하필 정수인가에 대하여 정의한다고 하더라도 어차피 독립적인 상수 하나만으로는 물리적 의미가 존재할 수 없기 때문이다. 그래서 이 책에서 본무자성本無自性이라는 용어를 일부러 내세워 설명하고 있다. 우리 우주의 기원 설명(오메가)에서도 '하나$_{oneness}$'의 의미로 '전부$_{all,}$ $_{everything}$'와 연결시켜 '상관관계'로 서술하고 있다.

여기서 다양한 상수 조합이 수학적 상수나 정수, 간단한 유리수가 도출되는 방향으로 상수를 미세 조율할 경우 실험·관측 데이터와 잘 정합된다는 체험을 가지고 있다. 그럼에도 불구하고 체험이나 직관을 그대로 수학적 정식화로 단정하지 않는다. 여하튼 빛의 속도가 왜 하필 그 속도이며 왜 일정한가에 대하여 아무도 그 실마리를 찾지 못했다.

빛의 속도는 운동하는 사람의 상태에 관계없이 일정하다는 것이 아인슈타인의 특수 상대성 이론의 첫걸음이다. 아인슈타인은 열여섯 살 무렵 빛을 쫓아가면 빛과 자신의 거리가 어떻게 될 것인가를 스스로 물어보았다. 나중에 정의된 바로 $c=299782458*10^8 m/s$ 진공에서 초당 30만km 정도다. 이것은 광속 불변의 원리로, 특수 상대성 이론 발견의 핵심 개념으로 알려져 있다.

나는 상대성 이론에 관한 책을 읽으면서 어느 순간 여기서 결코 간과할 수 없는 핵심 개념이 은닉되어 있음을 알게 되었다. 아인슈타인은 여러 사고 실험 등을 통해서 누가 보더라도 빛의 속도가 일정하다면 빛을 결코 붙잡을 수 없다는 사실을 깨우치게 된 것이다(1부 8장 참조).

나는 아인슈타인이 우리 우주에서 빛의 속도가 '무한 속도'라는 비유를 하게 된 글을 보는 순간, 무한의 개념을 실제 빛의 속도처럼 유한화할 수 있을 가능성을 직감으로 알아챘다.

오늘날 빛의 속도가 불변하다는 것은 모든 사람이 받아들이고 있지만, 이 이론이 받아들여질 만한 사유에 대해서 아인슈타인은 물론이고 광속을 측정하여 노벨상을 수상한 마이컬슨Albert Abraham Michelson과 몰리Edward Williams Morley 같은 이름 있는 물리학자들도 실험과 측정을 통해서 그 속도가 일정함이 밝혀지기 전까지 수많은 갈등이 있었다. 빛의 속도가 일단 무한하지 않고 유한하기 때문에 그 속도가 일정하다는 이해를 하게 됨으로 인해 그동안 기초 물리학에서 너무나 잘 알려진 용어, 양자 및 에너지에 대한 정확한 정의와 계산이 가능해졌다. 곧 빛의 속도가 일정한 이유에는 우리가 지금까지 알 수 없었던 엄청난 정보가 들어 있었다. 결론부터 내리면 다음과 같다.

빛의 속도는 지금까지 잘 알려 있지 않던 에너지의 정의에 대한 것과 관련이 있다. 일반적으로 에너지의 정의는 일을 할 수 있는 능력 정도로 알려져 있다. 그러나 이 용어는 '일'이 무엇이고 '힘'이 무엇인지 애매한 가정을 바탕으로 한 것이므로, 에너지와 관련된 용어의 정의 자체가 엄밀함이 부족하다. 그래서 에너지를 제대로 이해하려는 학자들에게 엄청난 혼란을 초래한다. 그러나 뜻밖에도 빛의 속도가 일정한 것이 에너지와 깊은 관련이 있음이 드러나면서, 에너지에 대해 설득력 있는 정의도 가능해졌다. 광속 불변의 원리는 에너지에 대한 다양한 절대 척도가 존재한다는 것을 시사하고 있다.

나는 광속은 구속이나 제한을 의미하는 것이 아니라 질서를 의미한다고 생각했다. 곧 광속은 '스스로 자'를 가지고 있다. 광속이 결코 접근 불가능한 개념이라면 속도가 아닌 다른 차원의 물리량에도 '무한'을 '유한화'할 수 있을 것으로 내다본 것이다. 아인슈타인 스스로 부정하고 있는 바로 '절대 척도' 개념이 그것이다. 정말 역설적이지 않은가! 여설의 관계를 잘 이용하면 오히려 미해결 문제를 풀 수 있는 단초를 제공한다. 따라서 나는 에너지에 대한 새로운 정의에 대해 그 범위를 확장하여 다음과 같이 기술하고자 한다.

에너지는 정성적이든 정량적이든 모든 변화의 제1 원인이자 변화의 절대 척도라고 정의할 수 있다. 흥미로운 점은 변화의 제1 원인(하나)이 되는 에너지의 척도가 다양하게 (모든 것이) 존재한다는 점이다. 2019년

6월 기준으로 발효된 국제미터법 체계SI system를 가지고 설명하면, 7개의 에너지 척도가 존재하는 셈이다. 에너지를 하나의 집합으로 간주할 수 없을 때, 단위가 없는 순수한 수로 대체할 수 있다. 이 경우 에너지를 초집합super set 또는 상위집합으로 설명할 수 있다.

초끈 이론의 권위자로 노벨 물리학상을 수상한 미국의 이론물리학자 데이비드 그로스David Gross는 다음과 같이 외쳤다.

"모든 물리량의 차이는 곧 에너지 차이다. 그러나 우리는 에너지의 절대적 척도를 측정할 방법을 모르고 있다."

에너지에 대한 이 같은 새로운 정의는 그 질문에 대해서 납득할 만한 답변을 제공하는 것이다.

자연의 이중성과 절대성, 그리고 상대성

다시 말하면 우리가 사는 세계는 모든 것이 변화하는 세계로, 어떤 상태이든지 정지 자체가 불가능하다는 것이다. 물리학에서 말하는 '정지'의 개념은 그야말로 아주 작거나 느린 변화를 말한다. 수학에 존재하는 이중성 측면에서 운동의 한쪽을 '극단적으로 이상화시킬 경우'에 정지가 된다. 이 경우 운동과 정지는 상호 배타적mutually exclusive 관계가 될 수 있다. 확률적으로 표현하면 $P(A) \cdot P(B) = 0$이 된다. 두 사건이 동시에 일어날 확률은 '0'이다.

중력이 존재하여 시간이 흐르는 경우에는 절대적 정지가 있을 리 만무하다. 아주 느린 운동만이 존재할 뿐이다. 따라서 자연에서 정지는 변화의 한 종류로, 운동 개념의 특별한 한 형태에 지나지 않는다고 할 수 있다. 물체가 동역학적 힘의 균형을 이루고 있는 상태로, 다른 말로 설명하면 실제로 '정지가 없다'는 개념이다. 이 개념은 하이젠베르크의 불확정성원리를 잘 설명한다.

이제 매우 중요한 결론을 얻어 낼 수 있다.

측정의 세계는 중력이 존재하여 시간이 흐르는 세계로 수학적 이상화가 존재하는 피안의 세계가 아닌 차안의 세계, 바로 우리가 숨 쉬며 살고 있는 현실의 세계다. 불확정성원리는 존재와 측정의 세계에 포함된다는 사실에 주목해야 한다.

그래서 모든 측정에는 상대적이란 용어가 자동적으로 붙게 된다. 예를 들면 '상대적 불확도$_{relative\ uncertainty}$'가 그것이다. 우리 우주에서 불확정성이 언제 시작되고 또 언제 사라질까? 이 책의 3부 수식 4의 Eq. 4-9 및 Eq. 4-15에서 이 심오한 비밀의 문을 활짝 열어 줄 것이다.

이상화의 양극단이 존재하는 이중성의 세계는 측정의 세계를 아우르거나 포함하는 절대적 세계, 피안의 세계로 수학적 세계다. 운동과 정지에서 운동의 특별한 한 형태로 지목하고 있는 정지는 사실 운동의 '고전적 근사'에 지나지 않는다는 표현이 정확하다. 물리학에서 일상적으로 사용하는 언어 표현에 '애매함' 또는 '모호함'이 있는 것은 언어 자체 탓으로 돌리는 경우가 허다하다.

사실은 절대적이라는 용어와 상대적이라는 용어 사용에 '남 탓'이 아니라 전적으로 '자기 탓'이 필요한데 이런 개념 부족이 주요 원인이 될 수 있다. 예를 들면 자연에 존재하는 물리적 이중성으로 관측된 입자성과 파동성은 사실은 입자성에 가깝다거나 파동성에 가깝다는 표현이 더 정확한 표현으로 보인다. 곧 수학적 이중성에 대한 근사 개념이다. 왜냐하면 같은 상호 배타적 관계를 지닌 이중성의 표현이라고 하더라도 전자는 한쪽이 다른 한쪽의 극단적 또는 절대적으로 이상화된 표현으로 수학적 이중성이고, 후자는 고전적 또는 상대적 근사 표현에 해당하여 물리적 이중성이기 때문이다.

시간과 공간 같은 매우 중요한 물리학 개념에서도 뉴턴은 절대적 시간과 절대적 공간의 존재를 주장한다. 이에 대응하여 아인슈타인은 뉴턴의 절대적 시간, 절대적 공간의 개념을 전적으로 부정하여 상대적 시간과 상대적 공간만이 존재한다고 역설한다. 이 역설의 근거가 바로 빛의 속도가 일정 불변으로 시계의 성질이 아니라 시간 자체의 독특한 성질로 알려져 있다.

오늘날 시간, 공간의 개념은 거의 모든 명망 있는 교수들의 가르침에서 뉴턴의 절대 시간, 절대 공간의 개념이 폐지되고 아이슈타인의 상대 시간, 상대 공간만이 옳다고 여기는 경향이 강하다.

그런데 여기서 매우 흥미로운 사실은 뉴턴의 절대 시간, 절대 공간의 개념이 완전히 틀린 것이 아니라 아인슈타인의 상대적 시간, 상대적 공간의 개념을 고전적 근사로 여기고 있다는 점이다. 강의를 듣고 배우는 학생들의 입장에서는 잠시 혼란이 일어날 수 있다. 내가 강조하고자 하는 결론은 다음과 같다.

뉴턴의 입장에서는 자연현상에서 일어나는 관점, 곧 주로 수학을 기초로 하는 존재론적인 세계에서 자연스럽게 시간이나 운동의 기준계를 얻고자 하는 마음에서 절대 시간, 절대 공간의 개념을 마련했다고 할 수 있다.

이 책에서는 두 개념 모두 최소 에너지양자로 두어 유한화해서 보여주고 있다. 단, 같은 무차원수라 하여도 시간, 공간의 단위에 맞게 환산해주면 될 것이다(3부 수식 7 참조).

아인슈타인의 입장에서는 엄연하게 시간을 체험하여 시간이 흐르는 세계 속에서 자연현상에 대해 명확하게 '객관적인 기술'을 얻고 싶었던 것이다. 나는 아인슈타인의 객관적인 기술에 대한 욕망을 그와 관련된 수십 권이 넘는 저서를 통하여 절감한 바 있다. 그 속마음이나 심정이 잘 드러난 용어가 있다. 바로 '불변$_\text{invariance}$'이 그것이다. 그리고 '불변'이라는 용어에서 느낄 수 있는 '애매함'과는 또 다른 느낌, '고정'이 있다.

아인슈타인의 이론이 불멸의 출세작이 될 수 있었던 배경에는 특허청 재직 시절 유난히 재깍거리는 '시계'와 깊은 관계가 있다. 상대성 이론의 설명에서 '시계'라는 소품이 빠짐없이 등장하고 있음을 잘 기억하고 있을 것이다. 특히 아인슈타인은 그가 고안해낸 특수이건 일반이건 '상대성'이라는 용어 자체를 마음 내키지 않아 했다. 하지만 이미 일반인 사이에서 아인슈타인 하면 상대성으로 연결하여 익숙해진 터라 다시 고치기 힘들 것이란 생각이 들었다. 또 어쩌면 일반인들에게 '상대'란 용어가 오히려 상대성 이론의 기본 원리인 상대성 원리를 이해하는 데 편할 것이란 생각도 들었다. 그러나 그의 속마음은 어디까지나 '상대'가 아닌 '불변'이었음을 여러 경로를 통해 고백한 바 있다.

'불변'이라는 용어는 수학과 물리학의 군론이라는 영역에서 '대칭'이라는 용어로 대체해 관련 전문학자 사이에서 자주 이용하고 있었다. 특히 수학자 에미 뇌터의 대칭 이론을 누구보다 높이 평가한 것은 세상에 존재하는 진리의 본질을 훔쳐보는 마음과 같았기 때문이리라.

아인슈타인이 바라보는 엄청난 깊이가 있는 대칭, 불변의 세계는 일반인이 바라보는 객관의 세계와 다를 바 없었다. 일부 과학사가들은 아인슈타인이 너무 세상을 객관화시키는 데 빠져 있다는 평을 하고 있었다.

대칭, 불변, 객관화의 건너편에는 여전히 애매함, 모호함이라는 확률의 세계가 어른거리고 있었음을 아이슈타인은 간과했던 것 같다. 그리고 그는 시계가 재깍거리는 시간이 흐르는 현실 물리학의 세계에서 측정에는 다양한 차원이 존재하는 단위가 있음도 고려해야 했다.

아인슈타인은 그 당시 다양한 단위 차원을 하나로 통일시키는 과업이 쉽지 않을 것으로 내다보았다. 그는 사색을 이어가면서 차원과 대칭 문제를 골똘히 생각하다가 공간 차원에 있는 중력이 시간 차원에 있는 가속과 다를 바 없음을, 소위 '등가원리'를 발견하게 된 것이다. 일반 상대성 이론으로 유도하는 '등가원리'는 1907년에 아인슈타인이 특허청 사무실에서 떠올린 그 유명한 '행복한 생각 happy thought'으로 알려져 있다.

이제 뉴턴과 또 다른 아인슈타인의 세계가 있음을 알게 될 것이다. 아인슈타인의 세계는 뉴턴의 세계에 없는 시계가 재깍거리면서 흐르는 시간의 세계, 곧 그러한 시간이 작동하게 하는 중력의 세계다. 그야말로 현실의 세계다. 이론적으로 이상화된 수학만이 존재하는 세계가 아니라, 사람이 숨 쉬면서 시계를 비롯한 측정 기구를 이용하여 측정 결과를 읽어내는 물리학과 공존하는 객관의 세계였던 것이다. (나중에 똑같이 재깍거리는 양자 시계가 보여주는 확률 개념과 충돌하는 운명의 그림자를 보지 못한 것 같다.)

뉴턴의 세계에서는 겉으로는 중력을 일갈하면서도 재깍거리는 시계가 없기에 시간 흐름의 부재, '시간의 화살'이란 용어조차 존재하지 않았다. 그야말로 절대적 시간, 절대적 공간만이 뉴턴의 머릿속에서 그려지고 있었다.

나는 중력이 겉으로 개입하는 세계가 자연현상에서 일어나고 있지만 수학적 이상화에 치우친 면이 심해서 '존재의 세계' 또는 '피안의 세계'라고 칭하고 있다. 그 대표적인 예가 운동 상태(정지 또는 운동)를 보존하려는 제1 법칙으로 관성 법칙에 의한 관성질량이다. 뉴턴의 세계에서는 정지와 운동에 대한 수학적 이상화가 들어 있음에 주목하자.

통상적으로 아인슈타인의 세계는 '시간의 화살'이 존재하는 상대적 시간, 상대적 공간만이 존재하여 자연의 세계를 객관적으로 묘사하는 이론으로 치부하고 있다. 시간과 공간은 관측자와 관측 대상의 상대운동에 따라 얼마든지 달라질 수 있는 시간 혁명의 개념이 존재하고 있기 때문이다. 그렇지만 나는 중력이 개입하는 이러한 세계가 너무 물리적 현실에만 치우친 면이 심해서 '측정의 세계', '표현의 세계', '차안의 세계'라고 칭하고 있다. 대표적인 예가 중력질량이다. 뉴턴의 관성질량과 실험적으로 거의 일치한다고 확인되었다.

양자론이 탄생하면서 뉴턴 이론은 아인슈타인의 특수 상대성 이론과 함께 고전이란 이름으로 묶이면서 아인슈타인 이론의 '고전적 근사'라는 말이 나오게 되었다. 빛의 속도로만 질주하는 광자의 속성은 사실상 비물질에 속한다.

아인슈타인이 고안한 일반 상대성 이론과 양자역학의 통합으로 나아가는 양자 중력학이야말로 아인슈타인의 이론에 '숨어 있는 문제'를 들춰내 통일장 이론 등 숙원 문제를 풀어 줄 것으로 보인다. 여기서 '숨어 있는 문제'의 예를 하나 들면 보편적 동시성을 허용하지 않는 광속불변의 원리다. 이 원리는 아인슈타인의 상대성 이론의 가장 핵심적인 열쇠로 잘 알려져 있지만, 흥미롭게도 뉴턴의 '절대적' 척도의 하나로 간주할 수 있다.

아무도 예상하지 못한 양자 중력학으로 가는 길은 수학의 본질적 기초에 있는 '에너지'라는 개념과 물리학의 본질적 기초에 있는 '질량'의 통합적 연결로 이어진다. 이상화의 극단에 있는 수학과 현실의 극단에 있는 물리학, 이 두 본질적 기초 간의 통합적 연결은 수학과 물리학에서 현재까지 풀리지 않고 있었던 문제를 마법의 수 137을 매개로 해결해 줄 것이다.

이중성의 양쪽 극한에 있는 운동과 정지를 포함한 모든 물리량은 에너지라는 상위 집합 또는 초집합super set의 한 원소라고 할 수 있다. 다시 말하면 모든 물리량은 각각 다른 형태의 에너지라고 할 수 있다. 또 모든 물리량은 개별 양태aspect 또는 상태state가 무한하지만 그중 양태가 일정할 경우, 수를 개념으로 하는 정량화quantification가 가능하다. 그리고 정량화가 가능한 집합 가운데 변화에 불변하여 안정된 더미를 양자화quantization되었다고 한다.

우리는 빛의 속도가 왜 일정한가에 대한 이해를 얻음으로써 양자에 대한 속성 및 정확한 정의와 계산이 가능해지게 되었다. 따라서 잘 정의되거나 계산된 양자는 상수로서 측정이 불필요해진다. 우리가 사는 세계는 양자 사이에 **얽힘**entanglement이 존재하는 상관관계적 구조를 이룬다. 따라서 어떤 물리량에 대한 정의에 약간이라도 변화 또는 변경이 가해지면, 시간과 거리에 무관하게 나머지 양자 상태도 변경된다고 할 수 있다.

빛의 속도가 왜 일정한가에 대한 의문을 34년간 지니고 오다, 어느 순간 그 에너지 개념에 대한 정의와 양자에 대한 관계적 개념을 파악하게 되었다. 이로써 본 이론(원 파라미터 솔루션)은 순간적으로 창세기 1장 1절에 대한 새로운 해석을 낳게 했다.

성경의 창세기 1장 1절과 2절은 우리가 살고 있는 관측 가능한 우주 이전의 우주를 기술한 것 같다. 그리고 1장 3~5절은 관측 가능한 우주의 탄생인 빅뱅 또는 빅 바운스의 순간을 묘사한 것으로, 인식 가능한 우주의 순간을 기술한 것 같다.

창세기 1장 1절부터 5절까지는 칸트 철학에서 선험적 경험인 아프리오리$_{a\ priori}$에 해당한다. 아프리오리는 인식이나 개념이 후천적 경험에 의존하지 않고 논리적으로 앞선 것으로, 감각적인 경험에 기초한 결론으로 사용하고 있다. 곧 선험적인 것은 시간과 공간, 에너지라는 용어에 대응된다. 따라서 창세기 1장 1절을 새로 해석하면 다음과 같다.

'태초에 하나님이 수를 창조하시니라.'

성경에서 천지에 대한 개념은 단순한 지구뿐 아니라, 모든 우주 전체의 시공간$_{spacetime}$을 비유 묘사하고 있다. 전체 시공간을 수의 개념으로 대체하고 있다. 수의 개념에 대한 본질은 연산 방법에 있다고 생각한다. 우리가 알고 있는 수는 수의 개념에 기호를 붙인 10개의 숫자를 지칭한다. 따라서 수의 개념과 숫자는 엄밀하게 따지자면 같지 않다. 숫자는 수의 개념에 기초한 인위적, 조작적 표기일 뿐이다.

1장 1절에 이어 2절은 땅이 혼미하고 공허하며 흑암이 깊음 위에 있고, 하나님의 영은 수면 위에 운행하시니라고 표현한다. 이를 고쳐 쓰면 다음과 같다.

'우리가 사는 우주가 거의 대부분 사람이 만든 관측기구로서는 거의 불가능한 암흑 물질과 암흑 에너지로 가득 차 있음이라.'

하나님만이 설명할 수 있는 영으로서만 가능해보인다.

창세기 1장 3절은 '빛light' 대신에 '에너지energy'라는 용어로 대체하고 있다. 여기에서 빛이나 에너지는 창세기 1장 1절에서 소개하고 있는 천지, 곧 시공간으로 묘사하고 있는 무질서한 상태chaos를 질서cosmos로 만드는 방법론으로 대체하고 있다. 그뿐만 아니라 이 질서를 표상하는 빛과 에너지는 수의 개념과 인식론으로 시작되는 숫자와 분리할 수 없는 근원적인 개념으로 연결하고 있다.

이는 태초와 빛을 분리할 수 없는 관계와 마찬가지다. 여기에서 태초는 소위 시공간의 시작이라고 할 수 있는 빅뱅 또는 빅 바운스 전前을 의미하여 태초라는 개념은 'In the beginning', 곧 모든 것의 시작점을 의미한다고 할 수 있다. 이는 단순한 시작점이 아니라, 창조주 하나님의 주체가 시작과 끝을 의미하고 있는 존재론에 대한 메타적 의미meta meaning다. 따라서 창세기 1장 3절은 다음과 같이 대체된다.

'하나님이 이르시되 에너지가 있으라 하시니 에너지가 있었고, 에너지가 하나님 보시기에 좋았더라. 하나님이 양의 에너지와 음의 에너지로 나누어서 하나님이 양의 에너지를 파동으로 부르시고, 음의 에너지를 입자라고 부르시니라.'

우연의 일치인지는 몰라도 소립자 표준 모델에서 소개하는 대표적인 경입자lepton인 전자electron는 음(-)의 전하를 가지고 있다고 알려져 있다.

'이는 첫째 날이니라.'

여기에서 첫째 날이라는 것은 우주의 태초와 달리 중력이 존재하여 시간이 개시되는 인식론적인 시작으로, 이후부터 모든 명제의 이중성의 기원이 되고 있다. 매우 흥미로운 점은 숫자 자체의 개념이 겉으로는 정지한 것처럼 보여도 내면으로는 변화라는 양상을 내포하고 있다는 점이다.

변화라는 양상의 구체적인 상태는 허수 자체가 복소수 평면에서 90도 회전하는 성질을 보여준다. 허수가 연속적으로 곱해지면, 수직선 평면의 반대 위치에 존재한다. 허수가 연속적으로 네 번 곱해지면 원래의 자리, 곧 숫자 1이 된다. 이는 허수가 직접적으로 순서와 크기를 표시하는 것이 아니라, 동력학적 원인을 제공하는 것이다.

복소수 공간은 본질적으로 '점'보다는 '선'으로 이루어져 있다. 여기서 주목해야 할 사실은 수가 단순한 양이라는 사물을 표현하는 데 그치지 않고 '변환'이라는 행위를 나타낸다고 아는 사람은 지극히 드물다는 점이다. 곧 숫자는 외면으로는 공간이라는 양상을 보여주고 내면은 시간이라는 양상을 표현하여, 시공간은 결코 분리할 수 없는 하나의 양 또는 범주화categorization를 보여준다.

물리적 배경이 되는 시공간 자체가 숫자 1이 된다

나는 이 책에서 근간이 되고 있는 OPSOne Parameter Solution에서 'One'이 숫자 '1'이 되어 모든 물리량이 무차원 숫자로 표현될 때 시공간 자체인 배경이 되고 있음을 보여준다. 곧 숫자 1이 시공간이라는 배경이 될 경우, 무차원으로 표현되고 있는 모든 물리학 이론이 시공간이라는 배경에 전혀 영향을 받지 않고 있음을 확연히 보여준다. 이를 다른 말로 하면, 모든 물리량이 시공간 아닌 것이 없어 무차원 자체의 크기가 시공간 크기가 되고 있다는 말이다.

이론물리학자들이 소위 '배경 독립성 원리principle of background

independence'를 찾고 싶다면 숫자 1과 모든 숫자 간의 관계를 유용하게 활용할 수 있는 오직 한 가지 방법이 될 수 있음을 이해하게 될 것이다.

여기에서 원 파라미터 솔루션이 굳이 성경의 창세기를 비유 설명하는 이유는 다음과 같다.

그것은 빛의 속도에 대한 불변성 개념을 통하여 그동안 물리학자를 비롯한 자연과학자와 인문 철학을 연구하는 인문과학자와 마찬가지로 '시간time'이 생겨나는 것을 설명해줄 근본적인 이론을 찾아내기가 어렵다는 점을 고려한 것이다.

시간의 본질이나 근원을 찾아가는 과정에서 시간이라는 용어를 쓰지 않으면서 접근하기란 대단히 어렵다. 그래서 창세기라는 성경 비유를 통하여 태초와 수, 그리고 무질서에 이어 빛, 에너지와 관련된 질서 등을 찾아가는 과정에서 존재론과 인식론으로 전개하는 논리적이고 합리적인 순서가 독자들에게 시간의 의미를 떠올리게 한다.

어느 누구에게나 객관적인 것으로 간주되었던 뉴턴론적인 의미가 퇴색하고, 사물의 변화를 인식하기 위한 개념으로 아인슈타인의 주관성과 칼 융Carl Jung의 동시성 개념이 발전하고 있다. 여기에서 특히 강조하고자 하는 개념은 '**변화**'라는 키워드다. 과학의 목표는 자연현상을 아주 단순하게 설명하는 것이다.

과학에서 믿을 수 있는 것에 대한 팩트의 근원지는 어디일까? 그것은 믿을 수 있는 기관(CODATA, NIST 등)에서 발표하는 실험·관측 데이터다. 이론을 실험·관측 데이터와 모순 없이 일치시키는 것은 너무나 어렵다고 알려져 있다.

이론물리학자 리처드 파인만은 30년 이상 쏟아부은 노력을 이론과 실험·관측 데이터와 비교하는 데 몰두했다. 그러나 과학의 목표는 단순히 데이터를 맞춘다는 목표 이상에 있다. 그것은 자연현상을 이해하는 것이다. 곧 나와 너 사이에 감동이 배어 있는 **스토리텔링**storytelling으로 표현되어야 한다. 그래서 우주는 단순한 데이터가 아니라 스토리텔링으로 구성되어 있다고 이야기할 수 있다. 그러면 다음과 같은 스토리텔링이 가능해진다.

우리가 사는 세상에서 가장 거대하고 복잡하며 비용이 많이 드는 과학 프로젝트는 무엇일까? 나는 다음과 같은 두 가지 프로젝트라고 생각한다. 지상에서 지하, 해저까지 실험하는 가속기 프로젝트가 그 하나이고, 우주를 관측하는 '허블' 우주망원경이나 '제임스 웹' 우주망원경이 또 다른 하나다. 이 두 가지 방향의 프로젝트는 거대하고 복잡하며 비용이 많이 드는 프로젝트로, 인류에게 엄청난 감동과 가치를 선사한다.

양자 중력학의 출현

이 두 가지 프로젝트가 향하는 종국적인 목표는 다음과 같다.

그것은 미시 규모의 스케일에서 설명할 수 있는 복잡하고 난해한 양자역학을 주축으로 하는 양자론과, 거대 규모의 스케일에서 설명할 수 있는 또 다른 복잡하고 난해한 일반 상대성 이론을 주축으로 하는 우주론과의 통합이다.

양자론과 우주론의 기초가 되는 양자역학과 일반 상대성 이론은 현재까지 인류가 피와 땀으로 준비한 측정과 관측 과정에서 한 번의 실험 데이터와 관측 데이터도 모순된 점이 없음이 밝혀졌다. 그러나 양자론과 우주론의 통합은 물과 기름과 같아서 지금까지 어떤 물리학자도 통합에 성공하지 못했다. 이 과정을 양자 중력학Quantum Gravity Theory이라고 한다.

현재 양자 중력학을 연구하는 두 그룹이 존재한다. 바로 물리학의 황제라고 알려진 에드워드 위튼이 주도하는 끈 이론과 리 스몰린과 카를로 로벨리Carlo Rovelli가 주도하는 고리 양자 중력Loop Quantum Gravity, LQG이다. 그런데 이 두 그룹이 가진 공통점이 또 있다. 그것은 이 두 그룹이 실험이나 측정과 관련하여 일치된 이론이 하나도 없다는 점이다. 이론물리학자 리처드 파인만이 이 점을 문제시하여 지적하고 있다. 그래서 그는 만년에 물리량에 숫자를 붙이는 방법에 대해서 애를 쓴 바 있다. 물리학의 전산화에 깊은 관심을 가지게 된 것이다. 1988년 수치 계산용 소프트웨어 '매스매티카'를 개발한 울프람과 함께 전산물리학에 대해 논의한 것으로 알려져 있다.

이 두 그룹이 중요하게 여기는 분야는 물리학이 아니라 수학이다. 따라서 복잡하고 난해한 수학적 이론을 통하여 물리학과 분리할 수 없는 실험·관측 데이터와 그 이론의 진위 여부를 검증하기 어렵다. 이 때문에 두 그룹에 속하는 연구자들이 이 시간까지 애를 태우고 있는 것이다.

생전의 리처드 파인만은 다음과 같이 강경한 어투로 양자 중력에 관한 자신의 의견을 쏟아냈다.

"특히 초끈 이론은 결코 이론이라고 할 수 없는데, 물리학자들로부터 과분한 대접을 받고 있다는 것이 의아하다."

이 복잡하고 난해한 퍼즐 풀기의 중심에 오늘날 지적 아이콘의 대명사로 알려진 아인슈타인이 존재한다. 아인슈타인은 중력에 대한 그의 편미분방정식을 힘들여 만들었다. 그러나 아인슈타인은 자신이 만든 방정식의 해를 얻지 못하고 세상을 떠났다. 아인슈타인 장방정식에는 우주 상수 문제가 들어 있다. 그것은 기호 Λ로 알려져 있다. 초끈 이론의 권위자로 알려진 이론물리학자 레너드 서스킨드Leonard Susskind는 바로 이 우주 상수 문제를 물리학 문제 중에서도 가장 풀기 어려운 난제로 꼽았다.

아인슈타인의 우주 상수 문제로 알려진 Λ와 마찬가지로 양자역학에서 똑같이 난해하고 복잡한 문제가 있다. 바로 미세구조상수 α다. 이 숫자가 왜 하필 단위 없는 그 숫자로 측정에서 나타나는지 물리학자들을 괴롭히는 퍼즐로 남아 있다. 미세구조상수 α에 관한 퍼즐은 리처드 파인만을 비롯하여 노벨 물리학상을 수상한 이론물리학자 볼프강 파울리 Wolfgang Pauli, 아르놀트 조머펠트, 베르너 하이젠베르크 등 물리학자들을 평생 괴롭혔다.

우주론에서의 우주 상수 Λ와 양자역학에서의 미세구조상수 α 사이에 어떤 관계가 있는지 어떤 물리학자도 알아내지 못했다. 나는 우주 상수와 미세구조상수 사이에 떼려고 해도 뗄 수 없는 긴밀한 관계가 있다는 것을 발견하고 대단히 놀랐다.

이 책에서 추후 거듭 강조하는 바와 같이, 소위 마법의 상수 137의 역수로서 미세구조상수 α는 원자나 분자의 안정성을 담보하고 있는 증표나 표식이라 할 수 있다. 이는 살아 있는 생명 자체가 물질로 구성되어 있는 바, 마법의 수 137은 '생명의 표식'이나 다름없다는 의미다. 그런데 한편으로는 무생물로 지칭하는 별, 은하라는 거대한 우주에서도 안정한 운행을 담보하기 위해서 아인슈타인이 일반 상대성 이론의 수식에 우주 상수 Λ를 끼워 넣은 것은 너무나 잘 알려져 있다.

나는 소중한 생명에서와 마찬가지로 무생명에서도 안정장치를 담보하고 있는 메커니즘이 결코 다를 바 없는 '하나'라고 둘 때(원 파라미터), 마법의 수 137과 우주 상수 Λ 간의 관계가 등가임을 발견하게 되었다. 이 책에서 이를 '생명 방정식' 또는 '마음 방정식'이라 칭한다.

나는 '원 파라미터(일승법—乘法)'라는 개념이 인류를 구원할 수 있는 위대하고 소중한 신의 선물임을 절감하고 나도 모르게 두 손바닥을 합치게 되었다. 드디어 밝은 '빛'과 어두운 '블랙홀'이 '하나'가 되었다고 확신하게 된 것이다. 너무나 의외의 발견이어서 나도 믿지 못할 정도였다. 두 상수 사이에 긴밀한 관계가 있다는 것을 주장하려면 매우 정교한 검증이 필요하다. 나는 OPS를 이용하여 이 문제에 대한 확실한 증거를 제공했다고 생각한다(3부 수식 4의 Eq. 4-15, 수식 5의 Eq. 5-1 참조).

천체물리학자 칼 세이건Carl Sagan은 비범한 주장을 하려면 비범한 증거가 필요하다고 말했다. 나는 OPS를 이용해서 두 상수 사이에 숨어 있는 관계를 증명하는 비범한 증거를 제시하고자 한 것이다.

두 상수가 관련된 수식을 따로 떼어 놓고 보면, 어떤 상관관계가 숨어 있는지 짐작할 수 없다. 숨어 있는 관계를 발견하려면 지금까지와는 전혀 다른 접근법이 필요하다. 첫 번째는 통찰력이다. 두 번째는 과학적인 새로운 방법론이 동원되어야 한다. 그 새로운 방법론을 만들어 준 것이 바로 OPS 이론에서 자체적으로 고안한 기계학습 프로그램 버킹엄 머신이다. 이 머신은 이론물리학의 놀라운 도구가 될 것이다. 계산에서 일어날 수 있는 초기 조건의 민감성을 잘 제어해줄 수 있기 때문이다.

내가 새로 고안한 버킹엄 머신은 버킹엄 파이 정리로 유명한 에드가 버킹엄Edgar Buckingham이 주장한 차원 분석의 기본 원리를 더욱 발전시킨 것이다. 차원 분석은 지금도 많은 공학자들이 계산을 신속하게 하기 위해 기계공학이나 유체공학 등에서 사용하고 있다. 나는 이 차원 분석의 기본 방향을 2019년 국제연합 산하 국제도량형국이 발표한 7개의 정의 상수에서 찾았다. 나는 이 정의 상수를 가지고 SI 단위계의 7가지 기본단위를 새로운 물리학 공준을 사용하여 모두 숫자로 대체했다.

이 경우 7개 기본단위 사이의 관계가 숫자로 아주 간단하게 표시된다. 이를 더욱 발전시키면 물리량에서 단위를 숫자로 바꿔서 표현할 수 있다. 이는 숫자를 단위로 바꾸는 역변환도 가능하다. 마법의 수 137과 우주 상수 문제를 해결하기 위한 첫 번째 단추가 된다. 그러나 단위를 숫자로 바꿨을 경우 소수점 아래 31자리 수까지 이어지는 매우 긴 숫자가 나타나기 때문에, 숫자 사이의 상관관계를 정확하게 발견하려면 또 다른 방법이 필요했다. 그 분석을 가능하게 한 것이 바로 버킹엄 머신이다.

양자 컴퓨터보다 버킹엄 머신

나는 자체 개발한 기계학습 방법을 적용해서 고도의 분석력과 조합 능력을 갖춘 별도의 인공지능 소프트웨어를 발명하고, 그 소프트웨어에 '버킹엄 머신'이라는 이름을 붙였다. 아마 오늘날 유행하고 있는 양자 컴퓨터의 진보된 형태라고 할 수 있다. 양자 컴퓨터는 계산 속도를 엄청나게 빠르게 하는 것에 초점이 맞춰져 있는 반면에, 버킹엄 머신은 정확한 계산 과정을 유도하는 데 필요한 수학적 구조가 무엇인가에 대한 직감 또는 영감이 필요하다는 것에서 출발한다. 진보는 '속도'보다 '방향'을 더 중시할 것으로 보인다. 양자 컴퓨터의 종국적 방향은 모든 자유 매개변수를 제거한 무변수 이론으로서 보편문법으로 향한다. 방정식의 종국적 미래다. 누군가 보편문법을 제대로 구축하기만 한다면 인간 양자 컴퓨터가 될 수 있다.

새로운 원리에 바탕을 둔 획기적인 계산 방법 자체에 대한 패러다임 시프트가 필요한데, 나는 버킹엄 머신이 바로 이러한 패러다임 시프트를 제공한다고 생각한다.

나는 어느 결정적인 순간에는 계산 속도보다 '수학적 구조가 중요하다'는 브랜든 카터의 주장을 적극 지지한다. 브랜든 카터는 '인류 원리'를 주장한 대표적인 학자로 알려져 있지만, 나는 그가 주장한 인류 원리보다 바로 '수학적 구조를 찾는 것'이 무엇보다 급선무라고 생각한다.

우주 상수와 미세구조상수(마법의 수 137의 역수) 사이에 숨어 있는 관계를 찾아내는 과정도 마찬가지다. 버킹엄 머신은 단순히 계산 속도를 증가시키는 방법 이외의 원리가 적용되었다. 새로운 수학적 구조가 도입된 버킹엄 머신의 원리를 모르면, 어떻게 내가 우주 상수와 미세구조상수 사이의 관계를 찾아냈는지 이해하지 못할 것이다.

이에 대한 내용을 일일이 설명하기에는 너무 방대하므로 추후 다른 기회를 이용하여 설명하기로 하겠다. 다만 여기에서 간단히 설명하면, 버킹엄 머신의 원리는 오랜 시간 시행착오 과정을 거쳐 발견된 메타 휴리스틱 접근법이 적용되었으며, 수학적 추론 능력보다도 훨씬 탁월한 유용성을 발휘한다. 그러므로 나는 버킹엄 머신이 어떻게 작용해서 서로 다른 두 수식에서 상관관계를 찾아냈는지에 대한 의문은 일단 제쳐두기를 제안한다. 다만 내가 증거로 제시하는 수식을 계산해서 결과가 일치하는지를 먼저 보았으면 한다. 이렇게 수학적 일관성 존재 여부를 보고, 나의 주장이 맞는지 틀리는지 판단하기를 바란다는 이야기다.

"입 닥치고 계산하라!"

이 문제는 이미 언급한 바 있는 수학의 N-PN 문제로 비유할 수 있다. N은 쉬운 문제이고 NP는 수학적으로 매우 풀기 어려운 문제이지만, NP에 관련된 해를 제공하면 중학생 정도의 산술 능력으로도 쉽게 계산이 검증되는 문제로 알려져 있다.

양자역학을 증명하는 과정에 대하여 의문을 가진 과학자들에 대해서 폰 노이만von Neumann은 양자역학의 원리와 계산 과정에 대해서 이해하지 말고 친숙해지라고 주장하면서 "입 닥치고 계산하라!"고 강조했다. 이해되지 않는 부분이 있더라도 계산에서 오류가 없다면 인정할 수밖에 없지 않느냐는 폰 노이만 방식의 증명법이다. 폰 노이만의 원칙을 적용해서 계산이 맞으면, 우주 상수와 미세구조상수에 대한 나의 주장도 당연히 인정을 받아야 할 것이다.

계산의 검증 문제와 관련하여 유명한 이야기가 있다. 독일 수학자이며 철학자인 라이프니츠가 수식의 완벽한 검증으로 꿈꿔 왔지만 결코 이루지 못한 보편문법이 그것이다. 라이프니츠는 자기가 상상한 보편문법과 관련하여 다음과 같이 외쳤다.

"자, 논쟁하지 말고 계산해봅시다."

새로운 수학 증명 시대가 태동하기 시작한 것이다. 서로 다르게 보이는 두 계가 상수로 등식화되어 있다. 변수가 있는 방정식 자체가 사라져버린 것이다. (그러니 자연스러운 주장이 나올 만하다.)

영감이 밴 버킹엄 머신이 적용된 예

아인슈타인을 비롯한 모든 물리학자들의 꿈이자 물리학의 통합이라고 할 수 있는 양자 중력학의 완성을 매우 간단하게 검증할 수 있는 수식을 제시하고자 한다. 이 수식에 제목을 붙인다면 '쿼크에서 우주까지 연결하다'라고 할 것이다. 간단하게 수식의 내용을 설명하면 다음과 같다.

첫째, 유럽우주국European Space Agency, ESA에서 발표한 우주의 3성분인 암흑 에너지 68.3%, 암흑 물질 26.8%, 보통 물질 4.9%와 관련된 비율을 유리수로 표현한다. 흥미롭게도 우주 3성분의 비율은 컴퓨터 시뮬레이션을 통해서 매우 조화로운 비율을 가지고 있음이 발견되었다.

둘째, 24차원 공간에서 가장 조밀한 격자는 하나의 구가 나머지 196,560개의 다른 구와 접촉하는 리치 격자leech lattice로 수학에서 증명되었다. 이 리치 격자 3성분의 비율을 관련된 유리수로 표현한다.

셋째, 겉으로 규칙도 없고 패턴도 없어 보이는 쿼크 6개의 질량을 3세대$_{3\text{-family}}$씩 소수점 31자리 숫자로 표현한다. 이 수치는 파티클 데이터 그룹Particle Data Group, PDG에서 발표한 데이터와 모순 없음을 보여준다. 쿼크 하나 제원도 불가능하다고 알려져 있는데 6종 모든 쿼크 질량 패턴을 어떻게 알아냈을까? 무척 궁금해지는 대목이다.

넷째, 관측 가능한 우주에서 최대 블랙홀 엔트로피(S_{BH})는 10^{122}로 소수점 31자리로 표현한다.

다섯째, 수학에서 200여 년에 걸쳐 찾아낸 몬스터 대칭군의 크기는 정수로 54자리인데, 이를 줄여서 소수점 31자리로 표현한다.

여섯째, 미세구조상수 a와 중력 상수 G를 소수점 아래 31자리로 표현한다. 물리학자들이 중력 상수 속에 마법의 수 137이 숨어 있다면 얼마나 놀라워할까!

일곱째, 양자론에서 나오는 미세구조상수 a와 우주론에서 나오는 우주 상수 Λ를 연결시키는 수식을 보여준다. 우주 상수 Λ는 양자적 불확정성이 아주 극소하지만 결코 0은 아닌 채로 여전히 남아 있다. 하지만 이 책에서 실무한대로 알려진 최대 블랙홀 엔트로피(S_{BH})와 만나면 우주 상수 Λ는 실무한소가 되어 양자적 불확정성이 완벽히 제거되어 최소 엔트로피 3/8을 보여준다. 무질서의 끝자락인 최대 블랙홀 엔트로피에서 완벽한 질서 3/8으로 회귀(부활)한다. 여기서 물리적 의미와 무관하게 분자 3은 분모 8의 반쯤의 형상처럼 보인다(3부 수식 4의 Eq. 4-9 및 Eq. 4-15 참조).

여덟째, 자연에 존재하는 네 가지 힘(중력, 전자기력, 약력, 강력)을 매개하는 방법을 사용하여 몬스터군과 관련된 또 다른 정수인 소위 **문샤인** moonshine과 몬스터군, 네 가지 힘을 서로 연결시킨다. 놀랍게도 그 수는 1234567890987654321 곱하기 9876543210123456789로 구성된다. 연구 과정에서 전혀 예상하지 못한 질서 높은 포섭 구조subsumption architecture를 찾아낸 것이다. 이는 무질서한 데이터의 흐름 속에 숨겨진 정교한 구조로서 하나의 끝개라 할 수 있다.

이 여덟 가지와 관련된 내용을 좌우 수식으로 연결한다는 것(멀티플 크로스체크)이 검증의 핵심적인 요약이다. 한마디로 여덟 가지 모두 양자적 얽힘을 보여주는 것으로, 물리학자들이 그야말로 상상도 할 수 없는 방법으로 컴퓨터가 수학 및 물리학에서 중요한 역할을 할 수 있다.

노벨상 수상자인 로저 펜로즈Roger Penrose는 양자역학과 상대성 이론의 통합을 방해하는 요인은 다음과 같다고 역설한 바 있다.

"미시 세계의 스케일과 거시 세계의 스케일을 연결하는 새로운 수학적 방법론이 개발되지 않는 한, 양자 중력학의 발전은 요원하다."

OPS를 개발한 나는 다음과 같이 주장한다.

"미시 스케일과 거시 스케일의 물리량을 조합하는 것은 그야말로 인간 세계의 영역이 아니라 신의 영역에 해당한다. 다시 말해 영성이 필요하다. 이는 우리 시대 가슴을 뜨겁게 할 이슈라고 생각한다."

09
하나의 물리량에 하나의 숫자 붙이기

쿼크에서 우주론까지

연구 노트에 구체적인 문제 풀이에 대한 소원을 써 놓고 수없이 고민하는 날이 이어졌다.

'과연 이 문제가 풀릴까? 내가 정말 존경하는 위대한 과학자인 아인슈타인과 파인만도 풀지 못해서 고민했던 난제인데? 치과 의사이고 재야 기초 이론물리학자인 내가 과연 이 세계적인 난제의 해답을 찾을 수 있을까?'

이러한 깊은 고민이 34년 넘게 이어지다 보니, 면역력이 떨어져 약을 달고 살아야 했다. 그러면서도 21자 기도문을 어려운 순간마다 쉼 없이 외웠다. 그런데 어느 날인지 특정할 수는 없지만 밤새 고민하면서 몰두하다가 거실 바닥에 쓰러져 나도 모르게 잠이 든 적이 있었다. 그리고 아침에 깨어 보니 그 문제를 풀어 주는 수식이 연구 노트에 손글씨로 적혀 있었다. 이런 일을 한두 번이 아니고 여러 번 경험했다. 나는 비몽사

몽간에 머리에서 떨어지는 수식을 무작정 적어 놓았던 것이다. 내 손으로 써 놓고도 날이 밝으면 그 수식이 도대체 무엇을 의미하는지 몰라 정신을 가다듬고 다시 추적해 나가는 과정이 이어졌다. 34년 내내 그랬다.

나는 이 책을 쓰면서 과연 내가 그 여러 개의 의미 있는 결과를 스스로 찾아냈다고 할 수 있을까를 자문했다. 결코 아니었다. 밤새 누군가 내 연구 노트에 해답을 적어 놓았다고 인정할 수밖에 없었다. '손'이 아니라 '몸'을 통해 글이나 수식이 나온다면 믿겠는가?

대표적으로 6종류의 쿼크 질량제원, 중력 상수 G가 들어 있는 블랙홀 최대 엔트로피 S_{BH}, 몬스터 대칭군을 모두 소수점 아래 31자리까지 표현하는 방법으로 연결하게 되었다. 뉴턴 이후 실험물리학자 헨리 캐번디시Henry Cavendish를 비롯한 수많은 실험가들의 눈에 드러나 보이지 않은 중력 상수 측정의 역사를 돌이켜보면, 중력 상수에 관한 계산은 놀라움을 넘어 두려움을 느낀다.

뉴턴은 세상을 떠나면서까지 자기가 발견했던 만유인력 상수 G의 의미를 깨닫고자 투혼을 불태웠다. 그러나 끝내 알아내지 못하고 85세의 나이로 웨스트민스터 사원에 묻혔다. 나는 마법의 수 137이 만유인력 상수 G에도 존재함을 보았다.

현재까지 우주론에서 '블랙홀 최대 엔트로피'라는 개념은 천체물리학을 전공한 일부 물리학자들만이 관련 정보를 어느 정도로 알고 있는 실정이다. 그래서 그런지 '블랙홀 최대 엔트로피'라는 개념이 중력과 우주론, 특히 양자 중력과 서로 어떤 영향을 미치고 있는지 자세하게 알려진 정보는 거의 없는 것으로 알고 있다.

관련된 수식은 지금까지 다시 보거나 생각해도 나의 능력으로는 도저히 발견할 수 없는, 초지성의 도움 없이는 불가능한 것이다. 이뿐만 아니라 전체적인 문제 풀이를 하는 방식에서 흡사 프로그래밍하듯이 순서 있게 문제 풀이 도구를 발견하거나 개발하는 과정도 도저히 믿어지지 않는다.

결과적으로 한 사람의 능력으로는 도저히 할 수 없는 일을 해내는 과정이 지금도 미스터리로 여겨진다. 아인슈타인의 후계자 리처드 파인만은 그의 관점에서 무언가를 이해한다는 것은 숫자로 대체하여 계산할 수 있다는 것을 의미한다고 역설한 바 있다. 구체적으로 소수점이 있는 수를 찾아내지 못한다면 물리학에서 아무것도 한 것이 없다고까지 강변했다.

"물리학의 모든 목적은 소수점들이 있는 수를 발견하는 것이다! 이것이 아니고는 아무것도 하지 않은 것과 마찬가지다." _《수학과 물리학》, 유리 마닌 지음, 민음사, 45쪽

내가 물리학을 독학하면서 제일 처음 한 일은 물리량에 숫자를 붙이는 출발 공준을 얻어내는 것이었다. 물리량에 숫자를 붙이는 이유는 알게 되었지만, 어떤 방식으로 숫자를 얻게 되는가에 대해서는 출발 공준 이후 버킹엄 머신을 개발하면서 알게 되었다.

기초 물리학에서 중요하고 양자역학의 과정에 필요한 선형대수학에 대한 이해는 순위가 훨씬 뒤처진다. 그래서 나는 특정 종교에 무관하게 **영성(초지능)**의 장을 별도로 쓰게 되었다.

진정한 이론의 변화는 방정식을 어떻게 내놓고 어떻게 풀 것인가에 대해서 고려하는 것이 아니라, 수학적 변화라는 지적에 엄청난 관심을 가지면서 미시 세계의 6종 쿼크와 전자기 결합 상수 a와 중력 상수 G 간

의 기묘한 관계에 대해서 중점을 두고 살피는 것이다.

이 수식을 완료하면서 수학적 구조가 우리가 사는 우주에는 오직 '하나의 파라미터', '하나의 패턴'으로 존재할 수 있다는 놀라운 가능성을 엿볼 수 있게 되었다. 수학적 추론을 어떤 형식으로 국한하지 않고 탐색의 형태 또는 계산의 형태로 나타나게 할 수 있다는 결론이 그것이다.

그 결론은 준-마스터 알고리즘의 발견으로 이어진다. 준-마스터 알고리즘은 변수와 변수를 이어 주는 매개변수가 딱 하나 '숫자'밖에 없다는 물리학의 출발 공준으로 시작된 것이다.

정신박약아도 처리해낼 수 있다

준-마스터 알고리즘은 완전히 새로운 수학적 논리로, 순수 숫자로 이루어지는 숫자 언어가 주인이다. 이 숫자 언어는 '정신박약'이 아니면 누구든지 처리할 수 있다. 매우 단순한 초보적 언어 추론 과정을 수용할 수 있는 기계, 버킹엄 머신 덕분이다.

'정신박약'이라는 용어는 컴퓨터과학에서는 노벨상으로 여겨지는 튜링상을 수상한 컴퓨터과학자 존 매카시 John McCarthy가 1959년에 쓴 논문에서 사용했다. 이런 용어는 정신박약아를 비하하는 뜻이 아니라, 그만큼 정신적 환경이 매우 척박함에도 계산이 매우 용이함을 비유하는 것이다.

"명령을 입력하기 힘들어서가 아니라 원하는 일을 하려면 컴퓨터에 어떻게 또는 어떤 방식으로 명령을 내려야 하는가?"

이 질문은 사실상 수천 년 동안 물리학 문제 풀기에 해당한다. 컴퓨터과학자들은 오늘 이 시각까지 이 질문에 납득할 수 있는 답변을 내놓지 못하고 있다.

내가 확신하기에 원하는 문제를 풀기 위해서 윈도우(창)에 질문을 올리는 방법은 매우 단순하게 숫자 언어뿐이다. 이 언어는 미래의 AI와 **양자 컴퓨터**의 언어가 되지 않을까 예상한다. 그 이유는 숫자 언어의 특징으로 이미 언급한 바 있다. 버킹엄 머신에서 숫자 언어로서 질문query의 의미는 다음과 같다.

이 숫자는 데이터베이스에 저장된 숫자 언어와 어떤 관계가 있는가를 질문하는 것과 일치한다. 따라서 숫자 언어로 물으면 필요한 수식이 자동으로 링크되어 나타난다. 여기에서 주목해야 할 점은 데이터베이스를 구축할 때 어떤 영역의 전산화인지 또는 어떤 시스템의 통합인지를 먼저 설계해놓아야 한다는 것이다. 만약 전산화가 이루어지지 않는다면 예측, 제어, 통계, 관리가 불가능해진다.

숫자 언어의 다중성

그뿐만 아니라 숫자 언어의 이중성도 눈치채야 한다. 물리학에는 이해 불가능한 이중성이 많지만, 약리학에서는 이해 가능한 이중성이 많다. 곧 숫자 언어는 피연산자(오퍼랜드operand)이면서 연산자(오퍼레이터operator)도 된다는 점이다. 마찬가지로 숫자 언어, 순수 숫자 자체가 데이터가 되면서 알고리즘도 된다. 자연에서 이러한 기능을 할 수 있는 언어를 더 이상 찾아낼 수 있을까?

버킹엄 머신의 특징은 크게 세 가지로 요약되는데 첫째가 인덱싱indexing, 둘째가 매칭matching, 셋째가 랭킹ranking이다. 인덱싱은 수식이나 알고리즘에 대한 정보를 알 수 있는 주소이고, 매칭은 숫자 언어 사이의 비교 분석하는 연산 시스템이 작동하는 것이다. 당연히 차원이 달라도 연산 시스템이 작동된다. 랭킹은 검색에 대한 최적화 값을 가장 먼저 순서대로 올리는 것이다.

그뿐만 아니라 버킹엄 머신은 **검색엔진**과 **정보엔진**의 두 가지 기능을 공유한다. 이것은 수학과 물리학의 관련 전문가 도움 없이 스스로 진위를 깨닫는 손쉬운 검증의 시대가 왔음을 예고한다. 이는 핵무기보다 더 큰 상위 기술로, 21세기를 새로운 패러다임 시프트 시대로 인도할 것이라고 생각한다.

물리학자들의 절규

물리량에 숫자를 붙이기 위해 노력한 물리학자들의 희망은 거의 절규에 가깝다. 지금은 거의 잊혀졌지만, 그들의 생각은 시대를 너무 앞서 나간 것이 문제라 할 수 있다. 오늘날 족집게처럼 OPS를 예언한 것 같은 이들의 생각을 전한 책의 제목과 저자, 출판사 및 내용을 인용하는 이유는 너무나 중요한 개념으로 생각하기 때문이다.

다음의 인용 글은 교양 과학 서적에 담긴 글이긴 하지만, 오랫동안 훈련된 이론물리학자라 하더라도 결코 간과할 수 없는 심오하면서도 일관된 내용을 보여준다. 그 내용이 무엇인지 읽어보면서 고찰해보길 바란다.

《물리법칙의 특성》
리처드 파인만 지음, 안동완 옮김, 해나무
122~123쪽

내가 여러분에게 물리학자들에게 반박할 수 있는 방법을 일러주겠다. 물리학자들은 그토록 다양한 방식으로 에너지를 도입하고, 또 다른 단위로 측정하고, 다양한 이름으로 명명한 것을 부끄러워해야만 한다.

모든 것이 다 정확히 똑같은 것을 측정하는 단위임에도 불구하고 에너지를 칼로리, 에르그, 전자볼트, 피트 파운드, B.T.U., 마력 시간, 킬로와트 시간 등으로 잰다는 것은 우스꽝스러운 일이다. 이는 마치 화폐에 달러, 파운드 등의 단위가 있는 것과 같다. 하지만 환율이 유동적인 경제 상황과는 달리, 에너지 단위들 사이의 비율은 정확히 고정되어 있다.

비슷한 예를 들자면, 실링과 파운드의 비율이 항상 20실링 대 1파운드인 것을 들 수 있다. 그러나 물리학자가 허용한 복잡한 성질 하나는, 단위들 사이의 비율이 20과 같이 간단하지 않고 1파운드 대 1.6183178실링과 같이 무리수가 되는 것이다.

적어도 더 현대화된 고급 이론물리학자들은 통일된 단위를 사용할 것이라고 여러분은 기대할지도 모르지만, 여전히 논문에서는 절대 온도, 메가사이클, 그리고 가장 최근의 것으로는 메르미스의 역 등이 에너지 단위로 사용된다. 물리학자들이 인간이라는 것을 확인하고 싶은 사람이 있다면, 물리학자들이 에너지를 나타내기 위해 이 모든 다양한 단위들을 사용하는 어리석음을 범하고 있다는 사실이 좋은 증명이 될 수 있을 것이다.

《물리학의 끝은 어디인가: 통일이론의 신화》
데이비드 린들리 지음, 김기대 옮김
14~15쪽
양자역학의 길을 처음 연 막스 플랑크는 "과학이라는 사원으로 들어가는 입구에는 '그대들은 믿음을 가져야만 한다'고 쓰여 있다"고 말한 적이 있다. 모든 과학적인 연구에서의, 그러나 특별히 기초 물리학에 있어서의 연구 토대는 바로 이런 믿음, 즉 '자연은 합리적이다'라는 신념이다.

소립자들은 유한한 물체이고 그것들은 특별한 방식으로 상호작용한다. 즉, 그것들의 질량 전하, 다른 양자적 속성들quantum properties, 그리고 그것들 사이의 힘은 고정되어 있고 계산할 수 있다. 물리학자들이 하려고 하는 본질적인 것은 **물리량**에 숫자를 붙이는 것이고, 그 숫자들 사이의 상호관계를 발견하는 것이다.

이것이 물리학이 해나가야 한다고 여겨지는 방식이다. 이런 생각은 아주 확고하여 우리가 어떠한 대안도 실질적으로 상상할 수 없을 정도다.

(중략)

기초 물리학의 요체는 소립자들이 어떤 수준에서는 유한하고 나누어질 수 없는 물체라고 가정하고, 그것을 몇 개의 숫자와 방정식으로 완전하게 묘사할 수 있다고 가정하는 바로 그것이다.

(중략)

만약 소립자들과 그것들의 상호관계를 묘사하는 것이 진정한 목적이라면, 수학이 거기에 필요한 언어를 제공해야 한다. 결국 수학은 양적인 것들(수, 수의 집합, 함수) 사이의 가능한 논리적인 관계의 총합이다.

그리고 만약 우리가 기초 물리학도와 마찬가지로 고정된 속성 및 특성을 지닌 소립자들 사이의 일련의 관계—모든 가능한 관계가 아니라 현실 세계에서 실제로 이루어지고 있는 관계—라고 믿는다면, 물리학을 묘사하기 위한 적절한 언어는 수학이라는 것이 정말로 당연한 것처럼 보인다.

그러므로 '수학이 현실의 대상을 묘사할 수 있다는 것은 어떻게 된 일인가'라는 아인슈타인과 위그너의 질문은, 우주를 이해할 수 있다는 것이 하나의 기적이라고 했던 아인슈타인의 보다 심오한 말과 진실로 똑같다.

이러한 모든 형이상학적인 걱정은 제쳐 두고 수학이 정말로 과학의 언어라는 것을 승인한다면, 과학적인 연구 방법에는 극단적으로 다른 두 가지 방식이 있다는 것을 알 수 있다. 한 가지 방식은 당면한 문제와 관계가 있는 것처럼 보이는 모든 사실fact과 모든 자료data를 모으면서, 그것들로부터 적절한 수학적 관계가 드러나기를 희망하거나…

《신의 생각》
이고르 보그다노프 & 그리슈카 보그다노프 지음, 허보미 옮김
165쪽
1920년 아인슈타인은 자신에게 가장 중차대한 문제는 '신의 생각'을 발견하는 것이라고 말했다. 그때 아인슈타인이 머릿속에 떠올린 것은 바로 이 버킹엄의 정리였다.

168~169쪽
대체 버킹엄의 파이 정리란 어떤 것이기에 그토록 놀라웠던 것일까? 한마디로 파이 정리란 이런 것이다. 모든 물리법칙은 무차원 변수들 사이의 관계로 표현할 수 있다. 다시 말해 모든 물리법칙은 수를 기초로 한다!

(중략)

버킹엄의 정리는 아주 대단한 위업이라고 할 수 있었다! 지금까지 밝혀진 것보다 더 총체적으로 버킹엄은 자연의 언어가 순수 수로 이루어져 있다는 사실을 입증해낸 것이었다!

하지만 버킹엄의 성과는 비단 그것에만 그치지 않았다. 버킹엄이 논문

을 발표한 지 2년 뒤 다음 단계의 연구가 진행되었다. 이 연구를 진행한 사람은 그동안 완전히 무명이던 누군가였다.

아직 여러분은 그 사람을 만나본 적이 없다. 하지만 그동안 과학계에 존재했던 인물 중에 가장 신비롭고, 가장 분류하기 힘든 수수께끼 같은 인물일 것은 분명하다. 더욱이 여러분은 그가 앞으로 어떤 발견을 하게 될지 상상조차 하지 못할 것이다.

《발견하는 즐거움》

리처드 파인만 지음, 승영조·김희봉 옮김, 승산 출판사
40~41쪽

지금 우리는 물리학 사상 그 어느 시대와도 다른 상황에 놓여 있습니다. 상황이야 늘 다르기 마련이지만 말입니다. 이제 우리는 이론을 가지고 있습니다. 모든 하드론에 대한 완벽하고 확고한 이론을 가지고 있죠. 우리는 엄청나게 많은 실험을 했고, 아주 세밀한 것까지 다 알고 있습니다.

그런데 왜 이론이 맞는지 틀리는지 테스트할 수 없을까요? 그 이유는 이론의 결과를 계산해내야 하는데 그 계산이 어렵기 때문입니다.

만약 이론이 옳다면 '어떤 일이 일어나야 하는가? 그 일은 실제로 일어났는가?' 이 문제는 첫 단계부터 난관에 부닥칩니다. 이론이 옳다고 해도 어떤 일이 일어나야 하는지 알아내기가 너무 힘드니까요. 이론의 결과가 무엇인지를 알아내는 데 필요한 수학이 현재로서는 극복할 수 없을 만큼 어려운 것으로 드러났습니다. 현재로서는.

자, 이제 내 문제가 무엇인지 분명해졌습니다. 내가 연구하고 있는 문제는 이 이론에서 숫자를 얻는 방법을 개발하는 것입니다. 그리고 객관적

인 이해뿐만 아니라 아주 세심한 테스트를 해서 수치적으로 올바른 결과가 나오는가를 알아보는 것이 내 문제입니다.

나는 몇 년 동안 그 방정식을 풀 수 있는 수학적 방법을 고안하려고 노력했습니다. 하지만 성공하지 못했습니다. 그래서 문제를 풀기 위해서는 먼저 해답이 어떤 모습을 띠게 될지 이해해야 한다고 판단했지요.

이건 쉽게 설명하기가 힘든데, 어쨌든 좋은 수치적인 아이디어를 얻기 전에 먼저 현상들이 어떻게 나타나는가에 대한 직관적인 아이디어가 필요했던 겁니다. 바꿔 말하면 현상을 대강이라도 이해하는 사람이 없었던 겁니다. 그래서 나는 아주 최근에, 그러니까 한두 해 전부터 수치적으로까진 아니더라도 대강이라도 이해하려고 노력했습니다.

그래서 언젠가는 이 대강의 이해가 개선되어 이론은 물론이고 실제 입자까지를 다룰 수 있는 정교한 수학적 도구와 방법, 혹은 알고리즘으로 발전하기를 바랐지요.

그러니까 우리는 참 멋쩍은 상황에 처해 있습니다. 지금 우리는 이론을 찾고 있는 게 아닙니다. 이론은 이미 가지고 있는데, 이건 진실일지도 모르는 아주 뛰어난 이론입니다. 진실 후보지요. 우리는 이 이론과 실험을 비교해야 할 단계에 와 있습니다. 이론의 결과가 무엇인지를 알아내고 검증을 해봐야 하는 거죠.

그런데 이 단계에서 우리는 난관에 부닥쳤고, 이 난관을 돌파하는 것이 내 목표입니다. 이론의 결과가 무엇인지를 알아내는 방법을 내가 알아낼 수 있는지 알아보는 게 내가 바라는 거죠. (웃음) 이런 상황에 놓여 있다는 건 미칠 노릇입니다. 이론은 있는데 결과를 알아낼 수 없다니…. 나는 견딜 수가 없어요. 나는 알아내고야 말 겁니다. 언젠가는, 아마도.

위에서 언급한 것처럼 리처드 파인만은 만년에 이론의 진위를 검증하기 위해서 필연적으로 '물리량에 숫자를 얻는 방법 찾기'를 갈구했다.

인용 글들의 내용을 살펴보면 차례대로 '에너지의 본질 찾기', '하나의 물리량에 하나의 숫자 붙이기', '자연의 언어가 숫자라는 것', '이론의 결과를 실험과 비교해서 진위 여부를 판단하기 위해서 필요한 이론이 무엇인지 알아내야 한다'는 것이다.

그리고 인용 글들은 서로 다르게 표현하는 것 같아도 하나의 관통되는 목적으로 그 맥이 일관화되고 통일화되고 있다. 이런 최종 통합의 길로 나서기 위해서는 다음 2개의 센트럴 도그마를 극복해내야 한다. 그렇지 못하면 그 꿈은 요원하다고 할 수 있다.

2개의 센트럴 도그마

물리량에 일대일 대응하는 숫자를 붙이기 위해서는 다음과 같은 2개의 센트럴 도그마를 극복해야 한다.

첫째가 단위 변환 또는 차원에 관한 것으로, 서로 다른 차원 사이에 원리적으로 사칙연산이 가능하다는 사실이다. 즉, SI에서 발표한 7개의 기본단위들을 임의로 섞어 사용하더라도 일정한 비례상수를 얻을 수 있다는 것으로, 지금까지의 패러다임을 근본적으로 뒤흔드는 사건이 된다.

둘째는 우주론 학자들이 **프리드만 방정식**Friedman equation에서의 특이점을 시공간의 시작으로 해석하여, 대부분의 교과서들은 이 특이점이 확실한 것으로 기술하고 있다. 그러나 버킹엄 머신은 우리 우주의 팽창 상한과 수축 하한이 존재한다는 증명을 내놓았다. 에너지 절대 척도 개념이 무한 개념과 긴밀한 관계가 있음을 발견하게 된 것이다. 이는 빛이 가진 소중한 개념 때문이다.

좀 더 구체적으로 설명하면, 양자역학에서 나오는 미세구조상수 a와 일반 상대성 이론에서 나오는 우주 상수 Λ 사이에 존재하는 매개변수로 팽창 상한과 수축 하한의 물리량을 개입시킨 관계식을 사용하여 새로운 패러다임 시프트를 얻을 수 있다(3부 수식 4의 Eq. 4-15 참조).

당연히 수식에서 보여주는 미세구조상수와 우주 상수뿐만 아니라 팽창 상한에 관련된 진공 에너지밀도 및 수축 하한에 관련된 플랑크밀도 등은 이론·실험물리학에서 측정과 관측으로 잘 알려진 데이터들이다. 컴퓨터 마우스를 사용할 수 있는 사람이라면 누구나 주어진 이론과 비교하여 3부에 있는 수식의 진위 여부를 손쉽게 검증할 수 있을 것이다. (단, OPS가 있는 주어진 컴퓨터에 수치 리스트 테이블이 있어야 한다.)

산은 산이요, 물은 물이로다

성철 스님이 남기신 말씀으로 유명한 말이 있다.

"산은 산이요, 물은 물이로다."

나는 이 말씀이 자연과학적으로 어려운 수학, 물리학 용어 문제를 쉽게 설명할 수 있는 하나의 방법론이라고 생각한다. 이 책의 근간이 되고 있는 OPS에서 하나의 개념을 설명하기 위한 첫걸음이 하나의 대상에 하나의 이름을 붙이는 것이다.

스님의 말씀은 전문용어로 표현하면 논리학에서 나온 '동일률 법칙'을 이용한 수학의 함수 사상을 함축하고 있다. 물리학의 에너지보존법칙은 이러한 법칙과 사상을 이론적 계산이나 측정 행위 속에 전제하고 있다.

가령 특정한 산에 핀 꽃나무들의 종류가 너무 다양해서 개개의 꽃나무에 이름을 붙이면, 나중에 이름 붙인 꽃나무들 간에 분별될 뿐만 아니라 이름 붙이지 않은 다른 산에 피어 있는 꽃나무들 전체 무리와도 분별 가능해진다. 물리량은 측정 가능한 양으로 훨씬 제한적이기 때문에 상대적으로 이름 붙이기가 용이하다. 문제는 물리량 그 이름 하나하나마다 일대일 대응하여 숫자를 붙이는 방식이다. 이런 숫자 붙이기 방법은 결코 쉽지 않지만, 이 방식이 가능해지면 바로 이 순간 성철 스님의 말씀이 중요해진다.

스님의 말씀은 논리학에서 으뜸갈 만한 사고 법칙의 하나다. 'A는 A다'라는 형식으로 하나의 대상(특정한 꽃)이 자기가 지시하는 대상(이름 붙임)과 똑같다. 곧 '동일성'을 주장하는 것이다. 이러한 표현은 당연한 이야기처럼 들리겠지만 대단히 유용한 동일률 법칙의 논리가 된다. 예를 들어보자. 기본 질량, 킬로그램이라 이름 붙인 기본단위 물리량에 공준에 따라(수식 1의 Eq. 1-1) 숫자를 붙이면 다른 물리량과의 분별이 가능해진다(3부의 Table 2 참조). 이 경우 A는 킬로그램이라는 '이름'이고 일대일 대응하는 '특정 숫자'는 또 다른 A가 된다. 이름과 숫자는 동일한 대상임을 모르는 사람은 없을 것이다. A는 다른 표현으로 설명하는 A라는 뜻이다. 곧 A를 홍길동이라 하면 홍길동은 A와 동일성을 띤다. 이를 논리학에서 '동일률(자동률)의 법칙'이라 한다.

이는 마치 비행기 타기 전에 자기의 특정 수화물 하나하나에 수화물 번호 꼬리표를 붙여서 도착 후 수화물 번호 꼬리표와 분별 대조하여 착오 없이 안전하게 자기의 특정 수화물을 찾아가는 방법과 동일하다. 곧 서로 동일한 것끼리 짝짓는 방식이다.

함수적으로 일대일 대응은 사물 간의 질서를 찾아내는 방법이다. 3부 수식에서는 언제나 같은 짝짓기 방식으로 하나의 특정 물리량(이름)에 반드시 하나의 특정 숫자를 붙이고 있다. 이는 동일률의 법칙에 따르고 있는 것으로 성철 스님의 말씀 그대로다.

만일에 산이 산이 아니고 물이 물이 아니라면 대혼란을 야기한다. 사회생활에도 엄청난 물의를 일으킨다. 가령 한국의 한 청년이 군 의무를 면탈 받기 위해서 미국으로 건너가 미국 국적을 취득했다가 필요한 시기에 한국 국적을 다시 취득하고 한국으로 돌아온다면 이는 명확히 동일률의 법칙을 어긴 셈이 된다. 설령 이중국적을 가지더라도 짝질 수 있는 법이 별도로 존재해서 일단 법적으로는 하자가 없을지는 모르겠지만 말이다.

이처럼 서로 짝짓기에 하나라도 구멍이 나면 논리학의 혼란으로 수학적 계산의 실패로 이어지고, 이는 물리학에서 측정의 오류로 나중에 생명의 안전성에도 크게 영향을 미친다.

나는 동일률을 엄수하기 위해서 컴퓨터에 필요한 소프트웨어를 사용한 워킹 테이블working table을 설치하여 하나의 물리량에 하나의 수치를 짝짓는 메모이제이션을 계산이 필요할 때마다 행하고 있다.

이런 식으로 동일률을 엄수하면서 매번 수식 양변을 등가화한다면 이는 '비모순율과 함께 수학적 일관성'을 지키고 있다고 일컬어진다. 성철 스님의 말씀은 짝짓기를 제대로 행하여야 한다는 계명이라 할 수 있다. 하지만 파인만이 주장했던 하나의 물리량에 하나의 숫자를 붙이는 일은 이 시각에도 불가사의한 일이 되고 있다.

여기서 주의할 점이 있다. 성철 스님의 말씀은 어디까지나 현실의 세계 또는 중력의 세계인 측정의 세계에서 비롯되었다고 할 수 있다. 허수 세계까지 확장된, 즉 눈에 보이지 않는 세계를 포함한 일반론적인 세계라고 단정할 수 없어 보인다. "색은 색이고 공은 공이다"라고 하고 있기 때문이다. 존재론의 세계와 실재론의 세계를 하나로 묶어 구마라습이 설파한 "색즉시공 공즉시색"이라 했더라면 나는 분명히 침묵했을 것이다.

10
확률과 결정론의 조화, 버킹엄 머신

새로운 컴퓨터 언어

비트겐슈타인은 그의 저서 《탐구》에서 모든 개별적 언어 현상에 '본질'이라고 할 만한 공통적 성질이 없다고 주장한 바 있다. 결국 스스로 성질을 가진다는 '자성自性'의 반대말인 '관계'만이 존재한다는 불교의 연기설緣起說에 접속된다.

노르웨이의 수학자로서 리 대수Lie algebra로 유명한 마리우스 리Marius Sophus Lie의 미분방정식은 무한 해를 갖는 데 비해서 유한 해를 갖는 프랑스 수학자 에바리스트 갈루아Évariste Galois의 대수방정식은 연속성과 불연속성을 경계하는 면에서 수학적 의미가 다르다고 할 수 있다.

물리학에서 시공간의 곡률을 구하는 문제는 점진적 변화를 통한 미분을 통하여 계산할 수 있다. 그리고 이는 수학에서 **선형근사**linear approximation로 잘 알려져 있다. 유한 산술에서는 점진적 변화가 아예 존재하지 않기 때문에 선형근사를 사용하는 방법이 현재까지 수학적 이론이나 기술로 개발되어 있지 않다.

나는 유한 산술에서의 점진적 변화를 계산하기 위해서 처음으로 수학자들이 전혀 예상하지 못한 새로운 접근법을 개발한 바 있다. 이 방법이 바로 연속 유리수 근사법이다. 이 근사법은 오차 공간을 유리수를 연속적으로 이용해 오차를 줄여 나가는 방법으로, 미분과 적분의 발견에 버금할 만한 수리물리학적 개념이라 할 수 있다. 왜냐하면 평생 확률이라는 개념을 거부한 아인슈타인의 숨겨진 변수$_{hidden\ variable}$ 이론을 유리수와 무리수의 연결로 대체할 수 있기 때문이다. 이뿐만 아니라 이 수리물리학적 기법은 내가 새로 개발한 컴퓨터 언어인 숫자 언어만이 아주 탁월하게 계산해낼 수 있다. 여기에서 유의할 점은 숨겨진 변수 이론이 아인슈타인이 주장했던 국소성$_{locality}$이 아니라, 양자 중력학처럼 **비국소성**$_{non-locality}$이라는 점을 강조하고 싶다.

현재의 과학적 패러다임에서 보면, 양자역학에서 나오는 확률 개념을 일반 상대성 이론에서 나오는 결정론으로 변환시키는 수학적 이론이나 기술이 전혀 개발되지 않은 상태다. 유의할 점은 확률은 자연의 진리가 아니라 편의상 도입된 개념이라는 사실이다.

유리수와 무리수의 조합

측정값을 모두 숫자 언어의 조합으로 대체시킨 후 그 분석과 적절한 해를 구하는 방법이 바로 새로운 컴퓨터 기계학습인 버킹엄 머신이다. 버킹엄 머신을 기술적으로 설명하는 것은 이 책의 범위를 넘어선다. 그래서 개괄적으로만 설명하면, 유리수와 무리수(초월수)를 연결하는 방법을 개발해낸 것이 버킹엄 머신이다. 대부분 실수가 초월수임에 주목하자.

버킹엄 머신을 이용하여 계산한 예가 바로 물리학적으로 접속하기 불가능하다고 알려진 몬스터 대칭군의 물리적 해독이다. 이 외에 19개 자유 매개변수의 정확한 해를 알아내, 쿼크와 우주론에 이르는 계산 과정에서 중력 상수 G를 찾아낸 솔루션이 바로 버킹엄 머신이다.

버킹엄 머신은 말하자면 양자역학에서의 확률 개념을 다양한 계층을 가진 유리수로 대체하고, 이 유리수를 최종적으로 무리수(초월수)와 연결하여 확률(불연속성)과 결정론(연속성)의 조화로운 연결점을 얻어낸다. 3부(수식 2의 Eq. 2-1, Eq. 2-2)를 참조하면 유리수와 초월수와의 연결, 곧 연결된 수식에서 미세구조상수 a를 유도하는 초월함수를 볼 수 있다. 이 유리수 개념은 생물학에서 영감을 얻었는데, DNA 구조와 관련하여 구조유전자, 조절유전자, 작동유전자의 기능을 수학적 연산자로 이용하게 된 것이다.

특히 흥미로운 점은 영국 옥스퍼드대 수학자이며 물리학에도 깊은 관심을 가진 로저 펜로즈가 개발한 스핀 네트워크spin network에서 확률을 결정하는 수학적 연산자가 모두 유리수라는 사실이다.

유리수와 무리수의 경계

연속성 개념과 관련하여 집합론에서 **연속체 가설**連續體假說, Continuum Hypothesis, CH을 떠올릴 수 있다. 이는 실수 집합의 모든 부분 집합은 가산 집합이거나 아니면 실수 집합과 크기가 같다는 명제로, 집합론의 표준적 공리계로는 증명할 수도 없고 반증할 수도 없는 것으로 알려져 있다.

불연속성 개념과 관련하여 **콤팩트성 정리**compactness theorem를 떠올릴 수 있다. 수리논리학에서 콤팩트성 정리는 만약 어떤 1차 논리 이론의 모든 유한 집합이 만족 가능하다면, 이론 전체가 만족 가능하다는 정리다. 1차 논리의 특징이며, 고차 논리나 무한 논리에서는 일반적으로 성립하지 않는다. 콤팩트성에 관한 좀 더 수학적인 표현은 다음과 같다. T는 거리 공간이다.

모든 항이 T에 속한 임의의 수열에 대해서 수렴하는 부분 수열이 존재하여 T가 완전 유계이고 완비적이다. 겉으로는 연속성 같지만 불연속성 개념으로 다루고 있는 유체방정식은 나비에-스토크스 방정식 Navier-Stokes equation 으로 다루지만, 그 미분방정식으로 다루는 물리적 대상은 수학적 엄밀성과는 거리가 멀다. 관련 미분방정식은 그 기초인 해석학처럼 유체를 작게 다루다 보면 연속적 대상이 아니라 분자나 원자 알갱이가 된다.

이제 다시 연속성 개념에 대한 일반적인 공리를 살펴보자. 복소수와 실수의 **완비성 공리** completeness axiom로 '수직선은 실수 R이 빈틈없이 채운다'는 사실이 증명되었다.

해석학이 발전하면서 19세기 수학자들은 실수를 정확히 정의할 필요성을 인식했다. 수학의 엄밀성을 다룬 데데킨트 절단은 유리수로부터 실수를 구성하는 방법 가운데 하나다. 한 실수는 그것보다 작은 유리수들에 의해서 정해진다는 것이 기본적 발상이다. 이후 데데킨트 절단은 무리수 정의를 내리게 된다. 유리수 모두를 포함하는 완비성은 다른 말로 연속성을 가진다.

실수와 허수의 관계를 살펴보면, 더 이상 불연속이라고 할 수 없는 분할되지 않는 실체는 실수에서 크기를 갖는 숫자 '1'과 복소수에서 크기를 갖지 않는 허수 i로 동역학적 원인을 갖게 하는 인자성이다. 지금까지 실수와 허수 간의 관계에서 연속적 측면과 불연속적 측면을 함께 고찰해본 결과, 우리가 사는 우주가 연속성인가 불연속성인가에 대한 의문에서 더 이상 한 발자국도 나아갈 수 없다는 것을 알게 되었다.

현대물리학자들은 드러난 이론과 관측 간의 데이터 분석을 통하여 연속성보다도 불연속성을 더 지지하는 것처럼 보인다. 아인슈타인조차도 만년에 불연속성을 기준으로 하는 수학적 이론을 선호한 듯 보인다.

연속성과 불연속성과의 관계는 흡사 우리가 자주 언급하는 미시 세계와 거시 세계를 나누는 기준은 무엇인가를 묻는 질문과 같다. 현재까지 이 질문에 명확한 설명을 한 학자는 없는 것 같다.

우주의 에너지 존재 패턴

추후에 설명하겠지만, 소위 최소 에너지양자라고 하는 dl의 내부 빈틈은 위에서 언급한 콤팩트성으로 메워지는 것처럼 보이고, dl과 dl 사이의 빈틈 메우기는 실수의 연속성, 곧 완비화 completion로 얻어지는 것 같다. 콤팩트성 정리의 직접적 결론은 무한소의 존재성이다. '0'보다 크고 정확히 알 수 없지만 존재한다는 것이다. 이 책에서는 궁극적 기본단위 또는 최소 에너지양자로 지칭한다. 이는 다음과 같은 최종 결론에 이르게 한다.

연속성이 커지면 불연속성이 차츰 사라지고, 불연속성이 작아지면 연속성이 차츰 없어지는 것처럼 보인다. 이러한 결론은 우리 우주가 명제 proposition가 존재하는 한 이중성을 띠고 있음을 명확히 보여준다.

무한소의 존재성을 복잡한 수식 없이 일반인의 눈높이로 설명하면 다음과 같다. 임의의 숫자와 숫자 1과의 상관관계를 들어보면 쉽다.

예를 들어 숫자 6은 숫자 1을 여섯 번(6) '더하는 것'과 같다. 덧셈 연산은 논리연산자로 합집합으로 '또는(or)'이라는 뜻과 '비동시'라는 뜻을 가져 정적인 공간에 대응하는 동적인 '시간'이라는 개념을 가지고 있다. 숫자 6은 숫자 1을 여섯 번(6) '곱하는 것'과 같다. 곱셈 연산은 논리연산자로 교집합으로 '그리고(and)'라는 뜻과 '동시'라는 뜻을 가져 동적인 시간에 대응하는 정적인 공간이라는 개념을 가지고 있다. 이제 덧셈과 곱셈 간의 상관관계가 엄격한 이중성의 원리로 존재함을 알게 되었다. 본론으로 1과 1 간의 관계를 덧셈과 곱셈 간의 상관관계, 이중성의 원리로 살펴보자.

1은 1을 몇 번 더해서 1이 될까? 바로 0번이다. 숫자 0은 명목적인 숫자에 불과할 뿐 실제적으로 시간 개념이 존재하지 않는다. 또 숫자 '0'은 재순환의 메타포로 자주 문헌에 등장한다. 무한소는 존재하지만 실제적으로 시간 흐름의 간격은 거의 '0'이라 할 수 있다. 이는 이미 언급한 바대로 유한한 크기를 가진 궁극적 기본단위, 최소 에너지양자의 개념과 일치한다.

1은 1을 몇 번 곱해서 1이 될까? 바로 오직 한 번, 1이다. 이는 정적인 개념으로서 공간 그 자체다. 거의 무시할 수 있는 수준에서(무한소) 자체 진동하고 있다(0점 진동)고 해도 지나치지 않은 해석이 될 수 있다.

불교에서 사용하는 용어 중에서 진공묘유眞空妙有라는 화두가 있다. 참된 공空이 별도로 분리된 불변의 실체가 아니라 사물 그 자체의 존재 양상, 곧 다양한 인연의 조합인 연기緣起라는 교리로 알려져 있다.

물리학적으로 비유하면 관측 가능한 거대한 우주에 존재하는 블랙홀 질량(M_{max})과 상대적으로 아주 극소한 최소 에너지양자(dl)는 연결되어 있는가, 아니면 분리되어 있는가를 질문할 때 어떤 답변을 하더라도 결코 모순에서 벗어날 수 없다는 점을 보여준다.

이는 다음과 같은 비유로 설명할 수 있다. 문과 벽 사이에 존재하는 경첩은 문의 입장에서 보면 열고 닫힘이 없어서 동적 입장에 있지 않다. 벽의 입장에서 보면 경첩은 고정되어 있지 않아서 정적 입장에 있지 않다. 이중성의 의미가 이러하다.

OPS나 이 책에서는 이 세상 모든 것이 이중성을 갖고 있다고 선언한다. 이중성은 우리가 주변에서 흔히 알고 있는 흑백 논리가 결코 아니다. 검사가 피고인에게 검사 자신이 질문하는 사안에 대해 '예' 또는 '아니오'라는 둘 중 하나의 답변만을 요구한다면 검사의 질문은 명확하게 흑백 논리에 해당된다. 피고인은 검사의 질문에 대해 '예' 또는 '아니오' 둘 중 답변이 어려우면 침묵해야 한다. 이는 흑백 논리에 대응하는 방법이기 때문이다.

이렇듯 자연에 존재하는 이중성은 일반적으로 컴퓨터의 0, 1 논리회로처럼 칼로 무 자르듯 명확하게 판정하는 것이 결코 용이하지 않다. 이제 이중성에 대한 제대로 된 이해를 얻기 위해 단계가 필요하다. 따라서 우리는 수학적 이중성과 물리적 이중성에 대해 논의가 필요한 시점이다.

수학적 이중성은 흑백 논리라 할 수 있지만 물리적 이중성은 "의존하되 매이지 말라"는 슬로건과 같다. 불교의 선문답같이 들리는 이런 슬로건은 결코 쉬운 이해를 요구하지 않는다(2부 3장 참조).

관측 문제와 관련해서는 한쪽이 드러나면, 한쪽은 숨어버리는 성질을 나타낸다. 양자 중력을 연구한 이론물리학자 리 스몰린은 오늘날 현대

물리학적 개념이 철학과 충돌하는 정도가 아니라 아예 철학과 구분조차 할 수 없을 만큼 난해하다고 역설한 바 있다.

예를 들어 풀어 쓰면 다음과 같다. 관측 가능한 우리 우주에서 에너지 존재 패턴을 물어보면 양자역학을 전공한 물리학자들은 처음부터 끝까지 시종일관 불연속성을 강하게 밀어붙인다. 일반 상대성 이론을 전공한 물리학자들은 초기엔 연속성을 주장하다가 근래에는 마지못해 불연속성을 지지하는 쪽으로 전환하는 추세를 보이고 있다. 그 대표적인 학자가 만년의 아인슈타인이다. 세기의 지적 아이콘조차도 소위 '결정 장애'를 치를 정도이니 이를 통합하고자 하는 양자 중력의 기술이 얼마나 어려운지 알 수 있을 것이다.

이 책에서는 수리 물리적 구조나 형태(3부 수식 2의 Eq. 2-1, Eq. 2-2)를 비롯하여 하나의 만발한 꽃으로 표현하고 있는 수식(3부 수식 4의 Eq. 4-15)에서 연속과 불연속으로 교차하는 이중성을 명확하게 보여주고 있다.

확률 개념은 애매모호한 분수 개념이 아니라 명확한 값을 갖는 유리수와 불분명해 보이는 무리수 경계 사이에 존재하는 이중성으로 전화해서, 종국적으로 불변하는 하나의 상수를 보여주고 있다(3부 수식 2의 Eq. 2-1, Eq. 2-2 참조).

참된 이중성에 대한 이해는 중력의 본성을 이해하는 것만큼이나 결코 용이하지 않다. 오늘날 이 순간에 이르기까지 '중력'을 제대로 이해한 사람이 있을까? 나는 그 어려운 중력의 이해가 이중성에 대한 이해와 밀접한 관계에 있다는 사실을 뒤늦게 알아냈다(1부 7장 참조).

11
불가사의한
몬스터군의 물리적 해독

모든 물리상수의 저수지 몬스터군

나폴레옹이 나일강 하구 로제타 마을에서 로제타 스톤을 발견했을 때, 그저 오래된 하나의 유물이라고 생각했을지 모른다. 그러나 그 돌에 쓰인 문자를 해독함으로써 인류는 고대 이집트 상형문자를 해독하는 엄청난 역사의 문을 열었다. 로제타 스톤의 발견은 수천 년간 잠들어 있던 이집트 문명을 인류 역사에 데뷔시키는 첫 단추였다.

나는 몬스터군의 발견이 나폴레옹이 로제타 스톤을 발견하고 해독한 것에 못지않게 과학적 패러다임 시프트에 엄청난 영향을 미쳤다고 생각한다.

현재 수학의 몬스터군과 물리학의 연결을 바라는 것은 불가능한 것으로 보고 있다. 곧 몬스터의 모든 속성을 완전히 이해하고 규명하는 일은 우주의 구조를 밝히는 것과 같다. 이스라엘의 저명한 전산학자이자 튜링상 수상자이기도 한 미하엘 오제르 라빈Michael Oser Rabin은 군론group theory 문제를 컴퓨터과학으로 풀 수 없다고 주장한 바 있다. 일반적으로 알려진 군론은 순서가 중요하다는 고급 수학의 곱셈으로, 현대 수학뿐만 아니라 현대 과학에서도 총아로 알려져 있다.

나는 자연현상의 기술에서 무엇이 기준이며 그 기준은 어디서 어떻게 찾아낼 것인가에 대한 스티븐 와인버그의 질문에 답할 시기가 도래했다고 생각한다.

현재 관측 가능한 우주의 크기는 현재의 관측으로는 불가능하다고 알려져 있다. 왜냐하면 빅뱅 이후 얼마나 팽창했는지 모르기 때문이다. 현재는 허블 상수로 알아낸 근삿값 정도만 알려져 있을 뿐이다.

몬스터군과 함께 정수와 관련된 문샤인의 관계는 수학자들이 접근조차 하지 못하는 문제다. 나는 물리량과 경악할 만한 관계를 가진 이 문샤인을 드디어 찾아냈다. 영성 또는 초지성의 도움 없이는 불가능하다고 생각한다. 이 관계는 누가복음 17장 20~21절에서 말하는 문장의 의미를 생각나게 한다. 관련 수식은 3부에서 자세히 설명할 것이다. 문샤인은 아주 먼 거리에 있는 낯선 곳이 아니라, 아주 가깝고 친숙한 곳에서 발견되었다.

'하나님의 나라는 눈에 보이는 모습으로 오지 않는다. 또 여기에 있다 저기에 있다 하고 사람들이 말하지도 않을 것이다. 하나님의 나라는 너희 안에 있다.'

현대 과학의 신비, 몬스터

몬스터monster는 '괴물'이라는 말처럼 아주 괴이하고 신기한 비밀로 가득한 창고다. 현대 수학과 현대물리학에서 몬스터같이 독특한 지위를 차지하는 괴물도 그리 많지 않다. 나는 지금 몬스터군을 이야기하려는 것이다.

괴물이 더 괴이하고 신비롭게 비치려면 그에 걸맞은 이야깃거리가 있어야 한다. 몬스터는 탄생 과정 자체가 예사롭지 않다. 몬스터라는 괴물을 아끼고 키우고 지켜보는 사람들의 면면은 몬스터가 현대 수학과 물리학에서 차지하고 있는 독특한 지위를 더욱 신비롭게 장식해준다. 그래서 몬스터에 매료된 과학자들은 몬스터의 영향력이 점점 넓어져서 계속 확장될 것이라고 흥분을 감추지 못한다. 어쩌면 몬스터는 지금까지 과학자들이 확실하게 파악하지 못해서 '확률'이라고 표현하거나 '무작위random'라고 뭉갰던 미지의 영역도 점령할 무기를 제공할 가능성이 있다.

아인슈타인은 '신은 주사위 놀이를 하지 않는다'라는 유명한 문장을 남겼다. 아인슈타인은 양자역학에 대해 코펜하겐 학파가 확률로 설명하는 것에 불만을 가졌기 때문에, 확률 이상의 무슨 다른 원리가 있을 것 — 이미 언급한 대로 이 책에서는 확률 개념을 연속 유리수 근사라는 개념으로 대체하고 있다 — 이라는 의미로 이같이 표현했다. 아인슈타인은 이 표현을 여러 번 조금씩 변형해서 사용했다.

이 유명한 문장은 아인슈타인이 1926년 막스 보른Max Born에게 쓴 편지에 들어 있는 내용이다. 이 편지는 막스 보른의 딸인 이레네 보른Irene Born이 1971년 발표한 《보른-아인슈타인 편지들The Born-Einstein Letters》에 의해 세상에 널리 알려지게 되었다.

막스 보른은 독일의 물리학자이자 수학자로, 양자역학의 발전에 중요한 역할을 했다. 그는 고체물리학과 광학에 기여했고, 1920년대와

1930년대에 많은 저명한 물리학자들의 연구를 지도했다. 1954년에 양자역학, 특히 파동함수의 통계적 해석에 관한 기초적인 연구로 노벨 물리학상을 수상했다. 막스 보른의 손녀는 유명한 팝 가수 올리비아 뉴튼 존이다.

그렇지만 아인슈타인은 확률 이외의 방법으로 양자역학의 원리를 설명하지는 못했다. 신이 주사위 놀이를 하지 않는다면, 어떻게 우주를 운영하는가? 이 질문은 아직도 제대로 된 답을 얻지 못했다. 아마 몬스터가 그 해답으로 가는 길을 막고 있는 도랑에서 징검다리 역할을 할 수 있지 않을까 싶다.

몬스터 히스토리를 장식하는 시발점을 이룬 작은 샘물은 젊음과 혁명과 포연으로 가득하다. 물론 과학자들 사이에서 시기와 질투, 광기에 가까운 열정, 애매모호한 러브스토리와 정치적인 암투가 있다. 어떻게 보면 몬스터가 태어나기에 적절한 토양을 이루고 있는 것이다.

아직까지 계속되는 몬스터 마라톤의 첫 번째 주자는, 프랑스 사람들이 가장 좋아하는 비운의 젊은 수학자 에바리스트 갈루아다. 1811년 10월 25일에 태어나 1832년 5월 31일 사망했다. 20년을 살다 사라진 것이다. 위대한 수학자라면 남겼을 만한 변변한 사진 한 장 없이 15세 때 연필로 그린 초상화가 갈루아가 어떤 사람인지 추측하게 한다. 약간 토라진 표정으로 정면을 보지 않고 삐딱한 자세로 시선은 비스듬하게 내리깔고 있다. 불안한 표정으로 무엇인가에 쫓기는 것 같기도 하다. 갈루아의 마지막은 권총 대결로 끝났다.

갈루아는 수학의 역사에서 빼놓을 수 없는 인물인데다, 이야깃거리를 많이 남겼기 때문에 많은 과학 저술가들이 집중적으로 탐구했다. 유명한 우주물리학자이며 과학 저술가인 마리오 리비오Mario Livio도 갈루아 군 이론을 다룬다.

바흐의 아름다운 음악, 역사상 가장 널리 보급되었을 루빅큐브, 사람이 자기 짝을 고르는 방식, 그리고 아원자 입자 물리학의 공통점은 무엇일까?

마리오 리비오는 이들이 모두 **대칭**symmetry의 법칙에 의해 지배를 받는다고 주장한다. 대칭은 과학적인 원칙과 예술적인 원칙을 우아하게 통합하는 수학의 기본 원리다. 대칭하면 인체가 좌우로 같은 모양이고, 미술 시간에 데칼코마니로 그림을 그려본 것이 전부인 사람에게 대칭이 매우 중요한 수학의 원리라는 주장을 이해하기는 쉽지 않을 것이다.

대칭의 수학적 언어는 군 이론group theory이다. 군 이론을 수학적으로 설명할 때 대칭을 이용한다. 그러나 군 이론이라고 하는 대칭의 수학적 언어는 대칭을 연구하다 나온 것이 아니다. 풀 수 없는 방정식을 해결하려다 나왔다.

수천 년 동안 수학자들은 더욱 더 어려운 대수방정식을 풀어내는 데 시간을 보냈다. 고차방정식을 푸는 내기를 걸어 돈을 딴 도박꾼도 나왔을 정도다. 그러다가 5차 방정식이라는 장애물이 나타났다. 수학자들은 5차 방정식을 풀려고 무려 3세기 동안 애를 썼지만 아무도 답을 얻지 못했다. 그런데 동시대를 살다가 아주 젊은 나이에 사망한 두 수학자가 5차 방정식이 간단한 수식으로 풀릴 수 없다는 사실을 증명했다.

노르웨이의 닐스 헨리크 아벨Niels Henrik Abel과 프랑스의 에바리스트 갈루아다. 두 젊은이는 비극적으로 사망했다는 공통점이 있지만, 생전에 아무런 영광을 누리지 못한 채 결투에서 총에 맞아 불과 20세에 사망한 갈루아에게 더 동정심이 가는 것은 인지상정인가 보다.

마리오 리비오는 이 두 천재의 비극적인 일생을 주요 소재로 삼아 2006년에 책을 한 권 썼다.《풀 수 없었던 방정식The Equation That Couldn't Be Solved》이다. '어떻게 수학 천재는 대칭의 언어를 발견했는가How Mathematical Genius Discovered the Language of Symmetry'라는 부제를 단 이 책은 5차 방정식을 풀 수 있는지 없는지를 연구하다가, 현대 수학에서 가장 중요한 항목 중 하나인 군 이론과 수학적 대칭이 탄생한 과정을 서술한다. 이 책은 대칭의 수학에 대해 최초로 대중적인 설명을 했다는 평가를 받았다.

군 이론과 수학적 대칭을 두 천재 과학자의 비극적 삶을 통해 설명하려면, 에바리스트 갈루아가 왜 총으로 결투를 벌여 사망했는지에 대해서도 언급하지 않을 수 없다. 과학사학자들은 갈루아가 20세의 나이에 죽기 위해 결투를 벌여 스스로 혁명의 제단에 자기 목숨을 제물로 바치려고 했다는 점에는 대체로 일치된 견해를 보인다. 그런데 누가 갈루아에게 총을 쏘았는지, 결투가 왜 벌어졌는지에 대해서는 이론이 분분하다. 마리오 리비오는 젊은 여성을 사이에 둔 삼각관계에 의해 결투가 벌어진 것으로 보았다.

리비오는《풀 수 없었던 방정식》을 쓰는 데 3년의 시간을 보낼 만큼 공을 들였다. 갈루아를 죽음으로 몰고 간 결투는 스테파니 포테린 뒤 모텔Stéphanie Potterin du Motel이라는 17세의 요염한 여성을 둘러싸고 발생했다고 리비오는 주장한다. 갈루아에게 앙심을 품은 남자는 스테파니를 만나고 있던 한 남자, 그리고 스테파니의 홀로 된 어머니와 결혼한 나이든 또 다른 남자를 이용한다. 갈루아는 '부주의한 말'로 스테파니를 자극했고, 두 남자가 스테파니의 명예를 지키기 위해 결투를 벌였다는 가설이다.

그러나 《대칭과 몬스터: 수학의 위대한 탐험Symmetry and the Monster: One of the Greatest Quests of Mathematics》(한국에는 '현대 수학 최대의 미스터리 몬스터 대칭군을 찾아서'로 번역되어 출간)을 쓴 마크 로난Mark Ronan은 수학 천재의 명예를 손상시키고 싶지 않았다. 현재 시카고 일리노이대 수학과 명예교수이자 유니버시티 칼리지 런던의 수학과 명예교수인 마크 로난은 이해하기 쉬운 비유에 수식을 곁들여 복잡하고 어려운 대칭과 몬스터군을 소개하고 있다. 마크 로난은 이탈리아의 수학 역사가 로라 토티 리가텔리Laura Toti Rigatelli가 쓴 《에바리스트 갈루아》에서 인용한 프랑스 신문 보도를 결투의 이유로 채택했다.

'어제 끔찍한 결투로 젊은 과학자 한 사람이 목숨을 잃었다. 기대를 한 몸에 받았지만, 그의 명성은 정치에 관여하면서 생긴 것이었다. 에바리스트 갈루아는 오랜 친구와 결투를 했다. 결투를 한 사람도 갈루아와 마찬가지로 인민의 벗Société des Amis du Peuple 당원이다. 총을 한 자루씩 잡은 채 마주 보고 서로를 향해 쏘았는데 두 자루 가운데 하나에만 총알이 장전되어 있었다.'

군 이론이란?

넓게 말하면 군 이론은 대칭에 대한 연구다. 대칭적으로 보이는 물체를 다룰 때, 군 이론은 분석에 도움이 될 수 있다. 대칭인지 아닌지를 구분하는 중요한 잣대는 변하느냐 변하지 않느냐 하는 것이다. 변하지 않는 대칭이라는 개념을 이해하기 위해 예를 들 때 가장 쉬운 것이 인간의 신체다.

왼손과 오른손은 방향만 다를 뿐 서로 닮은꼴이다. 얼굴도 코를 중심으로 서로 닮아 있다. 대칭이다. 기하학적 도형을 통해서도 불변하는 대칭의 개념은 쉽게 이해가 된다. 둥그런 원은 대칭의 끝판왕이다. 아무리 회전을 해도 원은 항상 동그란 모습이 변하지 않는다.

이 같은 기본 개념에서 대칭인지 아닌지를 구분하는 몇 가지 기준을 발견하게 된다. 가운데 선을 긋고, 그 선을 중심으로 양쪽을 접었을 때 정확하게 겹치면 대칭이다. 원의 중심을 고정해서 회전시켜도 항상 같은 모습이다. 다시 말해서 어떤 대상을 점이나 선 같은 수단을 이용해서 회전시켰을 때 같은 모습을 유지하면, 다시 말해서 변하지 않으면 그것이 대칭이다.

그런데 대칭이라는 개념은 수학에서도 도입할 수 있다. 만약 $x^2+y^2+z^2$는 x, y, z를 어떻게 다시 배치해도 변하지 않는다. 아인슈타인의 공식인 $E=mc^2$도 대칭을 이룬다고 수학자들은 생각한다. '='를 중심으로 왼쪽과 오른쪽이 균형을 이루기 때문이다. 대칭은 사물들 간의 '동등'의 다른 표현이다.

물리학 보존법칙도 물리적 법칙의 대칭과 관련이 있다. 물리학 보존법칙은 다양한 변화가 생겨도 물리적 법칙이 변하지 않는다는, 다시 말해서 보존된다는 것을 말한다. 시간이 변해도, 시간을 어떻게 해석해도 물리학 법칙은 변하지 않으며 에너지 보존으로 이어진다. 그러므로 대칭이라고 규정한다.

물리적 법칙은 우주의 어느 지점에 있어도 달라져서는 안 된다. '공간'이 변해도 물리학 법칙은 변하지 않기 때문에, 다시 말해서 물리학

법칙이 보존되기 때문에 이 또한 대칭이라고 할 수 있다. 어떤 사물이 회전을 한다고 해도 물리학 법칙은 변하지 않고 적용된다. 회전에서 물리적 법칙의 불변성은 각 운동량의 보존으로 이어진다.

미국 코네티컷대 수학과의 키스 콘래드Keith Conrad 교수는 웹사이트에 '왜 군 이론이 중요한가'라는 글을 올리면서 '물리학 체계에서 보존법칙이 대칭으로 설명하는 것은 에미 뇌터Emmy Noether 덕분이다'라고 위대한 여성 수학자를 소개했다.

현대 입자물리학은 군 이론 없이는 존재하지 않을 것이다. 군 이론을 이용해서 과학자들은 이미 실험으로 확인되기 전에 벌써 기본 입자의 존재를 예측했다. 화학에서도 마찬가지다. 분자와 결정의 구조와 행동은 서로 대칭에 따라 달라진다. 따라서 군 이론은 화학의 일부 분야에서 필수적인 도구다.

수학은 더 말할 나위가 없다. 군 이론은 기하학의 대칭과 매우 밀접하게 연관되어 있다. 군 이론은 기하학의 여러 영역에서 나타난다. 공간에 숫자 불변량을 붙이는 것 외에도 공간의 대수 불변량을 도입할 수 있다. 즉, 공간에 숫자뿐인 차원을 더할 수 있다. 예를 들어 공간의 기본 군과 같은 다양한 종류의 군이 있다. 한 점이 제거된 평면에는 교환적인 기본 군이 있고, 두 점이 제거된 평면에는 비교환적인 기본 군이 있다. 우리가 관심 있는 공간을 직접적으로 시각화할 수 없는 고차원에서는 수학자들이 두 공간이 같지 않다는 것을 검증하는 데 도움을 주기 위해 기본 그룹과 같은 대수적 불변량에 의존하는 경우가 많다.

대수학의 고전적인 문제는 그룹 이론으로 해결되었다. 르네상스 시대에 수학자들은 3차 방정식과 4차 방정식이 2차 방정식과 유사하다는 점을 발견했다. 2차 방정식과 마찬가지로 3, 4차 방정식도 다항식과 근 추출(제곱근, 입방근, 네 번째 근)의 관점에서 3차 및 4차 다항식의 모든 근을 나타낸다. 그런데 5차 이상 높은 차수의 방정식에서는 2차 방정식과 유사한 부분을 발견하지 못했다.

에바리스트 갈루아와 동시대에 살았으며 26세에 요절한 노르웨이의 위대한 수학자 닐스 아벨은 바로 5차 방정식은 답을 낼 수 없다는 사실을 발견했다. 에바리스트 갈루아는 고차방정식의 뿌리에서 미묘한 대수적 대칭을 통해서 5차 방정식을 풀 수 없는 이유를 설명했다.

공개 키 암호화의 수학도 많은 군 이론을 사용한다. 서로 다른 암호 시스템은 서로 다른 군을 이용한다. 어떤 암호는 모듈식 산술의 단위 군을 이용하고, 어떤 암호는 유한 수체에 대한 타원 곡선의 합리적인 점 군을 이용하는 것이다. 물론 암호에서 이용하는 군 이론은 군 이론을 대칭 관점에서가 아니라 군에서 특정 계산을 수행하는 효율성 또는 어려움을 이용한다. 어떤 암호는 격자와 같은 다른 대수 구조를 사용한다. 분석의 일부 영역, 미분을 이용한 수학적 발전도 군 이론을 이용한다.

이렇게 학문적인 영역 외에 군 이론을 활용한 분류 방법은 의외로 우리 생활 속에 밀접하게 들어와 있다. 책을 분류하는 ISBN 번호, 차량식별번호Vehicle Identification Number, VIN도 군 이론을 응용한다.

보통 VIN은 차대 번호나 새시 넘버라고 부른다. VIN은 자동차에 있어서 주민번호나 다름이 없어서, 모든 차량에는 고유한 번호가 붙는다. 차량 등록 번호판의 경우, 차량 주인이 바뀌면 그 번호판도 바뀌지만 VIN은 차량이 폐차되는 날까지 절대 변하지 않는 번호다. 사고 이력을 조회하거나 도난 추적을 하거나 혹은 리콜이나 호환 부품을 찾을 때도 VIN

이 있어야 한다. 이 번호는 자동차 제조사가 자기 편한 대로 정하는 것이 아니라 정해진 룰에 따라, 다시 말해서 군 이론에 바탕을 둔 원리에 따라 제정된다.

이뿐만 아니라 우편물이나 소포의 바코드도 군 이론이 바탕을 이룬다. 전화, 인터넷 또는 스캐너를 통해 식별 번호를 통신할 때 오류를 감지하는 데 체크 디지트의 도움이 필요하다. 게임에서도 마찬가지다. 1974년 헝가리의 루빅 에르뇌Rubik Ernő 교수가 발명한 루빅큐브Rubik's Cube도 군 이론을 활용하면 쉽게 풀 수 있다. 군 이론은 루빅큐브를 풀기 위한 개념적 틀을 제공하기 때문에 군 이론을 이해하면 훨씬 더 쉽게 풀 수 있는 것이다.

제2부

물리학 너머의 세계를 보다

응용 물리학

01
자연의 선택,
ONLY ONE

다음에 수록한 글은 2007년 10월 09일 과총에서 열린 '제1회 새로운 이론에 대한 전문가 토론회'에서 발표자로 나선 표준과학연구원의 방건웅 박사가 나에게 보낸 이메일 내용이다. 다만 당시 사용하던 '**제로존 이론**'이라는 명칭은 지금은 '**하나의 이론**' 또는 '**OPS 이론**'으로 바뀌었다.

I

인간이 도량형의 기준을 통일하고자 시도한 것은 오래되었다. 중국에서는 진시황이 그 처음인 것으로 알려져 있다. 서양에서는 각국마다 다른 단위 기준을 사용하다가 프랑스 혁명이 끝난 뒤인 1779년에 도량형의 기준을 자연에 근접하게 바꾸고자 하는 노력의 일환으로 지구를 기준으로 하는 미터법이 제안되었다.

예를 들어 1m는 지구의 적도에서 북극까지 거리의 1,000만분의 1이다. 그런 다음에 1m의 10분의 1인 10cm를 기준으로 하여 1,000cm³의 부피에 해당하는 물의 무게를 1kg으로 정했다. 그리고 시간의 단위인 초(s)는 지구의 자전을 기준으로 한 것으로서, 지구가 한 바퀴 도는 데 필요한 시간을 24등분하여 1시간으로 하고 이것을 다시 60등분하여 1분, 이것을 또 60등분하여 1초로 정했다. 그리고 온도의 단위로서 물의 삼중점을 기준으로 하는 K를 정했다.

1875년 체결된 미터협약은 이렇게 4개의 기본단위로 출발했다. 여기에서 한 가지 짚고 넘어갈 것은 시간의 단위인 초를 제외하고는 모두가 정적인 상태를 기준으로 했다는 점이다. 질량, 길이, 온도 등의 기준들이 영원불변하는 것으로 생각했던 것이다.

이러한 사고의 배경에는 저 바깥에 나와 상관없는 객관적인 실체가 존재한다고 가정하는 고전물리학적 세계관이 작용한 것으로 짐작된다. 이 관점에서 본다면 SI 단위계는 '정적靜的 단위계'라고 불러도 무방할 것이다.

19세기 말에 미터법이 도입된 후, 전기가 발견되면서 1948년에 전기의 기준 단위로서 암페어가 정의되었다. 이 당시 전자를 하나하나 잴 수 있는 방법이 없었기 때문에 1m 떨어진 도선에서 일정한 힘을 발생시키는 전기의 흐름을 1A(암페어)로 정했다.

흥미로운 점은 전기의 흐름이라는 운동 현상을 정의하기 위하여 힘과 거리를 매개로 하면서 정적인 단위인 kg과 연동 지었다는 점이다.

다시 말해서 질량과 만유인력의 상호작용에서 연유하는 힘을 기준으로 하여 역으로 일정하게 흐르는 전류의 양을 정의한 것이다. 이 의미에 대해서는 다시 살펴볼 것이다. 그 후 물질의 양을 측정하는 기준인 몰

(mol)이 1971년에, 그리고 빛의 세기를 측정하는 단위인 칸델라(cd)가 가장 최근인 1979년에 정의되면서 7개의 SI 단위계가 완성되었다.

이 단위계는 기본적으로 지구의 크기나 운동을 기준으로 하고 있으나 어디까지나 인간이 임의로 정한 것이다. 인간이 편의에 따라 정한 자를 가지고 자연의 크기나 질량, 운동 속도 등의 여러 현상을 측정하는 단위계를 만든 것이다.

II

미터협약이 체결되던 당시 영국의 조지 스토니George Johnstone Stoney(1826~1911년)는 인간이 정한 임의의 기준값이 아니라 자연계에서 관찰되는 상수를 기준으로 하는 단위계를 생각하고 있었다. 그 이유는 이러한 단위계이어야만 지구를 벗어난 우주에서도 통할 수 있는 보편적인 것이 될 수 있을 것이라고 생각한 때문이었다.

그는 1883년에 광속 c, 만유인력 상수 G, 그리고 전자전하 e를 기준으로 하는 단위계를 제안했다.[1]

이 당시 광속이 일정하다는 것이 밝혀지지 않았던 때인데 광속이 일정할 것이라고 가정하고 선택하였던 것은 아마도 빛이 어디에나 있기 때문에 고려한 것이 아닌가 싶다. 그는 이 단위계로부터 질량, 길이, 시간의 단위가 유도될 수 있다는 것을 제시했다. 그러나 그의 제안은 학계의 주목을 끌지 못하였으며 그 중요성도 인식되지 못했다.

스토니 다음으로 자연 상수를 기초로 하는 단위계를 제안한 사람은 플랑크(1858~1947년)다. 양자역학의 기초를 세운 플랑크는 1899년에 광속

c, 플랑크상수 h, 그리고 만유인력 상수 G를 기본단위로 삼는 단위계를 제안했다.[2]

이 상수들을 적절히 조합하면 다음과 같은 결과를 얻을 수 있는데, 이 것들은 각기 플랑크 질량, 플랑크 길이, 플랑크 시간, 플랑크 온도로 불린다.[3]

$\text{mass} = (hc/G)^{1/2} = 5.56 \times 10^{-5}$ gram

$\text{length} = (Gh/c^3)^{1/2} = 4.13 \times 10^{-33}$ cm

$\text{time} = (Gh/c^5)^{1/2} = 1.38 \times 10^{-43}$ seconds

$\text{temperature} = k^{-1}(hc^5/G)^{1/2} = 3.6 \times 10^{12}$ Kelvin

위에서 정의된 질량, 길이, 초, 온도 값들을 1로 하는 단위계가 말하자면 플랑크 단위계, 혹은 자연 단위계로 알려진 것이다. 이 값들이 1이 되는 조건을 역으로 계산하면 c=h=G=1이 된다. 이 때문에 플랑크 단위계라고 하면 c=h=G=1을 기초로 하는 단위계라고 이해되고 있다. 플랑크 단위계, 즉 자연 단위계가 인간이 임의로 만든 단위계인 미터법과 달리 자연현상을 근거로 하였기 때문에 플랑크는 자연 단위계야말로 전 우주에서 통용될 수 있는 가장 근원적인 단위계라고 했다.

플랑크 단위계에서 주목할 것은 광속 c와 플랑크상수 h가 모두 자연계에서 관찰되는 동적 현상과 연관이 있는 상수들이라는 점이다. 광속의 단위는 m/s인데, 거리를 시간으로 나눈 양으로서 빛이 움직이는 속도를 나타낸다.

플랑크상수는 에너지와 시간을 곱한 양으로서 우주에서 일어나는 모든 에너지 작용의 가장 기본적인 양자 값, 즉 작용량이라고 불린다. 따라서 시공간의 움직임은 빛의 속도를 기준으로 표현하고 에너지 작용은 플랑크상수를 기준으로 표현한다면, 이 두 가지만 적절히 조합하여도 자연현상을 모두 표현할 수 있는 단위계를 만들어 낼 수 있다. 이 점에서 본다면 플랑크 단위계는 정적인 양을 기준으로 하는 SI 단위계와 달리 '동적動的 단위계'라고 부를 수 있다.

우주에 존재하는 모든 것들은 사실상 움직이기 때문에, 달리 말하여 운동하기 때문에 존재할 수 있다는 것을 생각하면 우주에서 항상 일정하게 나타나는 현상을 기준으로 하는 단위계를 구축하는 것은 당연히 가능할 뿐만 아니라 보다 합리적일 것으로 추정할 수 있다.

그 이유는 미터법이나 SI 단위계의 배경에 존재하는 생각처럼 어떤 정지된 상태의 것이 기준이 된다고 하는 개념으로 운동 현상을 묘사하기에는 한계가 있기 때문이다. 실제로 SI 단위계와 같이 정적인 기본량을 기초로 하여 이루어진 단위계를 활용하여 운동 현상을 묘사하면 차원의 벽을 절대 넘을 수가 없다.

예를 들어 속도는 거리를 시간으로 나눈 것으로서 거리와 시간이라는 두 가지 차원으로 속도를 나타내고 있기 때문에 속도를 표현할 때는 항상 거리/시간, 즉 m/s가 되어서 속도의 차원을 없앨 수가 없다. 그러나 광속과 같이 일정한 속도를 기준으로 삼는다면 다른 물체의 속도를 표현하는 데 있어 광속이나 물체의 속도나 같은 속도의 차원을 가지므로 상쇄되면서 상대적인 비比로 표현되어 차원의 벽을 넘어설 수가 있다.

일찍이 파인만은 현재 사용되고 있는 단위계의 이러한 한계를 절감하고 위대한 각성의 시대에 도달하려면 차원이라는 악마로부터 구원될 필요가 있다고 했다.[4]

플랑크 단위계에서 c=1을 기준으로 삼았다는 것은 곧 속도의 단위인 m/s라는 차원을 기본단위로 택하였다는 것과 같다. 달리 표현한다면 광속을 1c로 두었다고 하는 것과 같다. 여기에서 주의할 것은 1c의 단위가 c라는 점이다. 마찬가지로 h=1로 두었다 함은 에너지의 단위로서 h(kgm²/s 차원)를 택하고 이것의 기본단위량을 1로 삼았다는 것을 의미한다.

플랑크 단위계를 채택할 때 얻어지는 일차적인 이점은 c, h, G 등의 상수가 1이 되므로 방정식에서 이들 상수가 없어져 계산이 간단하게 된다는 것이다. 또 플랑크 단위계를 사용하면 질량, 길이, 온도 등의 물리량들이 차원이 없는 숫자가 된다. 그 이유는 질량을 예로 든다면, 질량을 같은 단위 차원을 갖는 플랑크 질량으로 나눈 값이 되기 때문이다.

Ⅲ

아인슈타인이 일반 상대성 이론을 발표한 뒤로 통일장 이론을 탐구했다는 것은 잘 알려져 있다. 그는 통일장 이론이 완성되면 전자전하량 e, 중력 상수 G, 광속 c 등과 같은 물리상수들이 순수한 숫자들로 표현될 수 있고 그 정확도는 원하는 대로 계산할 수 있을 것이라고 예상했다.

통일장 이론은 오늘날 모든 것의 이론Theory of Everything, TOE이라고 불리고 있다. 아인슈타인은 그의 이러한 생각을 공식적으로 발간된 논문들에서는 밝히지 않았으나, 그의 학생이자 오랜 친구였던 로젠탈 슈나이더와 주고받은 서신에서 이 주제에 대해 자주 언급했다.[5]

아인슈타인은 진짜 상수들은 반드시 순수한 숫자이어야 하며 속도, 길이, 질량 등과 같은 차원dimension이 없는 것이어야 한다고 했다.

광속조차도 속도의 차원이 붙어 있기 때문에 아인슈타인의 관점에서는 진짜 상수가 아니었다. 슈나이더가 차원이 없는 상수라면 파이(π)나 자연로그(e)와 같은 것밖에 없지 않느냐고 묻자, 아인슈타인은 답하기를 만약 속도 차원을 갖는 상수를 찾아낸다면 이 상수를 광속으로 나눈 비가 그러한 순수한 숫자가 될 수 있다고 했다.

아인슈타인은 차원 없이 숫자로 표현된 상대 비 값이 자연계의 가장 기초적인 상수라고 생각했다. 아인슈타인의 이러한 생각은 플랑크의 방법과 매우 유사하다.

여기에서 주의할 것은 아인슈타인이 생각한 순수한 숫자가 절대 수가 아니라 상대 비라는 점이다. 현재 알려진 수많은 물리상수들 중에서 절대 수, 즉 단위가 없는 상수는 미세구조상수 a 하나이며 그 값은 약 137.036이다.

러시아의 핵물리학자로서 제2차 세계대전 때 미국으로 탈출한 조지 가모프George Gamow(1904~1968년)도 이에 관심을 갖고 있었다. DNA에 바탕을 둔 유전학에도 기여한 가모프는 모든 자연현상을 설명할 수 있는 법칙이 발견되고, 자연계에서 관찰되는 4개의 독립적인 힘, 즉 중력, 전자기력, 약력, 강력의 세기를 나타내는 숫자로 이 법칙에서 나타나는 모든 상수들을 표현할 수 있다면 물리학은 끝난다고 했다. 즉, 가모프도 숫자로 자연을 설명할 수 있다고 생각했던 것이다.[6]

자연의 근원이 무엇이고, 어떤 방법으로 가장 잘 설명할 수 있을 것이며, 그 일차적인 수단이 되는 단위계로서는 어떤 것이 최적인가에 대한 이러한 제안들은 물리학자들의 주목을 별로 끌지 못했다. 그것은 이러한 질문들이 가장 기초적이고도 우주의 근원과 관련이 있을 정도로 기본적인 주제인 때문이기도 했지만, 그러한 것이 이루어질 가능성이 거의 없다는 비관적 생각도 같이 작용했다고 본다.

최근 들어서는 물리학의 주류가 응용과학 분야로 옮겨감에 따라 이러한 기초적인 질문은 물리학의 변방으로 밀려갔다. 그럼에도 불구하고 자연의 근원을 탐구하는 학자들은 이에 대해 계속 연구했으며, 그 논의의 초점은 우주를 묘사하는 데 있어 최소한 몇 개의 파라미터가 필요한가에 두어졌다.

IV

인간이 우주 속에 있는 한, 우주의 절대 척도는 찾을 수 없다. 우주의 바깥으로 나가지 않는 한 이것은 불가능하며 차선책은 하나의 기준점을 정하고 이것에 대한 상대값을 구하는 것이다.

현재의 SI 단위계는 말하자면 7개의 기준값을 정하고 이것을 기초로 우주에서 일어나는 자연현상을 묘사하고 있는 것이다. 그러나 7개의 기본단위가 모두 필요한가에 대해서는 사람마다 의견이 다르다.

최소한 3개의 파라미터들이 있어야 한다고 하는 의견[7], 초끈 이론에 따른다면 시간과 공간의 2개 파라미터면 된다는 의견[8], 절대 수를 기준으로 하는 단위계이어야 한다는 의견[9]이 있다.

문제는 어느 누구도 아직 이를 실현하지 못하고 있다는 점이다. 즉, 2개 내지는 3개면 될 것이라고 추정만 하고 있지 실제로 이에 기초를 둔 단위계를 제시하지 못하고 있다.

7개의 기본단위를 출발점으로 하는 SI 단위계의 내용을 잘 살펴보면 공간의 척도로서 m, 시간의 척도로서 s, 그리고 나머지 5개 단위, 즉 kg, K, A, cd, mol 등은 에너지 관련 단위로 묶을 수 있다. 따라서 5개 단위는 모두 에너지가 모습을 달리하여 나타나는 양상을 묘사하기 위해 도입된 것이라고 결론지을 수 있다.

만약 이들 간의 관계가 파악된다면 이들을 하나의 단위로 통일할 수 있을 것이다. 예를 들어 K, A, cd, mol 등을 질량의 단위인 kg의 단위로 바꾸어 표현할 수도 있다는 이야기다. 이것이 가능하게 되면 3개의 파라미터로 우주를 묘사할 수 있게 될 것이다.

더 나아가서 시공간도 에너지의 한 형태라는 것을 수용한다면 우리는 자연계의 모든 현상들을 하나의 파라미터로 표현할 수 있다는 결론에 도달하게 된다.

그것은 에너지의 단위이며 에너지는 기본적으로 운동 현상과도 연관이 되므로 불변의 운동 현상인 광속이나 플랑크상수 등의 파라미터로 표현하는 것이 가능하다.

논리적으로는 이것이 가능함을 짐작할 수 있어도 문제는 그 실제적인 관계를 어떻게 찾아내는가에 달려 있다. 우주를 기술하는 가장 간단하고도 유용한 단위계를 찾아낼 수 있을 것인가? 가능하다면 그 방법은 무엇일까?

V

제로 존 이론의 출발점은 플랑크 단위계를 나타내는 $c=h=G=1$에 $s=1$을 추가로 가정한 것이다. 이것이 의미하는 바는 무엇일까? 앞서 설명하였듯이 SI 단위계는 '정적 단위계'이고 플랑크 단위계는 '동적 단위계'다.

이 두 단위계를 연결하려면 움직임의 기본단위인 시간을 일치시켜야 한다. 다시 말해서 동적인 움직임을 묘사하는 단위계에서 시간을 고정시키면 운동의 단면을 보는 것과 같아지며 이것은 곧 운동이 정지한 것과 같다. 달리 말해서 시간의 단위를 s=1로 둠으로써 운동을 기준으로 하는 플랑크 단위계와 정적인 상태를 기준으로 하는 SI 단위계의 연결 고리가 찾아지는 것이다.

이것을 공준公準으로 하여 유도된 것이 제로 존 이론의 수치값들로서 7개 기본단위들에 해당하는 숫자들이 구해진 것이다. 여기에서 주의할 것은 각 단위에 해당하는 숫자들이 절대 수가 아니라 상대 비라는 점이다. 다시 말해서 이들 숫자는 엄밀히 말한다면 '7개 기본단위들 간의 상대적인 크기를 나타내는 비율'이다. 즉, 7개의 기본단위들을 하나의 파라미터로 표현하는 데 성공한 것이 제로 존 이론이며 그 하나의 파라미터는 c, 혹은 h, 혹은 s다.

하나의 파라미터로 표현하였다는 것은 물리적으로 우주 만물의 실체가 파동 그 자체일 뿐이라는 결론과 같다. 초끈 이론이 더 발전된다면 그 구체적인 결과가 이런 형태로 드러나게 될 것이라고 추정하는 것도 무리는 아닐 것이다.

제로 존 이론의 결과를 좀 더 알기 쉽게 설명하자면, 플랑크 단위계를 s=1이라는 차원의 축으로 보면 SI 단위계의 7개 기본단위들이 일직선 위에 정렬된다는 것과 같다. 마치 원판 위에 여기저기 흩어져 있는 단위들이 원판을 옆으로 보니까 한 줄로 늘어서는 것과 같다.

이 단위들의 상대적 위치가 바로 제로 존 이론에서 도출된 숫자들이다. 이 상대적 위치를 나타내는 기준을 어디로 잡는가에 따라 달라지는데 예를 들어 s=1인 경우, m=1인 경우, kg=1인 경우 등에 따라 그 수치값이 달라진다. 그러나 그 상대적 비 값은 변하지 않고 일정하며 7개 기본단위들 각각을 1로 잡았을 경우에 대한 상대적 비 값들은 이미 〈신동아〉에 발표되었다.

제로 존 이론의 공준 s=1은 말 그대로 공준으로서 이론의 출발점이자 가정이며, 이 값은 순수한 숫자 1로서 계산의 편의를 위해 도입되었다고 보아도 무방하나 그 이면에는 심오한 뜻이 담겨 있다.

흥미로운 점은 자연을 바라보는 기준점을 어디로 잡느냐에 따라 보이는 것이 달라진다는 점이다. s=1의 기준점에서 바라보면 움직이는 방향과 평행하게 바라보는 것과 같아서 정지 상태, 등속도 및 가속도(m/s=m/s²=m)를 구별하지 못하게 된다.

만약 s=1의 기준점에서 조금 이동하여 m=1의 기준점에서 바라보면 이번에는 공간상의 길이, 면적, 부피의 구분이 불가능하게 된다(m=m²=m³=1). 그러나 이 경우, s≠1이므로 정지, 등속, 가속이 구분되기 시작한다. s는 시간의 기본단위이지 변수가 아님을 주의해야 한다.

이 두 가지 조건을 적절히 활용하면 모든 우주의 운동을 해석하는 것이 가능하게 될 것이다. 이 결과를 달리 말하면 s=1의 관점에서는 제로 존 이론이 기하학이 되고 m=1의 관점에서는 운동을 예측하는 물리학이 된다고 할 수 있다. 만약 길이와 시간이 각기 1이 아닌 다른 숫자가 되는 위치를 택하여 자연을 본다면 이 숫자 값들을 이용하여 시공간상의 운동을 예측할 수 있을 것이다.

제로 존 이론에서 또 다른 중요한 결과 중의 하나는 미세구조상수와 같은 순수한 절대 숫자를 발견했다는 점이다. 그것은 제2 불변식의 x값으로서 제2 불변식의 항에 어느 숫자 비율을 대입하여도 이 식은 성립한다. 이것은 이 숫자가 미세구조상수와 같은 우주의 불변 상수 중의 하나일 가능성이 매우 높다는 것을 의미한다.

VI

제로 존 이론에서 밝혀진 무차원 숫자들은 '동적 존재'인 우주를 묘사하는 데 적절한 실질적인 '동적 단위계'로서 인류가 지금까지 갖지 못했던 새로운 잣대다.

겉보기에는 숫자 맞추기 정도로 간단한 것 같아 보여도 7개 기본단위들을 모두 하나의 파라미터로 표현하는 데 성공한 것은 물리학계에서 그 누구도 이루지 못한 업적이다.

앞서 말하였듯이 인간이 자신이 속한 우주의 밖으로 벗어나지 않는 한 우주를 재는 방법은 어떤 기준점을 정하고 이것을 출발점으로 하여 상대비 값을 파악하는 외에는 달리 방법이 없다. 그 기준점이 SI 단위계에서는 7개이지만 제로 존 이론에서 제시한 '동적 단위계'에서는 1개로 줄어든다.

이 이상 간단한 단위계가 이론적으로 있을 수 없다는 것은 자명한 일이다.

기준점을 1개 이하로 줄일 수는 없기 때문이다. 이 단위계가 과학 분야에서 본격적으로 활용되면 그 파급효과는 상당히 클 것이다. 연구 방법이 크게 바뀌어서 연구 개발이 매우 신속하게 효율적으로 이루어질 수 있게 될 것이며 나아가서는 우주를 바라보는 관점과 세계관도 서서히, 그러나 급격하게 변할 것으로 예상된다.

1. Richard P. Feynman, "The Pleasure of Finding Things Out", pp. 17-19 (2000)
2. J. Barrow, "The constants of nature", Vintage Books, pp. 33-42 (2004)
3. G. Gamow, Any physics tomorrow, Physics Today, Jan., 1949
4. Richard P. Feynman, "The Pleasure of Finding Things Out", pp. 17-19 (2000)
5. J. Barrow, "The constants of nature", Vintage Books, pp. 33-42 (2004)
6. G. Gamow, Any physics tomorrow, Physics Today, Jan., 1949
7. L. B. Okun, The fundamental constants of physics, Sov. Phys. Usp. 34 (1991) 818
8. G. Veneziano, A string nature needs just two constants, Europhys. Lett. 2 (1986) 199
9. M. Duff et. al., Trialogue on the number of fundamental constants, JHEP 3 (2002) 023
10. 〈신동아〉, 2007년 8월호, pp. 106-139

02
무한대와 무한소는 존재하는가

거인의 어깨 위에서

수천 년 동안의 미해결 문제로 무한소와 무한대가 존재하는가의 질문은 시작과 끝이 존재하는가의 질문으로도 대체할 수 있어 보인다. 그리고 이런 생각은 과학의 진보와 관련된 것처럼 보인다.

과학의 진보는 항상 인간이 당연하게 생각했던 한계를 극복하는 도전의 역사로 이루어졌다. 과학을 과학되게 하는 문장 중 가장 유명한 것은 '거인의 어깨 위에'다.

"내가 멀리 보았다면, 그건 거인들의 어깨 위에 올라 서 있었기 때문이다."

아이작 뉴턴이 이 말을 하기 전에 이미 여러 사람이 유사한 말을 했다. 동양에서 이와 비슷한 말을 찾는다면 아마 다음의 말이 아닐까 싶다.

'청출어람靑出於藍'

'일신우일신日新又日新'

그러나 과학은 그저 얌전한 도전으로만 이루어지지 않았다. 중요한 돌파구가 열릴 때마다 기존의 개념을 깨뜨리고 나오는 파열음이 강하게 온 세상을 뒤흔들었다. 지동설과 천동설이 대립할 때는 가톨릭이라는 거대한 난공불락의 절대권력과 필연적으로 부딪쳐야 했다. 그 때문에 과학자들은 순교의 제단에서 자기의 신념을 지키기 위해 기꺼이 피를 흘려야 했다.

그래서 너무나 뛰어난 발견은 단순한 도전에 머무르지 않고, 반역으로 여겨질 수밖에 없다. 반역은 피가 끓는 젊은이들에게 더 어울리는 종목이다. 《과학은 반역이다 The Scientist as Rebel》라는 저서에서 프리먼 다이슨 Freeman Dyson은 '젊은 영혼들을 구속하는 모든 문화의 압제에 저항하는 자유로운 영혼들의 동맹, 그것이 과학이다'라고 선포했다.

영혼이 젊기 때문에 압제에 저항하는 자유로운 영혼의 범주에 들어갈 위대한 과학자의 영정에 게오르크 칸토어 Georg Cantor를 빼놓을 수 없을 것이다. 칸토어는 무한의 개념을 발전시킨 수학자다. 사람들은 누구나 무한을 생각할 때마다 두려움과 함께 경외감에 빠져든다. 신비한 기운에 휩싸이면서 인간의 한계에 부딪힌다. 숫자를 생각할 때 더욱 그렇다. 1, 2, 3을 세기 시작하면서 '과연 그 자연수의 끝은 어디일까? 과연 끝이라는 것이 있기나 한 것일까?' 이런 생각을 하며 1, 10, 100, 1,000, 10,000 이렇게 10의 배수로 세어가다가 죽을 때까지 되풀이해도 멈추지 않을 것 같을 때 닥쳐오는 두려움이란….

수를 나타내는 여러 가지 단어가 있지만, 그래도 사람을 혼란에 빠뜨리게 하는 숫자는 무한이라는 개념이다. 모든 인간은 누구든지 신神을 생각할 때 자연스럽게 무한을 떠올린다. 그런데 무한이 어디까지가 무한인가? 무한이라는 수가 있기는 한가?

유한한 인간이 영원하고 무한한 신을 상상하는 것 자체가 모순에 빠져서 길을 잃어버리기 쉽기 때문에 무한을 생각하는 것은 신에 도전하는 불경스러운 일로 여겨지기도 한다. 그리고 무한을 파고들면 왠지 나쁜 일이 벌어질 것 같은 공포심에 휩싸이기도 한다.

칸토어는 무한집합의 종류가 여럿임을 증명했고, 집합론이 태어나도록 했다. 그리고 무한에도 작은 무한이 있고 더 큰 무한이 있음을 밝혀냈다. 자연수 전체 집합의 크기는 셀 수 있는 집합이며, 작은 무한이다. 실수 전체 집합의 크기는 셀 수 없는 비가산적 무한이며, 큰 무한이다. 칸토어는 수학에서의 이 무한의 개념을 과감하게 확장시킨 위대한 수학자다. 그에 대해서 현대 수학의 아버지라고 하는 동시대의 독일 수학자인 다비트 힐베르트David Hilbert는 이렇게 말했다.

"칸토어가 만들어 준 천국에서 아무도 우릴 쫓아내지 못할 것이다."

유한한 인간이 무한의 크기를 구별하고 계산할 수 있는 수학적 수단을 손에 쥐었다. 칸토어로 인해 수학은 인간이 가진 무한에 대한 두려움이 옅어졌으며, 신에 대한 오해가 줄어들었다. 무한에 대해 더 잘 이해하면 인간은 인간을 둘러싼 환경과 사물에 대해서 더욱 자유로운 생각을 할 수 있다. 수가 존재하는 한 무한과 **유한**의 개념을 피해 갈 수 없다. 수학 전체 영역에 걸쳐 모든 수수께끼는 무한과 관련되어 있다.

유한인가 무한인가

첫째, 수는 끝없이 영원히 계속 이어질까, 아니면 어디선가 끝이 날까?

둘째, 수가 어디에선가 끝난다면 거기에서 끝나는 이유는 무엇인가?

무한대 개념은 일반 상대성 이론의 무대인 우주론에서 대단히 골치 아픈 문제로 치부된다. 이 문제는 수학과 물리학뿐 아니라 **인문 철학** 분야에서도 지독한 관심을 가지는 영역이다. 수천 년 역사가 흘렀음에도 불구하고 우리 인류는 이 문제에 대해서 설득할 만한 논리 구조를 갖지 못했다. 이 책에서는 복잡다단한 사설을 피하고, 우선 결론적으로 답을 제시하고자 한다.

첫째 질문과 관련하여 해답은 다음과 같다.

무한대 개념은 **관측 가능한 우주**에서라는 전제 조건을 달 때 그 정량화된 크기는 최대 블랙홀 질량(M_{max})이다. 또는 궁극적 최대 단위 질량, 최대 에너지양자라 정의한다. 그 이유는 우리 우주 이외에 큰 우주는 존재하지 않기 때문이다. 따라서 무한소 개념은 정량화된 크기를 가진 최대 블랙홀 질량의 역수가 된다. 곧 $1/M_{max}$가 된다.

이 문제는 두 번째 질문에도 답하고 있다. 곧 무한하게 작다는 것은 얼마나 작다는 것인가에 대한 답이 **무한대** 문제와 동시에 관련되어 제시된다.

수학에서 **무한소**無限小, infinitesimal에 대한 정의는 다음과 같다. 일반적으로 무한소란 모든 양수보다 작지만 0보다는 큰 상태를 가리킨다. 따라서 무한소는 엄밀히 따지면 존재하지 않는다고 할 수 있고, 분수로 나타내면 '1/무한대'로 표현 가능하다.

무한대 자체로부터 나오는 분리할 수 없는 크기이기에 무한대의 역수가 되고 있다. 이 책에서는 무한소나 무한대 개념은 중력이 존재하여 시간 흐름이 존재하는 실수의 세계에서 정의된다. 따라서 무한대, 무한소는 유한한 크기를 가진다.

나는 빛의 속도를 결코 붙잡을 수 없다는 개념에서 무한의 의미를 직감했다. 곧 '절대 척도' 개념과 '무한'의 개념이 긴밀하게 연결되고 있음을 뒤늦게 알게 된 것이다. 마음 깊은 곳에서 힘찬 박수 소리가 들려왔다.

무한소의 크기는 무한대가 가진 크기가 방향 전환에 소요되는 '찰나'의 시간 크기로 정의된다. 곧 '찰나'는 '무한' 또는 '영원'이라는 개념과 역수 형식으로 맞닿아 있다.

나는 몬스터군의 물리적 해독을 통해 블랙홀 최대 질량이 계산된 양을 두고 상당한 시간 그 해석 문제에 골몰한 바 있었다.

먼저 이 거대한 물리량이 공간 팽창의 상한이 주어졌고, 이는 우주 크기의 절대 척도로 삼게 되었다. 이 절대 척도 개념은 더 이상 큰 우주 공간밖에 없기 때문에 무한대 개념으로 최종 해석을 내리게 된 것이다. 무한소 개념은 결국 몬스터군에 대한 물리적 해독이 없었다면 계산이 불가능했던 것이다.

몬스터군의 물리적 해독은 아인슈타인 방정식을 정확히 푸는 것과 똑같은 효과를 제공한다는 사실을 뒤늦게 알았다. 내가 보기에 무한대 문제(궁극적 최대 단위 질량, 최대 에너지양자)가 일방 상대성 이론의 무대인 우주론에서 골칫거리라면, 무한소 문제(궁극적 최소 단위 거리, 최소 에너지양자)는 양자역학에서 특히 골칫거리다.

원 파라미터 솔루션이라는 이론에서 수는 끝없이 이어지는 것이 아니다. 곧 수는 다른 말로 바꾸면 무한히 분할될 수 있는 **가분성**可分性이 있는 것이 아니라, 가분성의 한계가 존재한다는 것이다. 그 이유는 관측 가능한 우리 우주의 최대 질량을 최대 크기라고 할 때, 그 이상은 존재하지 않는다고 간주하는 것이다. 이는 동양의 현자인 혜자惠子가 한 말을 생각나게 한다.

　　지대무외 위지대일至大無外 謂之大一
　　지소무내 위지소일至小無內 謂之小一

풀어쓰면 이렇다.

"세상에서 가장 큰 것은 밖이 없다. 그것을 제일 크다고 하는 것이다. 세상에서 가장 작은 것은 안이 없다. 그것을 제일 작은 것이라고 하는 것이다."

결론적으로 OPS에서 계산된 관측 가능한 우리 우주의 크기(우리 우주의 질량)를 기호 M이라고 한다면, 실제 최대로 큰 크기는 블랙홀 최대 질량이라고 할 수 있다. 이를 기호로 표시하면 M_{max}라고 한다. M_{max}를 전체로 표현한다면 이의 역수인 $1/M_{max}$를 무한소($d\ell$)로 간주하여 가분성의 한계로 잡은 것이다. 따라서 무한소에 대한 수식은 중력자가 블랙홀이 되는 경우로 $2G\ graviton = 1/M_{max} = d\ell$이 된다(3부 수식 7의 Eq. 7-1 참조). 이를 이 책에서 '궁극적 기본단위' 또는 '최소 에너지양자'로 지칭한다. 즉각적인 양으로 10^{-104}초가량 된다(3부 수식 7의 Eq 7-1 참조).

일단 무한소가 정해지면 유클리드 기하학에서 크기가 없고 위치만 있다고 정의된 점의 크기가 계산된다. 그럴 경우 크기가 없다는 기존의 점의 개념이 사라지면서 점의 크기가 확실해지므로, 계산 결과에 대해 편리하거나 유용한 설득 논리를 가질 수 있다. 이러한 결과는 임의의 크기를 가진 한 원의 원주에 존재하는 거리가 유한하여, 점의 수가 무한이 아니고 일정한 크기의 숫자를 부여할 수 있게 된다. 이렇듯 과학의 진보는 사물의 조각 내기를 잘해야 한다.

무한대보다 큰 수, 무한소보다 작은 수

기존에는 원의 크기와 무관하게 원주에 존재하는 점의 개수가 무한개 존재했다. 끈 이론의 경우 무한소에 대한 정의가 없으므로 임의의 어떤 끈이든 간에 그 끈 속에 들어 있는 점의 수는 무한대가 될 수밖에 없다.

여기에서 M_{max}가 무한대이고, dl을 무한소라고 한다면, M_{max}보다 수치가 큰 S_{BH} 경우는 어떻게 해석할 것인가라는 의문이 제기될 수 있다. 이는 기준이 된 무한대보다 더 큰 무한이라고 해석한다. 마찬가지로 dl보다 더 작은 수치를 가진 우주 상수 Λ는 무한소보다 더 작은 무한소라고 해석한다.

칸토어가 이미 언급하고 증명했듯이 무한집합의 종류가 여럿이라는 점을 고려한 것이다. 다양한 무한 개념에 대해 이 책에도 일반적으로 생각하는 가무한과 유한을 초월한 완결된 실무한을 분류하여 설명이 추가될 것이다.

이러한 해석에는 수학자 칸토어의 무한집합 개념 사이에 크기 비교에 대한 다른 무한집합이 존재할 수 있다는 정성적인 해석이 적용되었다. 다시 말해서 무한대와 무한소의 정의는 그 형식적 절대 이름(기준)이 정해진다는 것이다. 이러한 개념을 계속 사용하면 크기 대소가 있는 블랙홀에 관한 계산에서 예상하지 못한 실제적인 유용성을 발견할 수 있다 (3부 참조).

이러한 무한대와 무한소에 대한 실질적인 유용성은 마법의 수 137에 대한 풀이로 이어진다. 곧 마법의 수 137은 무한소와 무한대 개념인 관측 가능한 우리 우주에서 상한 블랙홀 질량 M_{max} 및 하한 블랙홀 질량 M_{mini}에 대한 정성적 개념과 정량적인 수치 크기를 계산할 수 있을 경우에만 풀 수 있을 것이다. 마법의 수 137의 풀이가 얼마나 복잡하고 난해한지를 보여주는 지표가 아닐 수 없다. 무한의 개념에 대한 유한화가 얻어지지 않았다면 마법의 수 137의 비밀을 결코 발견해내지 못했을 것이다.

특히 두 블랙홀 질량 문제는 초기 우주의 상태, 곧 빅 바운스일 때의 특이점 문제를 극복하는 방법으로 사용된다. 곧 우주 운행의 안정성과 관련된 아인슈타인의 일반 상대성 이론이 완벽함을 담보할 때 마법의 수 137에 대한 풀이가 이어진다(3부 수식 4의 Eq. 4-15 참조).

가무한과 실무한

가무한potential infinity은 일반적으로 생각한 무한이다. 어떤 값에 한없이 다가가는 상태이지만 결코 그 값은 되지 않고 잠재적으로만 그 값이 되는 무한이다. 이 책에서는 가무한을 가무한대와 가무한소 둘로 분류한다. 가무한대는 블랙홀 최대 질량(M_{max})이고, 가무한소는 가무한대의 역수로 최소 에너지양자(dl)로 각각 대응하여 지칭한다.

실무한actual infinity은 유한을 초월한 존재로 완결된 무한이다. 무한 그 자체를 의미하여 한없이 다가간다는 개념을 배제한 무한이다. 이 책에서는 실무한을 실무한대와 실무한소 둘로 분류한다. 실무한대는 블랙홀 최대 엔트로피(S_{BH})이고 실무한소는 우주 상수(Λ)로 각각 대응하여 지칭한다.

오늘날 많은 수학자들이 실무한을 사용하는 집합론 공리계를 받아들이고 있다. 대표적 직관주의 수학자 브라우어는 '구성할 수 있는' 무한의 개념만을 받아들였는데, 가무한과 실무한을 수학 영역에서 물리학 영역으로 진입시킨 4개의 가무한대, 가무한소, 실무한대, 실무한소가 그러하다. 관련된 물리적 의미는 수식에서 설명한다(3부 수식 7의 Eq. 7-5, Eq. 7-6 참조).

03
느낌만으로 풀 수 없는
오메가 문제

창조되었는가, 존재되어 왔는가

알파(A 또는 a)와 오메가(Ω 또는 ω)는 신의 속성을 표시하는 중요한 개념이다. 우주는 창조되었는가? 아니면 영원히 존재해왔는가? 이 질문은 20세기 우주 과학자들의 제일 중요한 문제로 간주되어 왔다. 또 우주가 영원히 팽창할 것인가, 아니면 궁극에 가서는 수축해서 소멸할 것인가 하는 우주의 최후에 대한 수수께끼이기도 하다. 이런 문제를 학계에서는 **오메가 문제**라고 한다. 이 문제는 다음과 같은 질문으로 바꿀 수 있다.

퍼즐이 다 풀리고 나면 최종적으로 우주는 어떤 모습일까?

이 질문은 왜 하필 우리가 관찰하고 있는 우주와 필연적으로 일치하는가 하는 질문과 다를 바 없다고 생각한다. 이 질문에 답하기 전에 먼저 과학을 성립시키는 과정 중의 하나로서 자연의 **제일성**uniformity에 대한 개념이 필요하다(2부 9장 참조).

자연은 동일한 상태에서 동일한 현상을 일으키도록 하는 동일적 질서를 고수하고 있다는 원리다. 오메가 문제는 이 책의 주제가 되고 있는 마법의 수 137과 블랙홀이라는 장과 연결되어 있다. 나는 결론적으로 3부의 수식으로 표현한다(3부 참조).

오메가 문제는 종종 성경에서 창조주 신에 대한 정체성으로 이어진다. 요한계시록 22장 13절에서는 다음과 같은 표현이 나온다.

'나는 알파와 오메가요, 처음과 마지막이요, 시작과 마침이라!'

물리학에서는 아일랜드 물리학자 존 벨John Stewart Bell의 비국소성 원리가 모든 것이 하나로 연결된다고 말한다. 매우 흥미롭게도 동양의 **선불교**禪佛敎도 다음과 같은 유명한 화두를 던진다.

만법귀일萬法歸一 **일귀하처**一歸何處

이 화두를 쉽게 설명하면 다음과 같다.

'세상의 모든 법이 하나로 돌아온다면 그 하나는 도대체 어디로 돌아가는가?'

문제는 이 화두에서 앞의 네 글자는 쉽게 이해할 듯하지만, 뒤의 네 글자는 그 하나가 다시 어디로 돌아가는지 질문할 수밖에 없게 된다. 이 화두를 물리학적으로 설명하면, 오메가 문제와 관련하여 이 책에서 설명하려는 내용과 거의 정확히 일치한다고 생각된다.

우리 우주의 시작과 끝이 존재할 리는 만무하지만, 사람이 우주와 시작에 관한 이론을 전개하는 순간, 시작과 끝에 관한 내용이 전해질 수 있다.

빅뱅(빅 바운스)을 거쳐 거의 찰나의 순간에 팽창의 상한에 이른 최대 블랙홀 질량(이 순간 블랙홀 최대 엔트로피를 구축한다)을 블랙홀 공식에 대입하면, 질량과 밀도가 역비례되는 관계로 최소 임계밀도인 진공 에너지밀도를 얻게 된다.

역으로 최대 블랙홀 질량은 서서히 중력 붕괴를 통하여 오랜 시간에 걸쳐 물리학 상수 중에서 가장 거대한 플랑크밀도에 의해 엄청난 압력을 경험하는 최소 블랙홀 질량을 가진다. 이 순간 **빅뱅**(빅 바운스)을 다시 개시하여 우리 우주의 끝은 다시 시작으로 이어지는 순환의 과정을 반복한다. 이탈리아 시인 마르쿠스 마닐리우스Marcus Manilius의 외침이 심상치 않아 보인다.

"우리는 태어나자마자 죽기 시작하고 그 끝은 시작과 연결되어 있다."

펜로즈와 호킹의 특이점 정리를 뒤엎다

관련된 수식으로 최소 블랙홀 질량을 블랙홀 공식에 대입하는 순간 거대한 음의 압력인 플랑크밀도를 얻게 된다. 이 과정을 통하여 알 수 있는 것이 **만법귀일**이다. 만법귀일에서 '만법'은 블랙홀 최대 질량을 지칭하고, '귀일'은 그 최대 블랙홀 질량이 최소 블랙홀 질량이라는 새로운 하나로 **상전이**phase transition 함을 표현한다. 나는 이 과정의 여로를 '긴 여행 짧은 귀환'이라고 표현하고 있다.

여기서 무엇보다 경이로운 사실이 있다. **천체물리학** 교과서에서 사실인 것처럼 빅뱅의 '특이점'을 그대로 인용하고 있는 문제점에 대해 그 잘못을 명확한 증거를 통해 보여주고 있다는 사실이다. 그 명확한 증거란 이 책에서 화룡점정畵龍點睛이 되는 마법의 수 137과 일반 상대성 이론의 난해한 Λ와의 관계식을 '특이점'을 피해 '하나'로 연결시키고 있다는 사실이다.

오늘날 내로라하는 이론물리학자들은 영국 옥스퍼드대 출신 수학자이자 물리학자인 펜로즈와 영국 케임브리지대 출신 이론물리학자 호킹이 함께 쓴 특이점 정리가 잘못되었음을 밝히려고 이 시각에도 불을 켜고 있다.

왜냐하면 아인슈타인이 개발한 일반 상대성 이론이라 할지라도 '특이점'이 나오는 순간 '무한대'라는 결과가 도출되어 모든 계산이 무위로 되돌아가고 말기 때문이다. 모든 수리물리학자들은 수식 결과가 '무한대'로 나오면 일반적으로 무엇인가 수식의 계산 과정에 **논리적 모순**이 존재함으로 이해한다. 그래서 이 책 2부 2장에서 무한대·무한소 개념을 특별하게 다루고 있는 것이다.

학자적 위상이 하늘같이 높고 존경해마지 않는 펜로즈와 호킹이라 할지라도 잘못된 것은 잘못된 것이다. 나 또한 아인슈타인이 내놓은 일반 상대성 이론 자체가 잘못된 것이 아니라, 펜로즈와 호킹이 어렵게 '특이점 정리'라는 수식을 세상에 내놓았지만 오래전부터 분명하고 명확하게 잘못된 길로 가고 있음을 느꼈다.

개인적인 느낌 또는 예감, 비결秘訣만으로 과학을 할 수는 없는 법이다. 하지만 안타까운 사실은 펜로즈와 호킹이 써 놓은 난해하고 복잡한 논문의 수식은 보기 민망할 정도로 그 어려운 **양자장** 언어가 외계인 언어로 보인다는 점이다. 그러나 옛말에 지도무난至道無難이라 하지 않았는가! 지독하게 어려운 도는 결코 어려움이 없다. 그리고 신은 한쪽 문을 닫아 두시면 한쪽 문은 열어 두신다고 하지 않으셨던가!

신은 몬스터군을 해독할 수 있는 숫자 언어를 사상 처음으로 얻게 하고, 버킹엄 머신의 데이터베이스를 통해 관측 가능한 우리 우주에 팽창

상한 질량과 수축 하한 질량이 존재함을 다양한 멀티크로스 체크multi-cross check 방식으로 확인하게 했다.

블랙홀이란 용어를 만든 존 아치볼드 휠러는 다음과 같이 말했다.

"아인슈타인의 우주에서 팽창이 일어나고 있으며, 우주가 최대 크기에 도달하여 다시 줄어들기 시작하고 완전한 중력 수축이 일어날 것을 예언합니다."_《물리학의 근본 문제들》, 범양사, 84쪽

여하튼 이 두 개의 질량 쌍에 대하여 아인슈타인이나 이후 물리학자들이 전혀 계산한 바 없지만 마법의 수 137과 일반 상대성 이론에서 나오는 Λ와 기적이라 불러도 지나치지 않을 만큼의 수치적 일치를 보였다. 결과적으로 이는 무한대인 특이점을 교묘하게 피할 수 있게 해주었다. 특히 두 개념이 동수equinumerosity라는 것은 일대일 대응한다는 뜻이다.

나는 아인슈타인 장방정식이 참으로 위대하다는 것을 몸소 체험했다. 유감스럽게도 펜로즈와 호킹의 '특이점 정리'가 수학적으로는 옳다고 하더라도 물리적으로는 명확하게 잘못된 결론임을 나만의 독특한 방법으로 증거를 제시했다고 생각한다. 그 증거란 무한의 개념을 유한화(재규격화)할 수 있는 계산 방법으로 양자론과 일반 상대성 이론 간의 수식 연결을 보여주는 것이다.

이런 물리적인 수식은 지금까지 밤을 밝혀온 이 땅 위의 수많은 천재 물리학자들에게 환호성과 박수를 보낼 것으로 확신한다. 그 유명한 인플레이션 이론마저 '특이점' 문제를 두고 애를 쓰고 있으니 말이다.

이 이론은 프리드만 우주에서 '인플라톤inflaton'이라는 에너지를 통해 초기 우주를 급격히 팽창시키는 효과를 낳았다. 인플라톤의 질량이 플랑크 질량 수준까지 떨어지면 인플레이션이 끝남과 동시에 빛과 물질

이 태어나고 불덩이fire ball 상태의 우주(빅뱅 우주)가 되었다고 알려져 있다.

우주가 팽창하고 있다면 우주는 한 점에서 시작했을 것인데, 이 한 점을 특이점으로 두고 있는 것이다. 이 책에서 서양의 아인슈타인이 미완의 숙제로 남겨 두었던 풀지 못한 숙제를 해결할 뿐만 아니라 위대한 물리학자로 알려진 펜로즈와 호킹의 특이점 정리의 문제점을 지적하고 있다.

이제 선불교에서 만법귀일보다 더 의문이 가고 있는 일귀하처에 대한 물리적 해석을 해보기로 하자. 일귀하처에서 '일귀'란 새로운 빅뱅(빅 바운스)을 통하여 새로운 순환이 시작되는 최소 블랙홀 질량을 지칭한다. 이때 '하처'는 그 최소 블랙홀 질량이 상전이를 통하여 다시 최대 블랙홀 질량으로 돌아가는 것을 뜻한다. **순환 반복**되는 이 전체 과정은 원시반본原始反本으로 이어지는 블랙홀 장에서 다시 다룰 것이다.

닭이 먼저냐 알이 먼저냐

우리는 이제부터 매우 오래되어 진부하지만 소중한 질문에 답할 수 있게 되었다. 닭이 먼저냐 알이 먼저냐에 대한 질문이 바로 그 질문이다. 우리는 지금까지 이런 질문에 대해 선택의 갈림길에서 혼란을 경험할 수밖에 없었다. 이 문제는 과학적 접근 방식을 취할 때 최소한 '에너지'에 대한 이해와 '집합' 개념이 부족하면 풀 수 없다. '엔트로피' 문제는 나중 문제다.

이런 종류의 선택 문제는 거의 순환론적인 질문으로만 여길 수 있다. 앞에서 '이중성'에 대해 이미 언급한 바 있다. 닭(알)과 알(닭) 또한 이중성으로 간주할 수 있다. 그동안 학습한 바를 정리하면, 먼저 가장 넓은 영역을 가진 에너지에 대한 정의를 생각해볼 수 있다. 그러면 닭과 알은 에너지 집합 내의 서로 다른 두 원소가 될 수 있다. 두 번째는 닭과 알 간의 관계를 살펴볼 수 있다. 닭과 알은 상위개념을 가진 에너지라는 일정한 틀 안에서 서로 크기와 모양이 시간 흐름을 통하여 변화하고 있다.

결론을 내리면, 에너지라는 큰 시공간 아래에서 둘 중 누가 먼저라고 할 수 없이 순환 반복하고 있다고 할 수 있다. 가령 닭이 먼저(시작)라고 한다면 닭으로 끝나게 되고(끝), 알이 먼저(시작)라고 한다면 알로 끝나게(끝) 된다.

이는 알(닭)에서 시작하여 닭(알)으로 끝난다는 논리 개념과 그 주기가 일치한다. 왜냐하면 변화하는 시간 흐름의 크기가 같은 한 주기로 일정하기 때문이다. 핵심 요지는 단순히 닭(알)이 먼저냐 알(닭)이 먼저냐가 아니라, 정적인 에너지라는 거대한 틀 안에서 동적인 시간 흐름과 동시에 닭 또는 알 간의 순서 문제다.

우리나라 건국 이념이 되고 있는 천부경에서 이미 기술한 내용이다. 하나에서 하나로 끝난다(일시무시일 일종무종일—始無始——終無終—).

예시된 문장을 잘 살펴보면 시작과 끝에는 닭과 알 또는 알과 닭이 서로 순서를 바꿔가며 연속적으로 이어져 있음을 쉽게 확인할 수 있다. 가령 닭이 먼저라면 닭이 끝나는 순간 동시에 연속적으로 알이 시작하게 되고, 알이 끝나는 순간 동시에 닭이 시작하게 된다.

여기서 닭을 '전체(최대 블랙홀 질량)'라 두게 되면 알은 '하나(최소 블랙홀 질량)'로 둘 수 있다. 이는 자연적으로 만법귀일 일귀하처에 대응하는 것이다.

우리는 닭과 알 사이의 관계에서 이 시각까지 미해결 문제로 남아 있는 유명한 문제를 명확하게 해결할 수 있음을 알게 된다. 우리 우주가 연속적인가 불연속적인가에 대한 질문이 그것이다. 우리는 닭과 알이 각각 하나의 불연속적인 성질을 가진 양자라 둘 수 있다. 불연속적인 양자를 경계로 연속되어 우리 우주는 연속(불연속)과 불연속(연속)이 서로 동시적으로 교차하고 있음을 알 수 있다.

이와 관련된 3부 수식은 상수로 이루어진 양자(불연속량)들 간의 조합으로 등호(연속량)를 중심으로 대칭을 보여주고 있다.

04
우주론의 제1 화두, 블랙홀

블랙홀의 증명

중력과 엔트로피를 연결하는 데에 있어서 가장 중요한 역할을 하는 대상이 블랙홀이다. 블랙홀은 시간반전, 곧 순환 반복 개념에 반드시 필요한 물리량이다. 우리 우주가 하나의 거대한 **블랙홀**임을 어떻게 증명할 것인가? 나는 중력과 엔트로피를 연결하는 방법을 수식으로 보여주고 있다(3부 수식 4의 Eq. 4-9 참조).

나중 우주$_{\text{after universe}}$에서 중력의 축적이 최대가 되면 자발적 엔트로피가 상쇄(코넬대에서 주관하는 논문 사전 공개 사이트인 아카이브에 게재)되면서 하나의 거대한 블랙홀이 오랜 시간이 지나 서서히 붕괴된다. 이 과정에서 진공 에너지밀도가 엄청난 폭발력을 가진 플랑크밀도로 전환된다.

이는 최대 블랙홀 질량에서 최소 블랙홀 질량으로 전환되는 과정으로 밀도 전이와 함께 빅뱅(빅 바운스)이 일어난다. **되튐**$_{\text{big bounce}}$이 일어나고 있는 국지적인 우주를 포함하는 최소 블랙홀 질량의 영역에서는 시간 자체가 근본적인 의미를 가지지 않는 근사($t \neq 0$)에 지나지 않는다. 표준적인 빅뱅 이론이나 인플레이션 이론에서는 '특이점'을 인정하여 시간의 시작을 그대로 두고 있기 때문에 시간의 끝점이 뚜렷하다. 그리고 둥글지 않고 뾰족하여 **특이점인 '0'**에서 출발하는 것처럼 보인다.

나는 이 책에서 시간의 시작을 존재에 대한 인식 발화로 보고 있다. 언어 그 자체는 인식 발화로 복소수 체계는 주체의 경험 언어, 실수 체계는 객체 간의 관찰 언어로 나누어 보고 있다.

특이점이 아닌 되튐

거듭 강조하지만 아인슈타인의 일반 상대성 이론은 수학과 물리학에서 정의 자체를 두지 않아서 난장판이 되고 있는 '특이점'을 결코 갖고 있지 않음이 재확인되었다. 특이점 자체는 계산 불가능한 무한대의 해를 가짐을 주목해야 한다. 다른 말로 하면 아인슈타인의 일반 상대성 이론인 장방정식이 수식 자체가 '특이점'을 갖는 '불안정'하거나 '불완전'하다는 주장이다. 중력 이론으로 알려진 일반 상대성 이론이 워낙 어려운 나머지, 이 분야에서 소위 유명세가 있는 소수의 학자들이 내놓은 수식 결과에 이렇다 할 확신을 갖지 못한 채 그 결과를 추종하는 실정이다.

예를 들면 최근에 노벨 물리학상을 수상한 영국 옥스퍼드대 출신 수학 박사이자 물리학 박사 펜로즈와 영국 케임브리지대 출신 이론물리학 박사이며 블랙홀 방사로 유명한 호킹이 함께 내놓은 **특이점 정리**가 그것이다. 이들 논문에서의 결론은 아인슈타인의 일반 상대성 이론이 빅뱅에서 '특이점'을 가져서 아인슈타인 방정식이 불완전하다는 것이다.

나는 오랫동안 아인슈타인 장방정식이 완전하다는 확신을 갖고 버킹엄 머신을 통해 점검에 들어갔다. 그리고 난문제의 열쇠가 마법의 수 137에 있음을 발견했다. 이는 우주 상수 Λ와 짝을 짓고 있었다. 이 문제는 우주가 특이점을 가지는 빅뱅이 아니라 '되튐'을 이용한다는 것이다.

역으로 마법의 수 137은 아인슈타인의 일반 상대성 이론에 은닉된 우수성이나 완벽성을 보증해주는 효과를 보여준다. 특히 초기 우주에서 이런 되튐(빅 바운스)이 일어나는 이유는 다음과 같다.

블랙홀 최소 질량에서는 더 이상 붕괴가 불가능하여 거대한 반발력 bigger repulsive force이 일어난다. 그리고 이것은 마치 빅뱅처럼 보인다. 이러한 과정에서 **중력자**가 빠져나오면서 빛과 물질이 실제 세계로 인도된다. 이 순간을 기점으로 중력이 나타나면서 시간의 흐름이 정확히 '0'이 아닌 '0 근처'에서 시작된다. 이 '0 부근'이 존재론에서 인식론으로의 전환점이 된다.

최대 블랙홀 질량(M_{max})의 제일 중심부는 68.3%의 비율을 가진 암흑에너지로서 그 구성 성분이 $d\ell$이고, 중간 부분은 26.8%의 비율을 가진 암흑 물질과 중력자다. 나머지 표면층은 4.9%의 비율을 가진 보통 물질인데 **바리온**baryon으로 구성되어 있다.

05
숨겨진
6차원과 중력자

아인슈타인의 고민

아인슈타인은 만년에 다음과 같이 토로했다.

"요즘 나는 중력 문제에만 매달리고 있습니다. 내 평생 무엇인가를 이렇게 고민한 것은 처음입니다. 수학을 엄청나게 존경하게 된 것도 처음입니다."

양자장 이론의 특별한 형태로 만들어진 소립자 표준 모형에서는 세 가지 힘만을 기술하고 중력은 제외시키고 있다. 이 점을 보더라도 중력을 세 가지 힘과 관련하여 기술한다는 것이 결코 쉽지 않음을 알 수 있다. 수학에 탁월한 능력을 가진 물리학자라도 양자장 이론Quantum Field Theory, QFT을 사용하여 양자 중력을 기술하는 순간, 엄청난 지적 능력이 요구된다.

아인슈타인의 경우, 일반 상대성 이론을 고민했던 것보다 훨씬 더 많이 양자 문제를 고민했다고 고백했다. 이 또한 상대성 이론과 양자역학의 통합이 얼마나 어려운가를 보여준다.

　최고의 난이도가 있는 수식은 항상 공통점이 존재한다. 곧 자기 참조적 무결성으로 자기 자신을 증명하는 방법인데, 하나의 연속된 수식 안에 2개 이상의 변수가 일관성을 가진다. 수학적 구조가 자기 참조적 무결성을 가지면 우연성이나 임의성을 제거할 수 있기에 진위에 모순되는 내용을 가질 수 없어서 검증 자체가 매우 용이하다.

　우리는 스케일 측면에서 양자역학이 미시계에 속하고 일반 상대성 이론이 거시계에 속한다고 말하기도 한다. 그렇다면 도대체 미시계와 거시계의 기준은 어떻게 내릴 수 있을까 하는 자연스러운 의문이 나올 수 있다. 답변이 결코 쉽지 않은 질문이다. 흥미롭게도 관련된 답은 두 분야의 어려운 통합 문제 풀기로 이어질 수 있다.

　나는 미시계와 거시계가 서로 자기 참조적 무결성과 얽힘으로 연결되어 있음을 알게 되었다. 단순히 크기가 크다고 해서 우주라는 용어가 적합한 건 아니라는 것이다.

중력과 세 가지 힘의 차이

　아인슈타인은 중력의 효과를 정확히 상쇄하기 위해 그의 편미분 장방정식에 Λ를 넣었다. 중력이 왜 그렇게 약한지는 수수께끼로 남아 있다. 중력은 세 가지 힘과 관련된 아주 극미세한 에너지 차이를 보상해주는 역할을 한다. 따라서 에너지보존법칙을 이루는 그 역할의 주체가 바로 중력자라고 할 수 있다.

　중력상호작용은 매우 약해서 실험 또는 관측에서 직접 확인이 어려운 것으로 알려져 있다. 중력이 엄청나게 약한 이유는 별의 크기가 그토록 큰 이유와 일맥상통한다. 중력 자체가 워낙 약한 힘이기 때문에 양성자들 사이에서 작용하는 전기적 척력을 이겨내고 안으로 수축하려면, 중력을 행사하는 질량이 엄청나게 많아야 한다. 이는 중력이 극소한 에너지 갭$_{gap}$을 메꾸는 역할을 하여 자연에서 에너지보존법칙이 성립하는 이유를 설명하고 있다. 1부의 **공자천주**에서 언급한 바 있다.

물리학자들의 추측이 옳다면 우주에 존재하는 근본적인 힘은 네 가지가 아니라 '하나'뿐이다. 곧 나머지 세 가지 힘은 **변주곡**이고 중력자에 의한 중력은 **주제곡**이라고 할 수 있다. 누군가 중력을 한마디로 표현하라고 하면 나는 주저 없이 '물질과 비물질 간의 위대한 조정자'로서 '등가 관계론'이라고 말할 것이다.

중력과 허수와의 관계

'등가 관계론'이란 서로 분리되어 있는 물리량이나 사건을 하나의 물리적 계로 등식화시키는 동인성으로, 에너지보존법칙이라는 물리법칙이 왜 존재하는가를 설명해준다. 허수 자체는 복소평면에서 '회전' 또는 '주기'라는 행위를 드러내는 동인성을 갖지만, 그동안 그 회전하려는 동인성이 실수와 어떤 관계에 있는지 포착하기 힘들었다.

눈에 보이는 실수들로 이루어진 숫자들에는 각각에 맞는 적절한 이름이 붙여진다. 하지만 눈에 보이지 않는 허수는 회전이라는 움직임을 보이지만 이름을 붙일 수가 없다. 그래서 옛사람들은 허수를 두고 '무명$_{無名}$에 연$_{緣}$하여 행$_{行}$함이 있다'고 표현하기도 했다.

이제 그 퍼즐에 대한 판도라 상자가 열렸다. 물리학자들은 오랜 시간을 두고 자연에 존재하는 네 가지 힘 중에서 유난히 중력의 정체성을 밝히는 데 인내심의 한계를 시험해왔다. 나 또한 그 한계를 토로하다가 34년이란 세월의 흐름 끝에 드디어 발견하게 되었다.

중력은 허수 세계에서 시간 흐름이 개시되는 실수 세계로 진입하면서 허수가 가졌던 '회전'이라는 동인성을 분리된 두 계를 하나로 '등식화'시키는 동인성으로 전환시킨다. 허수 세계에서는 복소평면에서 '회전(주기)'하려는 행위의 동인성으로 운동의 '과정'에서 생기는 '동적' 현상에 초점을 둔다. 그러나 실수 세계에서는 분리된 두 계가 등호(=)를 중심에 두고 서로 '등식화'하려는 행위의 동인성으로 운동의 시작과 끝의 '결과'에서 생기는 두 힘의 '정적' 현상에 초점을 둔다. 결국 하나의 입자 상태로 전환시키는 파동함수의 붕괴와 유사하다. 이런 역할을 '측정'이라는 이름을 붙이고 있지만 사실 '중력'이 해내고 있다.

전자의 동인성은 '허수'가 주역으로 제1 동인성이라 칭하고, 후자의 동인성은 실수로서 '중력'이 주역으로 제 2동인성이라 칭한다. 제1 동인성은 '회전'의 형태 '0'을 두어서 회귀回歸의 관계를 가지는 방정식 형태에 가깝고, 상대적으로 제2 동인성은 '등호의 형태(=)'를 두어서 무등無等의 관계를 가지는 함수 형태에 가깝다.

2부 4장에서 최소, 최대 2개의 블랙홀 질량 관계를 설명했다. 곧 2개의 블랙홀 질량을 통하여 우리 우주가 '순환 반복'하고 있음을 여러 번 묘사한 것이다. 여기서 '순환'이란 허수에서 비롯된 '회전'이라는 제1 동인성과 관련되어 있다. '반복'은 중력이 지배하는 물질세계에서 서로 다르게 구조화된 질량 간에 시간 흐름을 통하여 등식화하는 제2 동인성이 작용하는 과정에서 순서적으로 이루어지고 있다.

파동함수가 붕괴되는 이유

양자역학에서 자주 등장하는 '**파동함수의 붕괴**'에 대해서 물리학자들은 지금 이 시각까지도 그 이유를 찾기 위해 머리를 싸매고 있다. 이 붕괴 과정에 중력이 개입하고 있는 것이다.

조금 더 구체적으로 중력의 역할을 설명하면 다음과 같다.

양자역학에서 중요한 용어 중에 중첩(두 개의 상태가 섞임)이 있다. 이 중첩은 관측자가 개입하는 측정 순간, 확률 개념을 남기면서 사라진다. 관측 순간 파동함수가 붕괴되고, 이 파동함수는 원래대로 결코 복구되지 않는다. 왜냐하면 시간이 시작하는 순간 중력이 개입하기 때문이다. 시간은 힘에 의해 야기되는 '운동motion'에 영향을 받는다. 그런데 운동은 시간뿐만 아니라 공간까지도 변형시키는 성질을 가지고 있다.

수학과 다르게 '관측'이라는 중요한 물리적 용어는 중력이 개입하기 시작하는 과정의 첫 순간이 된다. 이 과정은 존재론적 시기(동시성의 세계, 선형의 세계)가 아니라 인식론적 시기(비동시성의 세계, 비선형의 세계)다. 중력은 양자역학에 존재하는 중첩처럼 선형적인 관계가 아니라 비선형적인 관계로 **파동함수** 자체가 **붕괴**될 수밖에 없는 메커니즘이 된다.

중력이 존재하지 않는 복소함수가 관련된 세계는 중력이 존재하는 측정의 세계와는 결맞음이 깨어지고 만다. 이는 역으로 중력이 가진 특징이 순간적으로 드러나 '관측(측정)'이라는 하나의 결과로 모아진 것이다. 관측(측정) 순간 과거의 이력이 합쳐진 과거로 현재에 가장 가까운 시점이 된다.

흥미로운 점은 관측 순간은 비가역성을 보이거나 확률로 드러나지만, 이 순간을 기점으로 양방향 쪽으로는 가역성과 결정론으로 서서히 접근한다는 사실이다. 유의할 사항은 양자 상태에 따른 변화를 설명하는 이론은 결정론적이라는 점이다(슈뢰딩거 방정식, 유니터리).

특히 여기서 말하는 결정론은 하나의 사건이 하나의 결과만을 낳는 선형적인 인과관계만 인정하는 '고전적인 결정론'과 다르다. 즉, 하나의 사건이 가능한 결과를 가지는 트리구조의 인과관계를 받아들이는 '확률론적 결정론'에 가깝다고 할 수 있다. 고전적 결정론의 단순한 수정이나 업그레이드를 한 결정론이 아니다.

거시계에서는 파동함수의 붕괴가 빈번하게 일어나서 중력의 일반적 특징을 보이는 영역에서의 가역성과 연속성을 보게 된다. 미시계에서는 파동함수의 붕괴를 거의 볼 수 없어 비가역성과 불연속성을 보인다. 이는 양자론과 우주론의 세계가 관측(측정)을 매개로 변곡점을 가져 서로 맞닿아 있다는 방증이 된다.

인력이라는 두 계system의 독립된 '에너지-질량' 사이에서 '에너지-질량'이 작은 계가 '에너지-질량'이 큰 쪽으로 이동하여 하나의 새로운 큰 '에너지-질량' 계를 형성하는 것이 바로 중력이다.

결론적으로 중력은 시간 흐름을 이용하여 에너지-질량 차이를 상쇄하는 것을 의미한다. 이 과정에서 허수를 가진 '복소 파동' 함수가 허수가 제거된 '입자'로 붕괴되어 자연스럽게 동시성을 가진 중첩이 사라진다. 곧 시간 흐름이 개시되어 동시성이 깨어진 인과율 세계로 진입하는 것이다.

가령 나무에서 사과가 지상으로 떨어지는 경우나, 하늘에서 자유낙하 하여 지상으로 떨어지는 경우가 그렇다. 두 계 사이에 존재하는 '에너지-질량' 차이를 상쇄시켜 '하나의 새로운 큰 계'를 형성하는 식이다.

이는 곡률이 제거되는 효과를 보여준다.

이제 파동함수가 붕괴된 이유에 대해 결론을 내릴 때가 되었다. 허수와 실수 간의 개념 차이가 관측 문제를 어렵게 하고 있는 것이다. 1939년 폴 디랙이 창안해낸 꺾쇠와 수직선 모양으로 구성된 브라-켓 표기법bra-ket notation 또는 디랙 표기법Dirac notation의 핵심 개념은 허수와 실수를 교묘하게 섞어서 이른바 양자가 아닌 '양자 상태quantum state'를 표현해주는 하나의 수학적 테크닉이라 할 수 있다.

양자역학을 전공하는 물리학자들이 중요하게 생각하는 상태 개념은 양자 시스템의 특정한 물리적 성질을 기술하는 데 사용되는 수학적 표현으로서 양자 상태다. 이때 사용하는 수학적 매개가 바로 브라-켓 표기법이다. 오늘날 이론물리학자들은 양자 얽힘, 비국소성과 관련된 수학적 기술이나 증명의 방법론에 잘 구축된 개념 기호와 브라-켓 표기법을 적절히 조합해내는 영리함을 지니고 있다.

몸 안에 생긴 종양에 대한 정보를 찾아내기 위해서 복잡한 과정이 필요한 종양표지자 검사를 하는 대신 간단하게 바이오 마커로 손가락 끝에서 피 한 방울을 뽑는 것으로 병을 진단한다. 이는 마치 브라-켓 표기법에 능숙한 잘 훈련된 전문가들과 같아 보인다.

수학은 정리를 증명하는 것보다 이미 정리된 수학 간에 존재하는 통찰이 더 중요하다는 주장은 설득력이 있다. 브라-켓 표기법이 중요한 것이 아니라 브라-켓 표기법이 가진 개념이나 속성이 더 중요하다는 지적이다.

브라-켓 표기법은 겉으로는 선형대수 표현과 복소 벡터 공간에서 벡터의 스칼라곱 등 수학적 조작을 용이하게 하기 위해 고안된 것에 지나지 않는다. 오늘날 공업 수학은 선형대수학의 필수 과정으로 알려져 있다. 이 말은 브라-켓 개념을 이해하기 위해서 선형대수학이 필수적이지만 충분조건은 될 수 없다는 뜻이다. 브라-켓 표기법의 핵심은 어디까지나 허수와 실수 사이를 연결-결합법칙의 속성으로 이어주는 하나의 파라미터 역할을 해낸다는 점이다.

실수 1은 오직 0만을 제외하고 순허수를 비롯하여 모든 실수에 내재되어 있다. 말하자면 0만을 제외하고 허수이건 실수이건 모든 수에 기생하는 셈이다. 숫자 1만을 제거할 수 있는 방법은 어디에도 없다. 오직 한 가지 방법은 순허수와 실수를 제거해야만 한다. 역으로 숫자 1은 모든 수를 만들어 내는 무소불위의 능력을 가졌지만, 앞서 언급한 바와 같이 숫자 0을 만들어 내거나 숫자 0에 결코 기생할 수 없다. 숫자 0에 붙는 순간 '즉시' 0으로 변해 버리고 만다.

어떻게 하면 숫자 0을 만들어 낼 수 있을까? 수학자들은 방정식의 형태로 만든 후 제곱하면 음수가 되는 허수를 우연히 발견하게 되었다. 하지만 허수를 발견했으면서도 이 허수 존재 자체는 신비스러움으로 남고 말았다. 숫자 0과 숫자 1을 가교한다는 공존성이나 유용성은 오랫동안 뒷전으로 물러나 있었다.

숫자 1과 숫자 0을 화해시켜 공존시키면서 인간에게 유용성을 줄 수 있는 방법을 신이 영원한 시간을 두고 생각해냈다. 그러나 신에게 있어 영원한 시간이란 찰나와 같아서 그리 신경 쓸 일도 아니다. 어차피 신은 알파와 오메가이기 때문이다. 여하튼 신의 생각은 허수 i를 만들어 숫자 1과 숫자 0을 매개시켜 화합과 공존의 완벽한 세계를 만드는 것이었다. 허수 i가 숫자 1과 숫자 0을 아무런 흔적도 남기지 않고 매개시켰다.

신이 한 일을 수학자이면서 철학자로 뉴턴과 함께 미적분을 창안해낸 라이프니츠가 눈치채고 말았다. 그는 허수가 0과 1을 매개한다고 역설했다. 세상 사람들은 무슨 헛소리냐면서 그에게 냉소를 퍼부었다.

신은 인간들에게 연민을 느껴 제대로 된 수학자를 고르다가 마침내 레온하르트 오일러Leonhard Euler를 선택했다. 수학자 오일러가 평생 다락방 신세로 가난하게 살고 있었을 뿐만 아니라, 세상과 작별을 고하기 전 거의 10년간 눈이 먼 것을 가엾게 여겨 그에게 영성을 불어넣어 준 것이다. 오일러는 드디어 써대기 시작했다. 그에게서 나온 수식을 두고 수학자를 비롯하여 전문가들이 "세상에서 가장 아름다운 항등식"이라고 축하해주었다. 이를 오늘날 세상 사람들은 오일러 공식($e^{i\pi}+1=0$)이라 부르고 있다.

흥미롭게도 수학자로부터 오랫동안 잊힌 허수의 존재가 슈뢰딩거 파동방정식에서 갑작스럽게 등장하기 시작했다. 이를 기화로 출발한 양자역학은 허수 존재 그 자체가 없었다면 발견할 수가 없었던 물질세계의 풍요로움을 인간 세상에 선사해주었다. 반도체 혁명으로부터 TV, 나노기술, 스마트폰의 출시까지 예전에 상상하지도 못했던 아이템들이 봇물 터지듯 터져 나오기 시작했다.

신이 잠자고 있던 아담의 코에 생기를 불어넣어 생명을 가진 완전한 사람이 되게 했듯이, 사람이 측정하는 순간 중첩되어 존재하던 두 양자는 비관 측량으로만 존재하고 있었다. 두 양자 상태로서의 허수 시스템에 측정이라는 실수(어떤 숫자이든 숫자 1을 구성하고 있어 은닉되어 있던 두 허수)가 두 허수 시스템으로 단일 고유 상태에 연결-결합법칙으로 붙어, 두 양자 상태로서의 시스템이 실수인 관측량으로 즉시에 전화하게 된 것이다. 이는 겉으로 파동함수의 절댓값 제곱 형식으로 나타난다.

이런 과정이 순간적으로 이루어졌을 때 파동함수가 붕괴되었다는 표현을 쓴다. 두 허수로 섞인 양자 상태의 중첩이 관측이라는 실수의 행위가 이루어지는 순간, 즉각적으로 상관성을 가지는 물리적 실재의 공간에서 드러난다. 양자역학의 뚜렷한 특징이라 할 수 있는 얽힘, 비국소성 맥락성이 드러난 것이다. 결국 실재란 보편 개념이 아니라 제한된 영역에서만 적용되는 한정 개념이다.

측정의 순간 파동함수가 붕괴되면서 하나의 입자로 전화되는 것은 위에서 설명한 대로이지만, 문제는 그 입자가 발견될 확률 개념이 논쟁의 씨앗이 되고 있다는 점이다. 아인슈타인은 확률 개념 자체를 매우 부정적으로 생각한 나머지 불확정성원리마저 받아들이지 않았다. 자연의 속성은 명확한데 양자역학이 불완전하기 때문에 이를 제대로 기술하지 못하고 있다고 주장한 것이다.

아인슈타인은 확률 개념 대신에 이를 설명해줄 수 있는 대안으로 숨겨진 변수이론hidden variable을 고려하기도 했다. 나는 아인슈타인이 고려했던 숨겨진 변수이론을 연속 유리수 근사를 이용한 결정론적인 유리수가 확률 개념 대신으로 자리 잡는다고 예측했다. 그 예측은 몬스터군의 물리적 해독에서 발견한 것이다.

이 책에서는 물극필반物極必反, 원시반본原始反本 등의 개념을 들어 자연의 이중성을 거듭 강조하고 있다. 곧 과정을 중시하는 양자역학의 불확정성을 받아들이면서 시작과 끝 사이의 완결성을 중시하여 경로(과정)에 무관하게 일정한 에너지보존법칙에 따른 결정론 또한 받아들이는 것이다. 따라서 아인슈타인이 주장한 숨겨진 변수이론을 수용하면서 양자역학이 주장하고 있는 비국소성을 수용하여 애매한 확률을 보이는 분수 구조를 앙상블 효과$_{\text{ensemble effect}}$를 갖는 연속 유리수 근사라는 구조로 대체하고 있다.

연속 유리수 근사의 기반은 버킹엄 머신의 기계학습으로 얻어낸 수많은 미시-거시 측정 데이터다. 여기서 '연속'이라는 용어는 상수와 무리수를 포함하는 초월수를 함께 고정 사용하여 수식 좌우변을 등식화하는 데 가장 가까운 유리수를 연속적으로 찾아낸다는 극한의 의미를 가지고 있다.

일반적인 선형근사는 미적분을 사용한 극한으로서 접선이지만, 유리수를 최적화시키는 것은 수치 분석에 가깝다고 할 수 있다. 따라서 양자역학에서 파동함수가 붕괴할 때 사용하는 확률 개념을 표현하는 수학적 분수와 유리수 구조가 유사하나 그 맥이 다르다고 할 수 있다.

관측이 행해지는 순간부터 0은 제대로 된 자격을 갖추게 된다. 곧 숫자 0은 숫자 1처럼 실수의 한 가족으로 신의 입회하에 정식으로 입양된 것이다. 관측 전의 0은 시간 흐름이 없어 순서가 없는 추상적 세계이기 때문에 아무런 쓸모없는 방랑자 신세였으며, 숫자라는 이름조차도 의심이 들기도 했다. 단지 우리의 머릿속에만 '있음'의 반대되는 개념인 '없음'으로 간주될 정도의 개념이었다.

문제는 이 개념조차 모순이 될 수밖에 없다는 것인데, 허수의 세계에서는 비교라는 개념 자체가 없어 비교 불가능하기 때문이다. 그러나 관측이라는 행위가 작동하는 순간부터는 중력이라는 새로운 실세로서 조정자가 있게 되어 시간 흐름이 개시되면서 엄연히 크기와 방향성이 실존하게 된다.

여기서 방향성이라는 순서 개념이 파생되어 원인과 결과로 이어지는 인과율이라는 법칙이 드러난다. 시간 흐름은 순서 개념이 생기면서 비로소 0의 개념이 숫자로서의 면모와 권위가 막강하게 된 것이다.

면모는 순서의 세계에서는 제일 먼저 숫자 1로부터 시작한다는 인식이 퍼져서 숫자 0이 사실상 보이지 않는다는 것이다. 그래서 숫자 0을 좋아하지 않는 사람들이 있는데, 그 집단이 '코펜하겐 해석'에 동조하는 오늘날 물리학의 주류 세력이다. 눈에 보이지 않거나 관측에 노출되지 못하는 물리량은 비관측량이라는 불순분자 딱지가 붙어 왕따로 몰린다. 그중 제1호 주동자가 아인슈타인이다. 숫자 0의 면모는 말이 숫자이지 오늘날의 대접은 비참할 정도다.

그러나 숫자 0의 권위는 막강하다 못해 공포를 느끼게 하는 두려운 존재다. 순서와 방향을 좋아하는 측정의 세계에서 눈에 보이는 가관측량을 중시하는 물리학자들에게 눈에는 눈, 이에는 이라는 함수로 대응하여 마치 복수라도 하는 것 같다. 눈에 보이는 어떠한 관측량에 숫자 0을 관련시켰다간 순식간에 0으로 만들어 하늘나라로 보내 신의 생각을 들어보게 만들기 때문이다.

중력이 개입된 암흑 에너지와 암흑 물질

암흑 에너지의 구성 요소는 최소 에너지양자로서 무한소$_{infinitesimal}$다. 무한소는 기호 dl로 표시한다. 밀도가 고르지 못한 암흑 물질과 달리 암흑 에너지는 우주 공간에 균일하게 퍼져 있다고 알려져 있다. (암흑 에너지를 구성하는 최소 양자 크기가 점으로 거의 '0'과 마찬가지이기 때문이다.)

따라서 거의 텅 빈 진공처럼 간주하여 이 책에서는 관측 데이터를 진공 에너지라고 칭하고 있다. 문제는 그 물리량의 크기를 OPS를 통해 정확히 계산해내는 것이다. 이는 다른 물리량도 마찬가지로 몬스터군의 물리적 해독 없이는 불가능하다(3부 수식 4의 Eq. 4-2-2 참조).

빈 공간을 만들어 내는 능력으로서 암흑 에너지는 금세기 물리학에서 가장 핵심적인 주제로 알려져 있다. 암흑 에너지의 구성 요소는 거의 크기가 없는 무한소 dl이고 암흑 물질의 구성 요소는 중력자(3부 수식 6의 Eq. 6-3 참조)로 보인다.

중력자와 빛의 관계

중력자와 광자(빛)의 관계는 현재 전혀 알려져 있지 않다. 일반적으로 광자는 중력장을 빠져나갈 때 파장이 길어진다고 알려져 있다. (적색편이red shift) 광원이 멀어져 가는 속도가 빠를수록 적색편이가 두드러진다. 이러한 적색편이가 무려 140억 년 동안 일어났기 때문에 우주배경복사 Cosmic Micro Background, CMB의 온도는 매우 낮고 파장은 마이크로파 영역까지 편이된 것이다.

멀리 있는 천체로부터 방출된 빛은 스펙트럼으로 분류하여 관측된 천체의 이동속도를 계산해낼 수 있다. 문제는 광자가 어디서부터 나오는지에 대한 의문이다. 이 의문에 대해서 이 책에서는 관련된 수식으로 답변을 대신한다. 빛의 양자로서 광자는 1926년 '포톤photon'이라는 공식 명칭을 얻게 된 바 있다.

빅뱅이 일어나는 순간 6차원의 여분 차원은 극소한 공간의 차원이 존재하는데, 그 찰나의 순간에서부터 무수한 **중력자의 해방**은 바로 빛(광자)으로 드러난다. 이 책은 시간 흐름 전(심리학의 의식층에 대응하여 잠재의식층 또는 전의식층으로 유추할 수 있다) 소립자의 왕으로 중력자가 존재했고, 빅뱅이나 빅 바운스를 통해 중력이 존재하는 순간부터 시간 흐름 및 빛의 출현이 삼위일체 동시적으로 등장했다고 묘사한다(1부 7장 참조).

여기서 '소립자의 왕'이라는 표현은 이론물리학자 존 휠러가 우주와 자연의 모든 물질은 하나의 소립자로부터 비롯되었을 것이라 언급한 데에서 유래했다.

중력자는 절대론적, 존재론적 입자이고 빛은 상대론적, 인식론적 입자로 지칭한다. 빛의 탄생으로부터 '상대론'적인 용어가 나오고 있음에 주목하자.

공통적인 특징은 '구조화(모양, 형태)'가 이루어지지 않아 에너지의 원래 모습과 일치하며(법신무형法身無形, 하나님과 영원한 부처는 그 신체적인 모습이 없다는 뜻) 수명이 없다. 물리적 의미를 살펴보면 광속(등속)으로 모든 물질 운동(중력, 가속)의 기준이 되고 있다.

PDG에서 발표한 데이터를 참조해서 중력자와 광자 간의 정량화된 수식 관계를 '버킹엄 머신'의 기계학습으로 계산해낸 바 있다. 중력자와 달리 광자는 고차원(칼라비-야우 공간)으로 새어 나가지 않고 3차원 공간에 갇힌다.

빛 알갱이 하나의 제원도 엄청나게 미소한데 대략 중력자 10^{14}개가 모여 빛 알갱이 하나를 만든다고 하니, 중력자 한 개의 제원이 얼마나 극미세한지 상상조차 하지 못할 것이다(3부 수식 6의 Eq. 6-9 참조).

나는 드러난 다양한 특성을 고려하여 중력자가 생물학에서 서술하고 있는 유전자로서 전사 기능을 가진 'DNA'를 닮았고, 빛은 이에 대응한 유전자로서 번역 기능을 가진 'RNA'를 닮았다고 유추하고 있다.

중력자-빛-전자

컴퓨터에 학습 프로세스(기계학습)를 설계하는 일은 뛰어난 학자들도 힘들어하고 신비스러워하는 영역이다. 나는 파티컬 데이터 그룹에서 발견한 중력자 한 개와 광자 한 개(감마의 질량γ-mass)를 비교하여 관측 데이터와 모순하지 않음을 확인했다.

초끈 이론이 제대로 맞으려면 6차원이 추가로 존재해야 한다고 에드워드 위튼을 위시하는 끈 이론 학자들이 일관적으로 주장하고 있다. 관련된 부분은 이 책에서 수식으로 보여주고 있다(3부 수식 6 참조).

흥미롭게도 1몰(mol)의 광자 모임이 전자 한 개single electron를 생성한다는 것도 정량적으로 정확하게 계산해 발견해냈다. 따라서 광자는 오직 하나의 전자와 충돌한다는 설명이 결코 이상하지 않다.

06
세 개의
큰 질문

믿기지 않는 기적

질문 1: 빅뱅 전에도 시간과 공간이 존재했는가?
질문 2: 시간은 왜 한 방향으로 흐르는가?
질문 3: 시간의 화살에는 시작과 끝이 있는가?

이 세 질문은 이미 언급된 오메가 문제와 관련되어 현대물리학과 천문학의 주요 쟁점이 되는 질문이다. 이 질문은 너무나 매력적이지만 동시에 많은 이론물리학자나 천문학자를 골치 아프게 만드는 당황스러운 질문이기도 하다.

특히 질문 1은 과학 영역이 아닌 것으로 간주되어 우문처럼 취급하거나 그 질문 자체가 금기시되어 있다. 따라서 관측적으로 검증할 수 없을 것으로 여겨졌던 어떤 새로운 방식으로 과거를 추적할 수 있을 것인지,

비단 물리학자나 천문학자뿐만 아니라 인문 사회·철학·종교 분야의 모든 사람들에게도 관심이 집중되어 있다.

질문 2는 영국 물리학자 아서 에딩턴Arthur Eddington이 시간의 화살로 이름을 붙인 바 있는데, 스티븐 호킹이 자신의 저서 《시간의 역사A Brief History of Time》에서 심도 있게 다루고 있다. 1988년에 처음 출간된 《시간의 역사》는 출간 당시 과학 도서로는 드물게, 〈뉴욕 타임스〉 베스트셀러 147주, 〈선데이 타임스〉 베스트셀러 237주를 기록하는 등의 놀라운 기록을 남겼다. 이 책은 영국에서 뛰어난 물리학자였던 스티븐 호킹을 세계적인 물리학의 지적 아이콘으로 만들어 주었다.

질문 1, 2는 소위 오메가 문제와도 연결되어 있다. 이 두 질문은 마법의 수 137과 연결되어 있을 뿐만 아니라 우주의 시원에 관한 문제를 풀지 않고서는 그 해답을 얻을 수 없다. 이 문제는 물리학자나 천문학자뿐만 아니라 인류에게 가장 매혹적인 질문 0순위로 알려져 있다.

나는 현재 소립자물리학자들이 거의 불가능하다고 생각하는 대략 19개의 자유 매개변수 값을 버킹엄 머신을 통해서 수학적 일관성을 가지도록 계산해낸 바 있다. 이 과정에서 왜 하필 특별한 수치값을 가져야 했는지를 추적했다.

자유 매개변수에 맞추기 위해 역행back tracking을 통하여 '과적합over fit'이나 '과부족under fit'을 적절히 제어한다. 생명체는 과적합과 과부족을 자체 기관을 통하여 서서히 동기화하여 제어한다. 살아 있는 존재들끼리 서로 모방하기, 곧 주파수를 맞추어 '하나'가 되기 위해서다. 한여름 밤 개구리와 반딧불이의 대장관의 추억이 묻어난다.

예를 들면 눈으로 결코 볼 수 없는 미시 세계에 존재하는 6개의 쿼크 질량값을 모두 소수점 아래 31자리로 계산해냈다. 가속기에서 홍수처럼 쏟아지는 6개 쿼크의 질량값에 대한 수치는 매우 불규칙하고 어떤 패턴도 발견하기 어렵다. 그럼에도 불구하고 나는 관련된 수학적 규칙을 알고리즘 방식으로 표현하는 데 성공했다. 6개 쿼크 질량에 관련된 연구를 하는 소립자물리학자라면 이것이 얼마나 믿기 어려운 일인지 알고 있으므로 내 주장에 대해 의심할 것이다. 현재의 과학 패러다임으로는 사실상 불가능하기 때문이다.

내가 주장하는 이 도저히 믿기지 않는 기적과 같은 사실을 실제로 검증해보려면, 내가 인용한 파티클 데이터 그룹의 데이터 수치값과 내가 계산한 값을 비교하면 신속하게 확인이 될 것이다(3부 수식 3 참조).

이 정도의 확인 기술은 컴퓨터 마우스를 클릭할 수 있는 능력만 있으면 신속하게 확인이 가능하다. 이 과정에서 어떻게 수식을 발견했는지는 추후에 설명할 기회가 있을 것이다.

참고로 t 쿼크의 질량 제원은 수많은 인원이 참가한 CDF 그룹에서 100쪽 이상의 길이로 1995년 〈피지컬 리뷰 레터스 Physical Review Letters, PRL〉 저널에 발표한 바 있다. 이는 개별 소립자에 대한 질량 분석은 특정인 개별로 계산하거나 분석할 수 없다는 것으로 기존의 고정 관념을 뛰어넘는 것이다.

최대 블랙홀 질량과 최소 블랙홀 질량

여하튼 이 과정에서 우리가 살고 있는 우주에서 드러난 모든 수식이나 양자화 값이 적절히 이미 세팅되어 있다는 느낌을 떨쳐버릴 수 없었다. 우주론에 접근해서는 구체적으로 두 개의 블랙홀이 두 쌍을 이루어 존재할 수밖에 없다는 확신을 갖게 되었다.

두 쌍의 블랙홀은 일정한 주기에 걸쳐 반복·순환적으로 존재하면서 서로 크기가 다른 스케일을 가지는 바, 우리가 사는 우주의 입장에서 고려할 때 소위 '시작$_{beginning}$'이라는 초기 우주$_{early\ universe}$에서는 상한 임계밀도(플랑크밀도)를 가진 최소 블랙홀 질량(M_{mini})과 '끝'이라는 나중 우주에서는 하한 임계밀도(진공 에너지밀도)를 가진 최대 블랙홀 질량(M_{max})이 그것이다.

이론물리학자들은 현재까지 알려지지 않은 다른 효과가 블랙홀의 최소 크기를 제한할 수 있을 것으로 짐작만 하고 있는 실정이다.

다시 쉽게 설명하면 우리 우주는 매우 절묘하게 설계되어 우주 수축의 하한이 존재하기 때문에 빅 크런치가 존재하지 않으며, 우주 팽창의 상한이 존재하기 때문에 빅 립도 역시 존재하지 않는다는 것이다. 최대-최소 블랙홀 질량의 존재 증거는 3부 수식 4의 Eq. 4-15에서 보여줄 것이다.

따라서 대다수 천문학자들이 현대 천문학 교과서에서 빅뱅이 일어날 때 특이점이 있는 시공간을 우주의 시작으로 단정하는 패러다임은 불가피하게 다시 검토되어야 한다고 나는 지적하고 싶다. 관련된 내용은 2개의 센트럴 도그마에 언급되어 있다.

나는 특이점의 존재가 아직까지 우리 인류가 수천 년에 걸쳐 무한의 개념 이해에 미숙함을 드러내고 있는 명백한 증표라고 생각한다.

인플레이션 이론과 등각 순환 우주

우리가 상식적으로 알고 있다고 생각하는 빅뱅 이론의 문제점을 수정한 인플레이션 이론은 천문학의 표준 모델로서 미국의 앨런 구스Alan Guth 등 내로라하는 천재 물리학자들이 내놓은 이론이다.

특이한 것은 인플레이션이 일어나는 초기 우주의 기술에 빅뱅 우주론에서 해결하지 못한 지평선 문제horizontal problem나 편평성 문제flatness problem 등을 단숨에 해결한 장점이 있지만, 우주 초기에 왜 하필 고에너지high energy가 존재하는지를 설득력 있게 설명하지 못한 이유 등으로 노벨상 수상이 미루어지고 있다. 특히 인플레이션 이론의 대항마로 떠오르고 있는 등각 순환 우주Conformal Cyclic Cosmology, CCC는 2020년 노벨 물리학상을 수상한 영국 옥스퍼드대의 수학자이며 물리학자인 로저 펜로즈 등의 지지를 받고 있다.

이 외에도 프린스턴 아인슈타인 좌에 있는 폴 스타인하트Paul Steinhart와 페리미터 이론물리학 연구소Perimeter Institute for Theoretical Physics 소장인 닐 투록Neil Turok 또한 순환 우주 모델을 지지한다. 폴 스타인하트는 원래 이론물리학자로서 우주론에 접하면서 한때 인플레이션 이론의 적극적인 지지자였다. 그러다 인플레이션 이론에 있는 우주 초기의 고에너지의 존재에 대한 문제점을 지적하면서 새로운 이론으로 선회했다.

고리 양자 중력

여기에서 중력의 양자적 속성을 설명하기 위해 개발된 고리 양자 중력을 간단히 다시 소개하고자 한다. 이 이론은 리 스몰린과 카를로 로벨리가 창안한 이론으로, 물리학자들의 꿈의 이론인 양자역학과 상대성 이론을 통합하고자 하는 숙원에서 시작한 양자 중력 이론이다.

양자 중력 이론은 에드워드 위튼이 주도하는 끈 이론 그룹과 고리 양자 중력 이론 그룹으로 나뉘어 있다. 나는 오메가 문제 풀기에서 끈 이론 그룹이 줄기차게 주장하는 여분의 6차원과 중력자의 존재를 실험 관측과 관련된 수식으로 확인했다(3부 수식 6의 Eq. 6-3 참조). 중력자에 대한 증거는 실험 관측과 관련된 상수 조합만으로 가능할 것으로 보인다. 왜냐하면 한 개의 낱알로서 관측하기 위해서는 실로 어마어마한 크기의 고에너지 가속기가 필요하기 때문이다.

끈 이론에 관련된 학자들은 오랜 세월 동안 여분 6차원과 중력자의 존재에 대해서 탐구했으나 그 존재를 밝히는 데 실패했다. 여분의 6차원은 중력이 도대체 어디에서 나오는지에 대한 질문과 관련되어 있다. 여분의 6차원 빈 공간 기하학에서 시원하는 것으로 나는 추측한다.

나는 머릿속으로 2차원 평면에서 6개의 원이 벌집 모양으로 배열되어 있으면 우리나라 건국 이념이 되고 있는 천부경의 숫자 '6'에 숨어 있는 비밀 메시지를 풀 수 있을 것 같은 생각이 불현듯 일어났다. 천부경에 사용된 81자의 중심에 왜 하필 숫자 '6'이 위치하고 있는지 천부경이 쓰여 있는 액자를 바라볼 때마다 호기심이 가고 신기했기 때문이다.

나는 천부경에 나와 있는 하나-둘-셋을 숫자 '123!(123팩토리알)'으로 대치하여 중력 상수 G를 유도해내는 묘한 마력에 빠져 있던 경험이 있다. 그뿐만 아니라 성경의 태초 천지창조에 일주일이 소요되고 있지만 사실 6개의 원으로 중심에 비어 있는 7번째 원을 둘러싸고 있는 구조를 그려보면 마지막 7일째를 휴일로 보는 것이 자연스럽게 이해된다. 7번째로 만들어진 빈 공간은 벌집 모양의 기하학적 중심에서 서로 힘이 상쇄되고 있는 공간이다.

나는 천부경의 숫자 6과 성경의 천지창조에 실질적으로 사용된 숫자

6이 벌집 공간을 안정적, 효율적, 경제적, 필연적 공간으로 설계하는 것임을 알게 되었다. 여기서 필연적 공간은 우리 눈으로 볼 때 2차원 평면에서 가장 조밀한 기하학적 구조로 완성된 공간이다. 따라서 나는 머릿속으로 중력자의 구조 설계의 원리가 숫자 6과 관련이 있을 것으로 상상했다.

우선 좌변의 분모에 들어갈 수식은 블랙홀 최대 엔트로피에 사용된 4개의 플랑크 길이의 제곱 항으로 놓았다. 그리고 분자는 필연적으로 6개의 중력자로 구성해보았다. 우변은 좌변에서 나온 숫자값과 등식으로 '대칭'을 이룬다고 가정해보았다.

문제는 좌변의 숫자값과 같은 값이 버킹엄 머신에 저장된 DB에서 어떤 물리량의 조합으로 나타날 것인가에 있었다. 통상 이러한 순간을 맞이하면 숨조차 쉬기 힘들어진다. 이렇듯 직관과 측정 문제는 또 다른 문제다.

클릭과 함께 컴퓨터 화면에 정녕코 예상하기 힘든 결과가 나타났다. "와, 도대체 이게 뭐야!" 머리와 입으로 동시에 환호성이 터졌다. 우변에 눈에 익숙하여 너무나 반가운 수식 기호 조합(분모에는 블랙홀 최소 온도, 분자에는 진공 에너지밀도)이 존재하고 있었다(3부 수식 6의 Eq. 6-3 참조). 그리고 이내 그 대칭을 이루고 있는 좌우변 물리량들 간에 있을 법한 물리적 해석이 내려졌다. "좌변 물리량들 조합이 우변 물리량들 조합과 이런 식으로 대칭이 주어지구나!" 여러 번 계산으로 검증 확인이 되었고, 그 순간 두 팔을 높이 들고 나는 어느새 취임식 없이 대통령이 즉시 되었다. 나는 이런 식으로 수십 번 스스로 존경하는 대통령이 되곤 했다.

나는 이미 여러 차례 중력자는 암흑 물질의 구성 성분으로 설명했다.

약하게 상호작용하거나 중력상호작용만 하는 새로운 물질을 도입한 것이다. 관련된 수식은 이 책에서 정성적, 정량적으로 기술하고 계산해내고 있음을 참조하기 바란다.

흥미로운 점은 LQG(고리 양자 중력)에서는 태생적으로 시공간이 전혀 존재하지 않기 때문에 중력자는 기본 구성 요소가 아니며, 그 결과 중력자의 존재 자체가 명백하지도 않다고 외면하는 듯한 입장을 취한다는 사실이다.

그럼에도 불구하고 LQG에서 설명하는 우주와는 의견이 일치한다. LQG에서 설명하는 우주는 바운스로 튀어나와 순간적인 급팽창 폭발을 거치는데, 이들은 이를 초팽창super inflation이라고 부른다. LQG의 뛰어난 인도의 이론물리학자 아쉬테카Abhay Ashtekar는 초팽창은 일반 상대성 이론에서는 절대 일어나지 않지만, 고리 양자 우주론에서는 필수적이라고 주장했다.

빅 바운스 이전의 우주

빅 바운스는 우주 초기에 일어나는 빅뱅의 특이점을 제거하는 놀라운 개념이다. 나는 수식으로 기술하고 있다(3부 수식 4 참조).

엄청난 고압력(플랑크 압력)에서 최소 블랙홀 질량(M_{mini})의 크기가 빅 바운스로 인해 거의 순간적으로 팽창하여 임계 하한 밀도(진공 에너지밀도)를 갖는 최대 블랙홀 질량으로 상전이 한다.

우주 급팽창을 일으키는 필요한 순간적인 폭발은 바운스의 물리학으로 모두 설명할 수 있을 것으로 보이며, 그렇게만 된다면 환상적인 결론으로 연결될 수 있을 것이다.

우주론의 표준 모델인 Λ-CDM 모델은 급팽창이 반드시 일어나야 한다고 가정한다는 점에 주목할 필요가 있다. 특히 나의 우주론 모델에서는 밀도와 크기가 다른 두 쌍의 블랙홀 질량이 존재한다고 언급한 바 있는데, 일정한 주기를 두고 하나의 우주가 빅 크런치나 빅 립 없이 순환·반복한다는 점을 보여준다.

1920년대 러시아 수학자 알렉산드르 프리드만Alexander Friedmann은 '순환 반복'이라는 견해에 반대하여 우리 우주가 팽창하거나 수축할 수 있다는 주장을 표명한 바 있다. 그러나 순환 반복한다는 이론을 주장하는 우주론자들이 결코 만만하지 않았다.

이는 로저 펜로즈 등이 지지하는 CCC 모델 및 폴 스타인하트와 닐 투록이 지지하는 순환 우주론과 일치한다. 나의 모델과 두 모델이 일치하면서도 동시에 차이가 존재하는 부분은 명확하다. 바로 하한 수축과 상한 팽창의 주체가 되는 두 블랙홀인 M_{mini}, M_{max}와 더불어 상한 임계인 플랑크밀도와 하한 임계인 진공 에너지밀도가 동시에 존재한다는 점이다.

일반 상대성 이론은 우주 공간이 팽창과 수축을 한다고만 할 뿐 팽창이나 수축의 한계를 명확히 가르쳐 주지 않는다. 그뿐만이 아니라 상태 공간이 무엇인지 알지 못하고 있다. 그러나 양자역학과 마찬가지로 정보가 보존될 수 있음에 유의한다면(3부 수식 4의 Eq. 4-16) 상태 공간이 고정되어 두 블랙홀의 크기가 정해져 있어야 한다는 필연성이 존재한다. 이 책에서 처음으로 소개되는 엔트로피 문제를 해결하여 우리 우주가 순환 반복하는 우주라는 사실이 확인되면, 일반 상대성 이론은 그야말로 완벽한 이론으로 거듭나게 되는 것이다.

최대 엔트로피와 최소 엔트로피 계산

조금 더 구체적으로 설명하면 우리가 아는 우주는 빅 바운스 이전에 존재했던 우주로, 우리가 오늘날 보는 우주와 사실상 동일하다는 것이다. 이러한 설명은 시간의 화살 문제에 대한 단서를 제공한다.

쉽게 설명해서 빅 바운스가 일어나는 우주 초기의 최소 블랙홀 질량에서 나중 우주의 최대 블랙홀 질량으로 팽창하는 경우에 나중 우주의 최대 블랙홀 질량은 블랙홀 최대 엔트로피를 이루는데, 최대 엔트로피를 이루는 경우에는 중력의 작용이 완료되는 경우로 양자 요동이 끝나 최대의 안정성을 이룰 때다. 이때 우주 상수가 거의 순간적으로 작동한다.

이제 질문 3에 대한 답변이 자연스럽게 이루어진다.

이 순간이 시간 화살의 '끝'이 되는 시점이면서 시간 화살이 '시작'되는 시점이기도 하다. 물리학 역사를 통해 매우 중요한 '시간반전'이 일어나는 시점이다. 그러나 실제로는 시간반전은 일어나지 않고 다시 초기 우주(최소 블랙홀 질량)에서 나중 우주(최대 블랙홀 질량) 방향으로 흐른다. 이는 정확히 시간반전이 일어나는 시간이 같다.

이는 나중 우주에서 초기 우주로 특이점 없이 '최소 블랙홀 질량이 존재하는 빅 바운스'라는 사건을 통해 시간이 흐르는 주기와 같다. 이러한 시간 흐름은 연속적이면서 불연속적으로 이어진다. 이 책에서는 이 순간을 이후에도 상세하게 설명한다.

시간반전은 실제로 시간 흐름이 없어 '찰나'에 해당되지만, 시간반전의 크기나 시간 화살이 정상적으로 흐르는 초기 우주에서 나중 우주로 흐르는 장구한 세월은 마치 '영원'과 대비되어 보인다. '찰나에서 영원'은 단순히 문학적 수사라기보다 시간반전에 대한 물리적 해석으로 역시간의 화살은 망각의 시간이고 정시간의 화살만 기억의 시간으로 해석된다. 따라서 시간이 한 방향으로만 흐른다. 그래서 이는 벽에 붙어 있는 시간의 화살 방향으로만 보아도 전혀 이상스럽게 보이지 않는다. 시곗바늘은 항시 0 시각에서 시작하여 0 시각으로 끝난다.

이는 현재까지 알려진 이론이 없는 전무후무한 흥미로운 사건으로 보인다. 왜냐하면 아인슈타인 장방정식에서 나온 우주 상수는 나중 우주에서 인력으로 작용하는 중력이 불안정할 경우 우주 상수라는 척력 인자 Λ를 아인슈타인이 수식에 인위적으로 끼워 넣어 상정한 것이다. 우주론 학자들이 가장 해결하기 힘든 문제가 바로 엔트로피 문제인데 우주 상수 Λ가 절묘하게 이 문제를 해결할 수 있음이 버킹엄 머신(BM)에서 발견되었다. 다시 말하면 우주의 엔트로피가 최대로 될 때는 로저 펜로즈가 주장하듯이 블랙홀이 될 경우다. 이 순간 블랙홀 최대 엔트로피는 우주 상수 Λ를 만나 자발적으로 거대한 엔트로피를 상쇄하는 메커니즘이 작동한다.

이 경우에 블랙홀 엔트로피는 대략 10^{122}에서 자발적으로 상쇄되어 블랙홀 엔트로피가 3/8으로 말끔하게 상쇄(3부 수식 4의 Eq. 4-8 참조)되는 것을 보여준다. 우주론에서 '상보성 원리'가 작동한다고 할 수 있다. 곧 최대의 무질서로서 블랙홀 최대 엔트로피(3부 수식 4의 Eq. 4-8)는 우주 상수 Λ를 만나 최대의 질서 3/8을 낳는다.

우주 상수의 출현은 중력의 영향이 끝나는 순간 자발적으로 생성된다. 정리하면 초기 우주에서 최소 엔트로피를 얻게 되고 나중 우주에서 최대 엔트로피를 구축하게 된다는 것이다.

중력이 최대로 구축되어 블랙홀 최대 엔트로피가 존재하는 나중 우주가 최소 엔트로피가 되는 초기 우주와 맞닿아 있다. 위에서 이미 언급했지만, 나중 우주에서 초기 우주로 역시간이 흐르는 것은 아니고 초기 우주에서 나중 우주로 정시간으로 시간 흐름의 주기가 있는 것처럼 해석된다. 또 우주의 상태함수로 설명하면 최대로 차갑고 거의 텅 빈 우주 상태가 최대로 뜨겁고 플라스마로 거의 꽉 찬 우주의 상태함수로 상전이를 한다. 간단히 말해서 우주의 '끝'이 우주의 '시작'으로 연결되어 있다는 설명이다.

이 책의 대들보가 되고 있는 OPS가 우주론에서 얻어낸 더없이 고귀한 결과물이라 할 수 있다. 여기서 유의할 점은 수학에서 '램지 이론'이 가르치듯 완전한 무질서는 불가능하다는 사실이다. 무질서라는 현상은 실제로는 스케일 문제에 불과하다는 것이다.

우주론자들이 순환 반복하는 우주 시나리오를 상대적으로 선호하는 편이었는데, 이를 처리하려면 거대한 엔트로피를 어떤 식으로든 상쇄시켜야 했다. OPS에서 우선 우주 팽창의 상한과 함께 우주 수축의 하한 임계를 계산해낸 것이 주효했다고 확신한다. 이러한 확신의 근거는 상하한 임계 비율이 마법의 수 137로 연결되고 있기 때문이다(3부 수식 4의 Eq. 4-15 참조).

그런데 이 문제는 유감스럽게도 이 책의 주인공이 되고 있는 마법의 수 137 문제를 해결하지 못하면 거의 불가능해 보인다. 이 땅의 내로라 하는 천재 물리학자에게도 엔트로피 문제는 벅찬 문제임이 확실해 보인다. 3부 수식 4의 Eq. 4-9는 우리 우주가 순환할 수밖에 없는 강력한 증거가 되고 있다.

우주 전체 역사를 통하여 유리수 3/8이 제공하는 상징성은 그 넓고 깊은 심오함이 다른 어떤 유리수에 비할 바가 없다. 분자 3은 배중률을 극복하는 '제3의 눈'이며 분모 8은 불교의 8가지 마음 수행 '8정도'로 비유된다. 또 두 숫자를 합친 형상이 흡사 물고기처럼 보인다.

이 수식은 미국 코넬대에서 주관하는 논문 사전 공개 사이트 아카이브에 이미 제출되었다. 논문으로 검증 전의 단계라고 알려져 있지만, 일정한 자격이나 구비 요건이 되지 못하면 논문 게재가 종종 거부된다. (https://arxiv.org/abs/1706.06812)

나중 우주에서 발생하는 자발적 엔트로피 상쇄는 역으로 초기 우주로 거슬러 올라간다. 곧 초기 우주에서 시간의 화살의 방향이 나중 우주의 블랙홀 최대 질량에서 방향을 바꿔 역으로 초기 우주로 반전된 시간의 화살을 보여준다.

시간 화살의 끝이 시간 화살의 시작으로 다시 이어지며 차갑고 텅 빈 우주에서 뜨겁고 꽉 찬 우주로 찰나의 시간에 상전이 한다! 여기서 주목할 내용은 극도로 차가운 양수의 온도 아래에서는 극도로 뜨거운 음수의 온도가 존재한다는 놀라운 사실이다. 열의 온도 이동 방향이 고온에서 저온으로 흘러가듯 음수의 온도에서 양수의 온도로 흘러간다. 이는 음(-)의 시간 방향으로 스티븐 호킹이 초기 우주가 허수 시간에서 **발생**한다고 설명하는 것과 같은 맥락이다. 허수 시간의 제곱은 음(-)의 시간 방향이기 때문이다. 쉽게 설명하면 초기 우주의 최소 블랙홀 질량과 나중 우주의 최대 블랙홀 질량 사이의 시간 관계는 **시간 반전 대칭**time reversal symmetry에 해당된다.

이는 우리가 살고 있는 세상에서 잘 정립된 물리학 법칙으로, 시간 반전에도 불구하고 **가역성**reversibility인 물리법칙이 작동하고 있음을 보여준다. 이론물리학자들은 시간반전을 이루는 블랙홀에서의 **비가역성** irreversibility에 대해서 의문을 가진 바 있다.

먼저 중력의 존재가 시간 흐름을 개시하고 주도할 수 있음에 유의하자. 블랙홀조차 중력이 관여하고 있다. 매우 흥미로운 사실은 일상적인 우리가 살고 있는 공간에서는 시간 흐름이 과거-현재-미래 방향으로 흐르지만, 블랙홀에서는 시간 흐름이 거꾸로 흘러 미래에서 과거 방향으로 흐른다는 점이다.

이것은 곧 블랙홀에 진입하는 순간부터 시간반전에 놓이게 된다는 것을 의미한다. 이러한 시간반전 효과는 결론적으로 이야기하면 우리 우주가 초기 우주, 시간의 시작(최소 블랙홀 질량)에서 나중 우주, 시간의 끝(최대 블랙홀 질량)에 이르러 다시 시간의 시작으로 순환 반복하는 우주를 보여준다는 점이다. 소위 시간의 화살은 거꾸로 시간이 흐르는 것은 불가능하고 임계 영역에서 방향을 바꾼 시간 흐름으로 다시 출발하는 식이다. 그래서 이론물리학자들이 보다 깊은 우주의 신비가 블랙홀 내부에 숨어 있다고 자주 언급하고 있는 것이다.

두 쌍의 블랙홀

나는 두 쌍의 블랙홀 관계에서 두 블랙홀은 시간반전 관계에 있다고 보고, 시간의 화살을 설명한다. 이 경우 나중 우주에서 초기 우주로 흐르는 시간의 방향은 흡사 미래에서 과거로 흐르는 시간 방향과 같다. 인류는 이 시간의 반쪽 흐름을 결코 인식할 수 없다. 이는 중력이 존재하는 세계에서 중첩이 존재하는 동시성이 사라지고, 한쪽이 드러나고 다른 한쪽은 숨어 버리기 때문이다.

이 경우 최소 블랙홀 질량이 물체를 일방적으로 끌어당기는 입구로서 블랙홀이라고 한다면, 물질을 일방적으로 내뱉기만 하는 출구는 화이트홀이라 정의할 수 있다. 블랙홀과 화이트홀이 서로 시간반전 관계에 있듯이 최소 블랙홀 질량과 최대 블랙홀 질량은 마찬가지로 시간반전 관계에 있을 것으로 추론된다. 그럴 경우 그동안 그 어느 누구에게도 풀리지 않았던 시간의 화살 문제는 해소될 것으로 생각한다. 이러한 추론은 다음과 같이 전개된다.

고에너지밀도가 작용하는 블랙홀 최소 질량이 있는 시공간은 뾰족하지 않고 대체로 둥근 형태로 시간의 출발이 되는 근사점($t \neq 0$)이다. 이를 경계로 엔트로피가 가장 낮으며 좌우의 그래프는 엔트로피가 증가하는 방향으로 최대 엔트로피로 접근한다. 이 경우 최소 엔트로피를 가진 특정 순간에 시간은 대칭을 보인다.

그래프를 그려 보면 엔트로피가 최대로 증가하는 나중 우주는 초기 우주와 음(-)의 시간 흐름으로 바로 연결되어 있는 것 같이 보인다. 초기 우주에서 나중 우주로 흐르는 시간 과정은 시간의 화살로 인식할 수 있으나, 나중 우주에서 초기 우주로의 시간 흐름은 흡사 미래에서 과거로 시간 여행을 하듯 시간 인식을 느낄 수 없다. 이 표현이 음(-)의 시간 흐름으로 대체된 것이다. 음(-)의 시간 흐름은 유사하게 표현되는 경우도 많은데, 바로 양자 터널링quantum tunneling에서 수학적 표현으로 속도가 '허수'로 변환하는 것과 일치한다.

처음 두 개의 큰 질문과 관련된 오메가 문제의 검증에서 결정적인 단서는 다음과 같은 두 가지 실험과 관측 데이터를 근거로 한다.

첫째, 스티븐 호킹의《시간의 역사》에서 언급하는 '블랙홀 정보 역설

black hole information paradox' 문제가 그것이다. 스티븐 호킹은 블랙홀에 들어간 정보가 회수될 수 없다는 정보 역설 문제를 제기했고, 이 문제는 소위 '블랙홀 전쟁'으로 알려진 레너드 서스킨드의 정보 보존 문제와 관련이 있다. 양자 중력과 일반 상대성 이론은 정보 보존의 원리를 지킨다. 3부 수식 4의 Eq. 4-16은 두 쌍의 물리량에 대한 상태 공간이 일정하여 정보 보존이 수호되고 있음을 보여준다.

서스킨드의 저서 《블랙홀 전쟁》에서는 정보가 보존된다고 주장해서 스티븐 호킹의 주장 반대편에 섰다. 서스킨드는 이 내기에서 자신이 승리했다고 주장한다.

나는 정보 보존이 가능한 이유를 에너지보존법칙의 차원으로 보고 이 책에서 한 줄로 기술하고 있다(3부 수식 4의 Eq. 4-16 참조).

수식에서 보여주는 두 쌍이란 고에너지의 플랑크밀도와 저에너지의 진공 에너지밀도 간의 상한 팽창의 한계로 보여주는 블랙홀 최대 질량과, 하한 수축의 한계로 보여주는 블랙홀 최소 질량을 일컫는다. 이론과 관측 데이터가 모순 없음을 보여준다.

우주 초기에 고에너지가 필요한 이유와 상전이를 통한 저에너지로서 진공 에너지밀도는 현재 우주의 관측에 있어 아인슈타인 장방정식에서 보여주는 밀도가 진공 에너지로 접근하는 문제, 곧 천문학에서 현재까지 풀리지 않는 우연의 일치 문제 coincidence problem 라고 알려져 있다.

아인슈타인 장방정식을 단순하게 고쳐 쓴 프리드만 방정식은 3부 수식 10과 같다. 고도의 대칭성은 아인슈타인 장방정식의 풀이가 엄청나게 간단해진다는 것을 의미한다. 이 수식에서 밀도는 다음과 같이 진공 에너지밀도로 접근하고 있음을 보여준다. 진공 에너지밀도는 때로는 암흑 에너지밀도로 고쳐 쓰고 있는데, 암흑 에너지 파라미터parameter of dark energy를 이용하여 표현하면 3부 수식 3과 같다.

유럽우주국에서 발표한 암흑 에너지 파라미터를 0.683으로 이용할 경우, 진공 에너지밀도는 3부 수식 2와 같다. 단, 중력 상수 G를 자체 개발한 버킹엄 머신을 사용하여 계산해야 한다.

둘째, 양자역학에서 자주 나오는 미세구조상수 a와 마법의 수 137, 우주론에서 나오는 우주 상수와의 관계를 블랙홀 최대 질량과 블랙홀 최소 질량의 비율을 이용하여 보여준다. 3부 수식 4의 Eq. 4-15에서 잘 보여준다.

미세구조상수의 근원

이 책에서 이미 언급한 미세구조상수는 독일 이론물리학자 조머펠트가 발견한 상수로 조머펠트 상수Sommerfeld constant라고도 한다. 불확정성 원리를 발견하여 잘 알려진 독일 이론물리학자 하이젠베르크는 이 상수에 대해 다음과 같이 말했다.

"이 상수의 근원을 알게 되면, 물리학의 모든 것은 끝난다. 이 수치가 왜 이렇게도 물리학자들에게 호기심을 부르는지, 그리고 얼마나 중요한지는 여러 물리학자들의 발언이나 연구 내용을 통해 알 수 있을 것이다."

경로적분법contour integral을 발견한 리처드 파인만은 이 상수의 근원이나, 왜 하필 이 숫자인가를 알기에는 인간 지성의 능력으로는 불가능할 것으로 보인다고 토로했다. '파울리 배타원리Pauli exclusion principle'를 발표한 볼프강 파울리는 숨질 때까지 이 숫자에 대한 수수께끼 풀기에 모든 노력을 기울였으나 애석하게도 결과를 얻지 못했다.

이 미스터리한 숫자와 관련된 연구를 한 이론물리학자들은 모두 노벨 물리학상을 수상했다. 유감스럽게도 책을 쓰는 지금 이 시간까지도 그 미스터리는 풀리지 않고 있다. 흥미롭게도 이 숫자는 단위와 무관한 무차원수다. 이는 어떤 단위계와 무관하게 일정하다는 의미다.

나는 역사적으로 과학적 사연이 많은 이 상수가 유도되어 나오는 과정을 아주 우연한 기회에 알게 되었다. 그 순간 너무 놀라서 한동안 혼이 나간 상태로 무엇인가 잘못 계산한 것이 아닌가 하고, 두 번 세 번 연거푸 확인하는 과정을 거쳤다. 이 우연한 기회는 바로 이 책의 '몬스터의 물리적 해독'에서 설명했던 것처럼, 몬스터 대칭군에 대한 해독 과정에서 찾아왔다(3부 수식 2 참조).

이때가 2019년 1월 9일이었다. 이 글을 쓰는 지금도 가슴을 벅차게 했던 그 순간의 놀라운 경험이 생생하게 떠오른다. 이로부터 몇 년 뒤 알게 된 사실은 물리학에서 나오는 거의 모든 중요한 상수가 몬스터 대칭군이라는 커다란 저수지에서 발원하는 것이었다.

영국 수학자이면서 이론물리학자인 로저 펜로즈는 그의 저서 《실체에 이르는 길》(1권 p. 403)에서 다음과 같이 언급하고 있다.

"많은 사람들은 '한없이 크지만 유한한' 몬스터군들이 미래의 물리학 이론을 좌우할 것이라고 굳게 믿고 있다."

다음으로 우주론에서 중요하게 취급하는 아인슈타인 장방정식에 나오는 우주 상수로, 이 상수는 이론물리학자나 천체물리학자의 평생의 연구 대상이며 이른바 우주 상수 문제로 알려져 있다.

끈 이론의 대가인 미국 이론물리학자 레너드 서스킨드는 이 문제가 물리학 문제 중에서 문제라고 지적했다. 왜냐하면 우주 상수 수치가 아주 작은데(약 10^{-123}), 왜 이 수치가 이렇게 작은지 호기심을 자극한다는 것이다.

이론물리학자들이 자랑스럽게 여기는 무기인 양자장 이론으로 우주에 존재하는 모든 진공 에너지를 계산하면 관측과 달리 10^{120}배 높게 계산된다. 물리학 역사상 이론과 관측 데이터 사이에 이렇게 큰 불일치가 있었던 적은 없었다.

이는 권위가 하늘 높은 줄 모르는 천재 물리학자들에게는 어마어마하게 자존심이 상하는 문제가 될 수밖에 없다. 따라서 오늘 이 시간에도 물리학자들은 숨을 죽이면서 이 이유를 찾아서 세상에 이름을 날릴 기회를 호시탐탐 노리고 있다. 특히 끈 이론 학자들은 일반 물리학자들로부터 실험과 전혀 무관한 수학 이론이라며 놀림 받는 상태이다 보니, 이 문제를 푸는 것이 그동안 떨어졌던 자존심을 회복시킬 절호의 찬스라고 생각하는 것 같다.

미세구조상수와 우주 상수의 연결

이제 양자역학에서 나온 미세구조상수 a와 일반 상대성 이론에서 나온 우주 상수 Λ를 연결하는 것이 얼마나 어려운 문제에 속하는지 새삼스럽게 이야기하지 않아도 누구나 쉽게 알 수 있게 되었다. 양자역학과 일반 상대성 이론을 '하나'로 통합한다는 작업이 물리학을 전공하는 자연과학자들에게 얼마나 힘든 문제인가를 깨달을 수 있게 되었다는 이야기다.

미세구조상수 a와 우주 상수 Λ의 연결은 미시 세계와 거시 세계를 통합하는 하나의 지적 상징과 같은 문제가 될 수 있음을 알 수 있을 것이다. 그러나 현대물리학자들은 미세구조상수 a와 우주 상수 Λ를 별개로 간주해왔을 뿐 아니라, 이 두 물리량을 연결한다는 생각조차 하지 못했을 것이라고 추론된다. 통합 문제에 있어서 이 두 물리량을 굳이 내세우는 이유는 다음과 같다.

미세구조상수 a는 양자역학에 있어서 원자나 분자 구조의 안정성의 문제와 직접 관련이 있다. 실험으로 측정된 미세구조상수와 극미세하게 달랐다면, 물질을 이루고 있는 우리의 몸은 존재하지 않을 수도 있기 때문이다. 마찬가지로 일반 상대성 이론에서 우주 상수는 우주의 안정장치와 다를 바 없다. 우주 상수 또한 그 크기가 조금만 달랐어도 우주는 존재하지 않을 수도 있기 때문이다.

미세구조상수와 우주 상수의 단 두 가지 물리량의 기호만을 사용하여 미시 세계와 거시 세계를 통합하는 방법론을 또 하나의 **초연결**super connectivity이라고 할 수 있다(3부 수식 4의 Eq. 4-15 참조).

이 책에서 나는 우주 상수 문제, 우연의 일치 문제, 오메가 문제를 풀 수 있는 수식을 발표했다. 오메가 문제 풀이에도 어김없이 마법의 수 137이 관여한다. 이 책에서 보여준 수식은 매우 간단하고 간결한 수학적 일관성을 제공할 뿐 아니라, 실험 및 관측 데이터와 모순되지 않는 결과를 보여주고 있다. 논문의 흥미로운 점은 미분, 적분 및 어려운 수식 기호를 일체 사용하지 않고 잘 알려진 수식 기호의 조합만을 이용한 숫자 언어를 사용했다는 점이다.

2020년 노벨 물리학상을 받은 영국 케임브리지대 수리물리학자 로저 펜로즈는 다음과 같이 언급한 바 있다.

"양자역학과 상대성 이론의 통합이 오늘날 현재까지 어려운 이유는 미시 세계와 거시 세계를 통합하는 새로운 수학적 개발의 발견이 어렵기 때문이다."

미국의 심리학자이자 컴퓨터과학자인 존 매카시는 평범한 상식의 비범한 논리학자로 일컬어지는데, 컴퓨터 분야의 노벨상으로 불리는 튜링상을 1971년에 수상했다. 매카시는 추론 과정에 수학적 정밀성을 적용하더라도 정신박약이 아니면 누구든지 수행할 수 있는 매우 단순한 초보적 언어 추론 과정을 수행할 수 있는 기계를 1959년 논문에서 언급한 바 있다. 존 매카시가 언급한 기계가 오늘날에 이르러 내가 개발한 숫자 언어를 기반으로 하는 버킹엄 머신이 아닌가 생각된다.

숫자 언어의 정의

여기에서 '숫자 언어'라는 용어가 이 책을 읽는 독자들에게 의문을 불러일으킬 것 같다. 그래서 이를 다시 한번 설명하려고 한다.

나는 이 장의 첫머리에서 던졌던 두 질문을 다시 상기시키고자 한다. 바로 빅뱅 전에 시간과 공간이 존재하고 있는가에 대한 질문과, 시간이 왜 하필 양방향이 아닌 일방향으로 흐르는가에 대한 질문이 그것이다.

물리학자들이 연구하려는 첫 번째 단추가 잘못 채워지면, 다음 단추가 맞춰지지 않는다는 점을 강조하고 싶다. 그 첫 번째 단추가 나는 다음과 같다고 주장한다.

다양하고 복잡한 자연현상을 아주 간단하고 간편하게 기술하는 것은 물리학뿐 아니라 모든 자연과학의 목표로 알려져 있다. 여기에서 간단하다는 용어는 수식을 표현하는 길이가 짧다는 것이고, 간편하다는 것은 수식을 표현하는 공간의 복잡도가 단순하다는 뜻이다.

인류의 지적 아이콘으로 알려진 아인슈타인은 자연현상에 대한 기술을 줄일 수 없을 만큼 더 줄일 수 있어야 한다고 강조했다. 스티븐 호킹은 모든 것의 이론의 조건에서 복잡한 수식 기호를 하나 붙일 때마다 감점을 가할 수 있다고 역설한 바 있다.

이 같은 아인슈타인과 호킹의 주장을 감안하면, 물리학자들이 가장 필연적으로 해야 하는 첫 번째 일이 덜어내면 덜어낼수록 좋다는 less more다. 'Simplicity is the best beauty'라는 표현으로 축약할 수 있을 것 같다. 이를 데이비드 린들리는 그의 저서 《물리학의 끝은 어디인가: 통일이론의 신화》에서 물리량에 숫자를 붙이는 것이라고 주장했다.

특히 아인슈타인의 후계자라고 알려진 리처드 파인만의 절규는 이미 언급한 바 있다. 그는 물리학에서 소수점을 가진 숫자를 발견하지 않으면, 물리학에서 아무것도 하지 않는 것 같다고 강조한 바 있다. 그의 말은 상당히 축약되어 수학자나 물리학자를 비롯한 전문가들조차 파인만이 무엇을 이야기하는지 깨닫지 못하는 것 같다. 나는 파인만이 언급한 위와 같은 표현을 듣는 순간, 가슴을 치며 즉각적으로 그 의도를 절감했다.

이제 숫자 언어라는 개념에 접근할 준비가 되어 있을 것 같다. 말하자면 복잡하고 다양한 자연현상을 아주 간단하고 간편하게 쓸 수 있는 언어를 발견하는 것이야말로 물리학자들을 비롯하여 자연과학자들이 해야 할 임무라고 생각한다. 우리가 사는 이 세상을 기술하는 언어를 정복하는 사람이야말로 세상을 지배한다고 말한 사람도 있다. 정말 핵심을 제대로 짚은 표현이라고 할 수 있다. 숫자 언어를 한마디로 설명하면 다음과 같다.

자연현상을 기술하는 물리량에 숫자를 일대일 대응 방식(함수 개념)으로 표현하는 물리량을 숫자 언어라고 지칭한다. 숫자 언어에 사용된 수의 개념으로서 숫자 기호는 모두 10개(0, 1, 2, 3, 4, 5, 6, 7, 8, 9)다. 숫자 언어를 제대로 붙일 수 있는 방법은 이미 설명한 바 있다.

국제연합 산하 국제도량형국에서 발표한 7개의 정의 상수를 모두 1로 두면, 7개 정의 상수에 사용된 7개 기본단위에 대한 해를 계산해 낼 수 있다. 이는 고등학생 수준에서 잘 알려진 '대수학의 기본 정리 fundamental theorem of algebra'를 이용한 것으로, 미지수 개수가 n개면 n개의 방정식이 필요하다는 것이다. 이 7개 방정식은 정의 상수 7개를 의미하며 이를 모두 1로 두는 순간, 7개의 변수의 해에 해당하는 것이 바로 7개의 기본단위에 대응하는 숫자다.

7개 기본단위에 대응하는 숫자가 바로 물리량에 대응하는 숫자 언어가 되는 셈이다. 물리학을 비롯한 자연과학을 공부하는 사람들이나 이론을 개발하는 전문가들에게 제일 먼저 착수해야 할 일이 무엇인가를 질문할 필요가 있다. 이 질문은 참으로 중요한 질문에 해당한다는 것을 내가 34년 이상을 연구하면서 뼈저리게 느꼈다. 만약 이 질문이 없었다면 천재 수학자들이나 물리학자들이 평소에 질문했던 의문에 답할 수 없었을 것이라고 생각한다.

비록 늦었지만 그 질문에 답변을 하고자 한다. 가장 먼저 착수해야 할 일은 복잡하고 다양한 자연현상을 기술할 수 있는 적절한 언어가 무엇인지 발견하는 일이다. 그것은 위에서 설명한 대로 주어진 자연현상을 정의하고 설명하는 물리량인 기호에 숫자를 붙이는 일이다. 그리고 그 붙이는 공식, 곧 출발 공리를 발견하는 일이다. 수학에서 공리란 자명한 명제가 아니라 단순히 어떤 논리 체계에서의 출발점을 말한다.

정의 상수를 숫자 1로 놓는 이유

물리학을 비롯하여 자연과학을 연구하는 첫걸음인 물리학 공리 그 자체는 전혀 예상하지 못했던 독일 수학자 레오폴드 크로네커의 질문에 답할 수 있다. 정수론자로 알려진 크로네커는 다음과 같은 질문을 던졌다.

"임의의 단위를 기본단위의 유한한 몫으로 표현할 수 있는가?"

그런데 크로네커는 이 질문을 던져만 놓았지, 역설적으로 이 질문이 도대체 수학적으로 무슨 의미를 가질 수 있는가에 대해서는 답을 내놓지 못했다.

내 생각에 역사적으로 위대한 발견은 자신도 모르게 스스로 질문이 먼저 튀어나오면서 그 질문에 대한 답변을 얻으려는 과정에서 나왔다. 나 또한 그러한 과정을 자주 겪었다. 예를 들면 '하나가 무엇이지?' 하면서 하나에 대한 의미를 끝없이 탐구했던 과정을 지나왔다. 내가 읽었던 어떤 교양 수학에서 크로네커의 질문을 마주 대하는 순간, 이 질문이 무엇을 의미하는지 즉각 알아챘다. 바로 나 자신이 발견한 물리학 출발 공준이 그것이었기 때문이다.

왜 하필 7개의 정의 상수를 모두 '1'로 놓았을까? 그 이유는 무엇일까? 물리학의 기본 용어조차 모르던 시절에 이런 질문에 스스로 만족할 만한 답변을 얻을 때까지 물리학 교과서나 교양서적을 닥치는 대로 읽었다. 물리학에서 정의 상수를 숫자 1로 놓는 이유는 우리말로 정규화 normalization 또는 단위화 unitization라고 알려져 있다.

전문가가 아닌 일반인들이 내가 주장한 공준에 대해서 자주 묻는 질문 중 하나가 7개 정의 상수 모두를 왜 1로 두느냐는 것이다. 나는 물리학을 독학한 오랜 세월이 지나도 이 질문에 대한 의미가 매우 중차대하다고 생각한다.

매우 흥미롭게도 자연과학을 전공하면서 기존 관념에 젖은 학자는 물리학 공준을 모두 1로 둔 이유에 대해서 질문을 하지 않는다. 왜냐하면 이들은 정규화 또는 단위화에 대한 개념을 익히 알고 있기 때문이다. 또 하나 흥미로운 점은 7개 정의 상수를 굳이 1이 아닌 어떤 수로 해도 결과적으로 1로 두는 것과 아무런 계산 차이가 없다는 점을 제대로 이해하지 못하고 있다는 사실이다.

물리학을 전공하는 학자들에게 물어보면 제법 적절한 이유를 든다. 7개의 정의 상수를 모두 1로 두는 이유는 계산을 편리하게 하기 위해서라는 답변이 그것이다. 그런데 계산에 편리하다는 표현이 결코 틀린 말은 아니지만, 숫자 1이 가진 의미를 설명할 때 턱없이 부족한 개념이라는 것을 여전히 깨닫지 못하고 있다. 왜냐하면 수학자 크로네커의 질문에 대해서, 그리고 그 질문의 유용성에 대해서 깊이 생각해보지 않았기 때문이라고 할 수 있다.

내가 발견한 물리학 출발 공준에 따라 7개 기본단위는 모두 일대일 대응하는 무차원수를 얻게 된다. 이들 7개의 무차원수 개별 크기는 결국 숫자 1의 유한한 몫에 해당하기 때문이다. 이때 개별 유한한 몫에는 숫자 1이 생략되어 있음을 알 수 있다.

유한한 몫에 해당하는 개별 무차원수는 에너지의 절대 척도가 된다. 크로네커가 질문한 임의의 단위는 바로 7개 기본단위가 되고, 그 7개 기본단위는 에너지의 절대 척도가 된다. 그리고 이 7개 서로 다른 차원이라 할 수 있는 에너지 절대 척도는 에너지에 대한 정의와 절대 척도라는 용어에 대한 개념이 필요하다.

에너지에 대한 정의는 이 책 전반에서 여러 번에 걸쳐 설명한 바 있다. 이 경우 에너지는 SI 단위계의 7개의 기본단위에서 유도되어 나온 줄joule이라는 이름의 에너지 단위와는 개념이 다르다고 할 수 있다.

'상대 척도'를 유도해낼 수 있는데, 절대 척도이든 상대 척도이든 간에 이 모든 에너지 척도는 이미 설명한 대로 변화에 대한 원인으로서 척도가 될 수 있다. 그리고 모두 무차원수로 계산될 수 있다. 내가 정의한 에너지는 광의의 메타 정의에 해당된다. 이럴 경우 줄이라는 에너지 단위는 유도단위로, 에너지라는 상위집합의 하나의 원소element에 지나지 않는다고 할 수 있다.

이 7개 에너지 '절대 척도'는 단위 차원이 다른 유도단위라는 모든 무차원수 앞에 숫자 '1'이 어김없이 생략되어 있다. 복소수 또는 실수의 완비성 공리의 모든 수직선에 빈틈없이 채워져 있다.

숫자 1의 위대함

곱셈 연산자는 논리적 기호로 '동시simultaneity'라는 개념이 전제되어 있다. 참고로 동시가 아닌 비동시인 경우 논리적 기호는 덧셈 또는 뺄셈 연산자가 사용된다. 7개 정의 상수를 모두 1로 둔 것은 물리학적으로 설명하면 7개 정의 상수 모두가 동시에 연결되어 있다는 의미가 내재되어 있다. 그러므로 숫자 1은 우주 만물의 근본 또는 비롯됨이 없는 상대적인 개념이 아니라 절대적인 개념의 **메타적 기호**meta-symbol다.

숫자 1은 모든 수(복소수 및 실수)에 포함된 공약수로, 어떤 수라 할지라도 숫자 1로 나눌 수 있고(이를 지칭하여 숫자 1의 가역성이라고 한다), 동시에 숫자 1은 어떤 수로도 나누어지지 않는다. 이를 지칭하여 숫자 1의 비가역성이라고 한다. 따라서 숫자 1은 그 자신을 제외하고 가역성과 비가역성을 동시에 가진 유일한 숫자로 이중성의 기원이 된다. 또 숫자 1은 모든 수를 동시에 내재하고 있어서 1은 모든 수의 내포에 해당하고, 숫자 1을 제외한 모든 수는 크기의 범위를 가져서 모든 수는 1의 외연에 해당한다.

내포와 외연의 개념에서 중요한 논리 법칙은 자연과학과 사이비 과학의 진위 여부를 묻는 기준이 된다. 가령 이 세상을 창조한 신神의 개념은 내포는 있으나 외연은 없다. 여기에서 일반적으로 알려진 사이비 과학에 대한 유명한 정의가 있다. 이 정의는 과학철학자 칼 포퍼가 주장한 것으로, 과학과 사이비 과학의 차이는 반증 가능성 존재의 유무라고 한다.

위에서 설명한 이 세상을 창조한 신의 개념은 일반적으로 알려진 자연과학의 법칙에서 진위 여부를 가릴 수 있는 반증 가능성이 존재하지 않는다는 뜻이다. 즉, 사이비 과학은 일반적으로 알려진 부정적이거나 감성적으로 정의하고 판단하는 것이 아니라, 자연과학이라는 특별한 정의의 영역에서 벗어나 있다는 것이다.

숫자 1이 가진 심오함이나 위대함을 표현하는 그럴듯한 비유가 있다. 소립자물리학의 대부로서 미시 세계의 표준 모델을 완성시켜 1979년 노벨 물리학상을 수상한 스티븐 와인버그는 상수 중에서 진짜 상수는 무엇인가를 자문하고, 이 진짜 상수에 대한 정의를 내리려고 시도했다.

이론물리학자로서 모든 물리학자로부터 존경받는 이 학자가 물리학 영역에 존재하는 수많은 물리상수의 존재를 모를 리가 만무하다. 그럼에도 불구하고 진짜 상수가 무엇인지를 자문한 것이다. 나는 이 위대한 물리학자가 숫자 언어에 대한 개념을 파악하고 있었다면, 아마 다음과 같은 말을 절대로 하지 않았을 것이라고 생각한다.

"진짜 상수는 자신 이외의 수로 나누어질 수 없을 때 이를 진짜 상수라고 한다."

나는 당연히 숫자 언어의 개념을 알고 있기 때문에 모든 단위 차원의 개념을 내재한 무차원 상수 1을 진짜 상수라고 즉각 알아차렸다. 그러므로 변화하는 이 세상에서 변화의 제1 원인이 되는 물리량을 에너지라고 정의한다면, 그 에너지의 절대 척도의 기본이 바로 숫자 1이 된다. 이 숫자 1은 에너지 개념이 존재하는 한 진본眞本이 오로지 하나밖에 존재하지 않는다는 것을 강력하게 개진하고 있다. 파인만은 물리법칙의 특성에서 에너지의 실제 단위는 없다고 한 바 있다.

내가 직접 만났던 우크라이나계 미국 물리학자인 오레스트 베드리지 박사는 자신만의 방식으로 **대통일이론**Grand Unification Theory, GUT을 전개한 물리학자로 유명하다. 베드리지 박사는 특히 숫자 1에 대해 깊고 넓은 영감을 가지고 10여 권의 책을 썼는데, 그중 한 책 제목을 '1'로 붙이고 또 다른 책 제목은 'ONE'으로 붙였다.

그러므로 원 파라미터 솔루션에는 진짜 상수가 오직 하나밖에 없다. 사람의 성명으로 비유하면 숫자 1은 성에 해당하고, 나머지 숫자나 상수들은 모두 이름에 해당된다.

이제 출발 공준의 물리적 의미가 내포하는 범위가 매우 심오하고 넓다는 것을 충분히 깨달았을 것이라고 생각한다. 나는 1 또는 하나의 개념에 대해서 아는 것은 이제 겨우 출발점에 선 것과 같다고 생각한다. 불교의 선禪 사상은 숫자 1 또는 하나의 의미를 화두로 삼아 진리를 찾기 위한 여정에 있고, 기독교 사상은 하나님과 예수 사이의 관계에 대해서 시종일관 '하나'라고 해석한다.

07

드디어
문샤인을 찾았다

대칭성의 개념

대칭은 우주를 통제하는 근본 원리로 자연법칙과 물리법칙을 규정 짓는다. 물리적으로 가능한 우주는 매우 다양한데 정작 우리는 단 하나의 우주에서 살아간다. 이 난처한 상황을 어떻게 풀어 나가야 하나? 이 질문에 대해서 호주의 이론물리학자 브랜든 카터가 1973년 소개한 유명한 용어로, **인본 원리** 또는 **인간 중심 원리**anthropic principle가 있다.

이 대칭성의 개념이 이 문제를 용이하게 해결해주는 탁월한 무기가 된다. 이 책에서 소개하고 있는 몬스터 대칭군에 대한 해석을 통하여 자연에서 발견되는 다양한 물리상수들이 몬스터 대칭군에서 기원하고 있음을 보여준다. 모든 문제 풀이의 해에 대한 객관적이고 기본적인 단서는 어디에 존재할까? 문제 풀이에 대한 해의 근원으로서 이론과 실험·관측 데이터 간의 연결자가 바로 CODATA나 NIST(미국 국립 표준 기술 연구소)가 발표하는 일련의 물리상수들이라고 할 수 있다.

또 하나의 새로운 문샤인

나는 몬스터 대칭군과 관련된 규칙적인 수열을 가진 놀라운 정수를 발견했다. 그것이 바로 또 하나의 새로운 문샤인이다.

원래 문샤인이라는 용어는 전 프린스턴 수학자 존 호튼 콘웨이John Horton Conway가 몬스터와 정수 관계를 가진 수를 문샤인이라고 지칭한 데에서 유래한다. 사이먼 노턴Simon Norton과 함께 이 사실을 입증한 콘웨이는 이 연관성을 가진 정수를 '문샤인'이라고 이름 붙였다.

그러나 이 정수를 '문샤인'이라고 지칭한 것은 이러한 정수를 찾아내기가 불가능하다는 의미가 내재되어 있다. 내가 발견한 정수의 규칙성을 보면 문샤인을 찾아내기가 얼마나 어려운지 절감할 것이다. 왜냐하면 다양한 물리상수로 구성된 불규칙적이어서 패턴이라고는 찾아볼 수 없는 실수들을 다양하게 조합하여 계산한 결과가 매우 규칙적인 정수열(수론)을 보여주기 때문이다(3부 수식 9 참조).

내가 발견한 매우 규칙적인 수열을 가진 문샤인의 구조는 아래와 같이 A와 B의 곱으로 구성되어 있다. 수식에서 보다시피 패턴이라고는 거의 상상할 수 없는 무질서한 자연의 상수 조합에서 깜짝 놀랄 만한 질서 있는 패턴을 이루고 있다. 말로만 듣던 문샤인을 계산 과정의 결과로 컴퓨터 화면에서 보는 순간 숨이 멎는 것 같았다.

"세상에 이런 일이…!"

아래 수식은 겉으로 보이는 무질서 속에 질서가 숨어 있어서 카오스chaos에서 코스모스cosmos로 변하는 과정을 드라마틱하게 보여준다고 생각한다.

A=1234567890987654321

B=9876543210123456789

A와 B 각각은 0을 기준으로 대칭을 이룬다. 0을 기준으로 **대칭**symmetry과 **반대칭**anti-symmetry 사이의 관계를 보여준다. 그리고 A와 B의 곱의 결과는 A와 B와 전혀 다른 **비대칭**asymmetry을 보여주고 있다.

수학자와 이론물리학자는 자연현상에서 드러나는 대칭과 반대칭, 비대칭이 어디서 기원하느냐 질문한다. 단순한 질문 같지만 지독하게 어려운 문제로 간주될 수 있다. 1980년 말에 로버트 브랜든버거Robert Brandenberger와 컴런 바파Cumrun Vafa는 표준 우주론 모델에 끈 이론을 도입, 우주의 크기와 우주의 온도 간에 놀라운 관계가 성립한다는 것을 발견한 바 있다. 그들은 시간을 과거로 되돌릴수록, 곧 차원 반지름이 감소할수록 우주의 온도가 증가한다는 사실을 발견한 것이다. 즉, 시간을 과거로 되돌릴수록 우주의 온도가 상승하지만 우주의 크기가 플랑크 크기보다 큰 동안에만 적용된다는 것이다. 구체적으로 플랑크 크기에서 바닥을 치고 다시 차원 반지름이 증가하면 우주 온도는 감소한다는 것으로, 차원 반지름과 우주 온도 크기가 반비례한다는 것을 보여준다.

위에서 수 A는 작은 수(1)에서 출발하여 증가(9)하다가 0에서 다시 큰 수(9)에서 감소하여 작은 수(1)로 되돌아오는 순서다. 수 B는 큰 수(9)에서 출발하여 감소(1)하다 0에서 다시 작은 수(1)에서 다시 큰 수(9)로 되돌아오는 순서를 보이고 있다. A와 B의 수의 배열 관계 측면에서 역관계로, 로버트 브랜든버거와 컴런 바파의 우주의 차원 반지름과 우주의 온도 간에 역비례 관계가 있음을 보여준다. 기하학적으로 다윗의 별 모양(삼각형과 역삼각형을 겹쳐 놓은 모양)을 하고 있다.

수학자 콘웨이가 몬스터와 수론 간의 관계있는 것을 문샤인이라고 지칭한다면, 문샤인 집합이 다양하게 존재할 수 있음을 생각할 수 있다. 미국의 천재 물리학자 프리먼 다이슨Freeman Dyson은 미국 프린스턴 고등과학연구원에서 유일하게 학위가 없는 학자로 유명하다. 다이슨은 우리 인류가 언젠가 몬스터군과 관련하여 풍성한 문샤인군을 발견할 수 있을 것이라고 예언한 바 있다.

08
중학생도 검증할 수 있는
양자 중력

양자 중력에 대한 개념 이해

양자 중력이란 중력을 양자역학적으로 기술하려는 이론물리학의 한 분야다. 지금까지 우리는 그동안 알려져 있지 않았던 중력이 무엇인가에 대해서 살펴 왔는데, 그 적용할 수 있는 세계가 스케일 측면에서 아인슈타인 일반 상대성 이론이 활동하는 큰 세계의 우주론이었다. 양자는 적용할 수 있는 스케일 측면에서 원자나 원자핵의 거동과 관련된 작은 세계의 역학에 한정되어 왔다.

새로운 이론의 출발 공준에서 이미 언급하다시피 7개의 기본단위에 대응하는 단위 없는 순수한 수치는 그 크기의 차원이 덧셈·뺄셈 연산이 물리학적으로 무의미할 정도로 차이$_{order}$가 크다.

대표적으로 질량(kg)의 기본단위에 대한 지수는 10^{40}이고 시간(s)의 기본단위에 대한 지수는 10^9이며 길이의 기본단위(m)에 대한 지수는 10^1 정도로 크기 차이가 존재한다(3부 Table 1, 2 참조). 이러한 크기를 가진 기본단위의 조합에 의한 유도단위는 그 크기가 다양할 수밖에 없고, 게다가 서로 다른 단위들 간의 연산 작용은 수식을 사용할 때 지금까지 차원 분석이라는 방법에 의존할 수밖에 없었다.

따라서 지금까지 귀가 따갑도록 들어왔던 진부한 차원에 대한 개념이 제대로 정립되지 않으면 양자 중력에 대한 개념이나 계산 과정은 결코 용이하지 않음을 알 수 있다. 그러나 최소 에너지양자라는 개념이 이제 낯설지 않을 것이다. 뉴턴의 중력 방정식을 간단히 기술해보면 다음과 같다.

$F=\frac{G \cdot M \cdot m}{r^2}$에서 거리가 최소 에너지양자($dl$)라고 한다면 이미 언급한 대로 분자 M·m은 M^2_{max}가 된다. 이때 분모가 무한소 거리 'dl'로 유한화되면 1차원이 되는데, 이는 분자가 무한대 M_{max}가 되어 유한화되면서 3차원이 되고 있음에 주목해야 한다.

이 책에서는 무한대가 중력 작용 또는 시간의 끝으로 엔트로피가 최대가 될 경우 블랙홀 최대 질량으로 정의 내리고 있다. 곧 이보다 더 큰 질량(관측 가능한 우리 우주보다 더 큰 우주)이 존재하지 않는다고 설명하여 무한대는 형식적 이름을 얻게 된 것이다.

양자장 이론으로 불가능한 이유는 원천적으로 최소 에너지양자에 대한 정의가 없어 질량이 무한대가 될 수 있기 때문에, 입자 가속기로 도달할 수 있는 에너지 자체가 당연히 무한대로 되어 계산 자체가 불가능해지기 때문이다.

휠러-디윗 방정식 Wheeler deWitt equation은 일반 상대성 이론과 양자역학을 결합시키고자 할 때 나오는 수식으로, 정준 양자 중력을 나타내는 함수형 미분방정식이다. 이 방정식을 말끔히 해결해낸 학자가 아직 나타나지 않았다.

이 책 전체를 통하여 강조하지만 나는 이 문제가 전적으로 차원 문제를 제대로 이해하는 데 실패했기 때문이라고 생각한다. 차원 문제는 물리학에서 대단히 중요하게 여기는 변수 처리 문제를 처리할 수 있는 개념의 도약이기 때문이다. 따라서 거의 100년간 양자 중력 문제는 과학 최대의 숙원 문제가 되고 있다.

이런 류의 방정식은 오랜 시간 동안 훈련된 전문가가 덤벼들어도 해가 복수 해로 나타날 수 있기에 취급 자체가 어렵다. 겉으로 그럴듯하여 화려해 보여도 대체로 실속이 없다.

좋은 수학 구조로 구축된 것은 방정식의 해가 복수가 아니고 미지수와 일대일 대응이 되어 나타난다. 가장 극한의 수학 기술이 무엇인가 상상해낼 수 있을까? 아무리 증거가 많다고 해도 수학에서는 증명이 우선이다. 그러나 증명이 확실해도 물리학에서는 증거가 우선이다.

컴퓨터 마우스만 사용할 수 있다면 중학생도 개입할 수 있는 틈이 생기는 놀라운 영역이다. 이 영역 또한 개념은 알 수 없고 단순한 산술만 가능하다. 2부 10장에서 다시 언급할 것이다.

이 세상에서 최고의 두뇌를 가졌다는 이론물리학자들이 자랑스러워하는 양자장 이론의 접근은 대단히 성공적이었다. 하지만 중력에 대해서 아인슈타인 이론을 양자화하려는 모든 시도는 이론물리학자들에게 있어서 최대의 난제로 등장했다. 결과는 무한대나 마이너스 확률, 무한한 수의 미결정된 변수를 포함하는 실패로 이어지고 말았다.

오늘날 이 시각까지 납득할 만한 답변을 내놓을 새로운 접근법이 발표되지 않았다. 모든 물리학자들이 중력의 양자이론에 대한 어려움을 절감하고 있다. 한번 특정한 형식의 아이디어에 익숙해지면 다른 대안을 상상하지 못하기 때문이다.

나는 온갖 실험 데이터 집단을 한곳에 모아 놓고, 쓸 만한 이론이나 수식과 비교하며 시뮬레이션하는 것을 좋아하는 편이다. 그러다 보면 전혀 무관하다고 하는 수식끼리 연결되고 있음을 발견해낼 때도 있다. 어떤 날은 하루 종일 엉뚱한 굴을 파다 헛수고하기도 하지만, 영감은 무한한 경우의 수를 줄여주는 데 일조한다.

프리드만 방정식

이쯤에서 아인슈타인 방정식을 간단히 표현할 수 있는 프리드만 방정식에 주목해보자. 러시아 수학자 알렉산드르 프리드만은 아인슈타인의 텐서가 있는 방정식을 열심히 풀어서 아주 간단한 방정식으로 표현했다.

여기에서 변수항은 속도와 거리 간의 팽창 비율을 보여주는 허블 상수 H, 중력 상수 G, 밀도 ρ, 곡률 k, 척도 인자 a, 우주 상수 Λ 등 모두 6개 변수가 들어 있다.

나는 양자와 우주론이 무엇인지 알기 위해서는 철학자가 아니라 철저한 실험주의자가 되어야 한다고 생각한다. 돌이켜 보면 '양자'를 설명하는 데 '하나'라는 말보다 더 유용한 개념은 없는 것 같다. 나는 버킹엄 머신으로 34년간 이론과 실험·관측 데이터를 비교하는 것이 생활화되어 있던 까닭에 프리드만 방정식에 들어 있는 6개 변수에 대해서 필요한 해를 얻을 수 있었다.

중력이 포함된 우주의 크기는 우주 팽창의 상한 한계가 최대 블랙홀 질량(M_{max})이고, 우주 수축의 하한 한계는 최소 블랙홀 질량(M_{mini})으로 고정되어 있음이 버킹엄 머신에 의해 확인되었다.

우주의 관측 가능한 상한 블랙홀 질량이 고정되어 있으므로 관측 가능한 우리 우주에는 최대 엔트로피(S_{BH})를 가지고 있음이 영국의 이론물리학자 스티븐 호킹의 블랙홀 복사 공식에 의해서 발견되었다. 출발 공준을 적용할 경우, 그 공식은 3부 수식에 있는 것처럼 매우 단순해 보인다(3부 수식 4 참조).

S_{BH}는 중력의 영향이 완료되는 최대 블랙홀 질량 M_{max}에서 발생하는데, 이 순간 자발적으로 생성되는 아인슈타인의 장방정식에서 나오는 척력 인자로 작용하는 우주 상수 Λ와 상호작용하여 자발적 엔트로피 상쇄를 초래한다. 이는 우주의 역사에서 가장 작은 최소 엔트로피 3/8을 생성시킨다(3부 수식 4의 Eq. 4-8 참조).

나는 이론물리학자라면 누구나 초미의 관심을 갖는 중력자에 대해서 숨겨진 6차원의 공간을 통하여 그 에너지 제원을 계산하게 되었다(3부 수식 6의 Eq. 6-3 참조).

여기서 자주 묻는 질문은 '여분의 6차원만이 이토록 작아진 이유는 무엇인가?'다. 우선 중력자 에너지 제원을 찾아낸 방정식을 참고하여 질문을 검토해보기로 하자.

중력자 에너지 제원을 BM을 통해 찾아볼 수 있는 설계는 첫째 과정으로, 중력자 자체가 너무 극소한 크기이기 때문에 상대적으로 스케일이 극소한 플랑크 면적(분모)에 대한 극소한 6개의 중력자(분자)의 존재 비율의 크기가 좌변이 되고 있다. 둘째 과정은 좌변의 존재 비율과 동치가 되는 우변의 물리량 조합 비율을 DB에서 찾아낸 것이다. 우변의 최소 블랙홀 온도(분모)에 대한 진공 에너지밀도(분자) 조합 그것이다.

중력자의 에너지 제원을 찾아낸 과정을 보면 좌우변 분수 비율로 서로 크기 비율이 일정하여 여분의 6차원만이 특별히 작아질 하등의 이유가 없는 것 같다. 학자들은 중력자의 에너지 제원이 상대적으로 알려진 입자들에 비해 너무 극소하기에 중력자와 관련된 공간이 이토록 작을 것으로 예단한 것으로 보인다. 결론적으로 말한다면 여분의 6차원 공간만 작을 특별한 이유가 없다.

중력자의 우주론적 의미가 시간에 무관한 허블 상수와 밀접하게 관련되었음을 오랜 시간을 거쳐 알게 되었다. 허블 상수에 대한 과열된 논쟁에서 이 상수가 진짜 상수이고, 이 상수를 얻기 위해서는 중력의 양자화, 곧 양자 중력이 필요하다는 것도 알게 되었다. 이제 양자 중력의 문제를 본질적으로 추궁해보고자 한다.

아인슈타인과 파인만

아인슈타인이 못 푼 우주 상수 Λ 문제는 파인만이 못 풀고, 파인만이 못 푼 미세구조상수 α 문제는 아인슈타인도 못 푼다. 누가 더 일반적이고 포괄적이었을까에 대해서는 두 사람 다라고 나는 생각한다.

파인만은 본인의 절규 그대로 평생 하나의 물리량에 하나의 숫자 붙이기가 방정식을 만드는 것만큼 어렵다고 생각했다. 그러나 파인만의 소원대로 일단 숫자 붙이기에 성공한다면, 아인슈타인의 주장대로 비용이 많이 드는 고에너지 가속기로 측정할 필요 없이 '이론'만으로 가능한 꿈의 세계가 도래할 것이다.

나는 아인슈타인이 천 년에 한 번 태어날까 말까 한 위대한 인류의 영웅이라고 생각한다. 그런 그의 평생 일관된 주장과 소원이 OPS에서 기적같이 이루어지고 있다.

이제 내가 하고자 하는 요지는 명확하다. 하늘에서 빛이 휜다는 아인슈타인의 주장은 영국의 물리학자 에딩턴 및 그 휘하의 천문 관측팀들이 개기일식을 이용한 검증에 나섰지만, 아인슈타인 방정식과 관련된 양자 중력 문제는 관측(측정)이 아니라 순수한 수리물리학적 조합이론만을 통해서 검증 가능하다는 결론을 얻었다. 이 이야기는 아인슈타인이 말한 대로 측정 가능한지 아닌지는 우리가 결정하는 것이 아니라 '이론'에 의해서 결정됨을 일컫는다.

아인슈타인은 직감을 이용하여 그런 가능한 '이론'을 단순히 설명했지만, 자기 스스로 어떻게 구성해낼 수 있는가에 대해서는 침묵했다.

위에서 이야기한 순수한 수리물리학적 이론이란 바로 파인만이 이야기한 그대로 물리량에 숫자를 제대로 붙이는 방식을 의미한다. 지금까지 우리는 물리량에 숫자를 붙이는 방식에 대해서 계속 언급해왔다. 그것은 숫자로 되어 있는 데이터베이스를 이용하여 지금까지 존재하지 않았던 전혀 새로운 물리량의 조합과 새로운 수식을 유도해낼 수 있다는 의미다. 특히 자연현상이 모두 숫자로 표현된다면, 그 숫자 간의 사칙연산 등 다양한 연산 시뮬레이션을 이용하여 **가상 가속기**virtual accelator를 구축할 수 있어 엄청난 노력과 경제적 비용을 줄일 수 있다.

여기에서의 가속기에 대한 설명은 다음과 같다. 가속기는 주로 입자물리학 분야에서 새로운 입자를 찾거나 이론을 검증하기 위해 사용하는데, 빛의 속도에 가깝게 가속한 입자들을 서로 충돌시키고 거기서 발생하는 파편들을 분석한다. 또 입자 가속기는 입자를 가속할 때 나오는 빛을 이용하여 여러 물질의 특성을 연구하거나 암 치료 등의 의료 목적으로 사용하기도 한다.

숫자 언어를 통한 가상 가속기의 다양한 특징을 데이터베이스화하여 충분히 활용한다면, 특정한 물리량의 주소나 조합 물리량에 대한 정보 등을 역추적을 이용하여 알아낼 수 있다. 에너지 크기를 충당할 가속기를 만들 것이 아니라 에너지 스케일을 수학적으로 점차 줄여 나가는 방법을 찾는 것이 중요하다. 고에너지 크기 차원을 차원 축소 연산자(상용로그, 자연로그)를 적절히 교환하여 사용하는 것이다. 따라서 피연산자 또는 연산자는 순수 숫자, 곧 숫자 언어가 제격이다. 이렇게 하면 난해한 개념을 가진 수식이라도 중학생 정도의 능력으로 단순히 계산하여 수식의 좌우변을 쉽게 맞출 수 있게 하는 방법이 개발될 수 있다. 그러나 수학적 구조 체계를 찾아내거나 수식의 의미를 이해하는 것은 쉽지 않을 것이다.

문제의 본질에 다가서면 컴퓨터 마우스를 사용할 수 있는 사람이면 누구나 양자 중력에 대한 개념이나 이해 없이도 계산만으로 전후 수식을 '찰칵'하고 맞추는 클릭 화학처럼 검증 자체가 매우 간단해진다는 것이다. (단, 별도로 OPS가 있는 주어진 컴퓨터에 수치 리스트 테이블이 있어야 한다.)

이 검증 자체는 수식이 전후로 '하나'로 되어 있기 때문에 검증에 관한 문제가 쉽게 이루어진다. 예로부터 난해한 개념을 가진 수식은 수학이나 물리학을 오랫동안 훈련받은 전문가들조차 대단히 어렵다고 알려져 있다. 그러나 수식의 진위 여부를 중학생 정도의 실력으로도 검증할 수 있는 새로운 수학적 구조 체계를 마련할 수 있는데, 이 책에서는 이

것을 라이프니츠가 말한 '보편문법'이라고 칭하고 있다. 불완전성정리로 세상의 수학계와 철학계를 놀라게 한 오스트리아계 미국 수학자 괴델은 라이프니츠가 꿈꿔 왔던 '보편문법'에 대한 이상을 수학적으로 실현시키고자 했으나 이루지 못하고 영면했다. 이들의 꿈은 변수가 존재하는 방정식 자체를 제거하려는 야심 찬 것이었다.

나는 두 거대한 지성인(라이프니츠, 괴델)의 꿈을 가로막고 있었던 크나큰 장애물이 도대체 무엇인지를 미루어 짐작할 수 있었다. 그것은 바로 물리학에서 지금까지 접근조차 어려웠던 계층성 문제다. 최소한 수십 개가 넘게 존재하는 자유 매개변수 값을 정확히 계산하여 거의 모든 상수를 찾아내는 일이다.

논리학자이면서 수학자인 괴델은 소위 괴델 수Gödel number를 이용해서 위대한 불완전성정리를 우리 인류에게 선물해준 바 있다. 괴델 수는 서로 의미론적 차원들을 지닌 논리적 표현들을 산술적으로 코드화시키는 방법이다. 이 책의 OPS가 일정한 물리적 의미를 지닌 물리량에 대응시켜 실수 숫자를 코드화시켰다면 괴델 수는 기호, 명제, 증명 등을 구문론적 대상, 즉 문자열에 오로지 자연수만으로 대응시켜 코드화하고 있다. 따라서 괴델 수는 OPS의 측정과 관련된 자유 매개변수와는 아무런 상관관계를 갖지 않는다.

물리학이 점차 통합의 범위 안으로 들어감에 따라 자유 매개변수에 임의성이 줄어들고 있다. 이론물리학자 폴 데이비스는 자유 매개변수가 더 이상 존재하지 않을 것으로 내다보고 이를 '무변수 이론'으로 지칭했다.

오늘날에는 인터넷 기술이나 인프라가 눈부시게 발전했고 수많은 실험·관측 데이터 또한 정밀도가 향상되어 있어서 나는 자유 매개변수 값을 계산해내는 획기적인 방법론 등을 개발할 수 있었다.

특히 2019년 5월을 기하여 7개의 정의 상수가 발표되었고(3부의 Table 1), 이 새로운 출발 공준(3부 수식 1의 Eq. 1-1)에 따라 불확도 '0'인 정확한 값 7개의 기본단위에 대응하는 순수한 무차원 수치가 계산되었다. 그 결과로 단위 변환에 대칭 또는 불변값도 알게 되었다(3부의 Table 2).

공감각에서 이미 언급한 바와 같이, OPS에서는 7개 서로 다른 단위 차원에 관계없이 7개 기본단위를 어떻게 섞어서 사칙연산을 하더라도 수학적 이론이나 물리학적 측정에 모순 없음을 보여준다.

현실적으로는 기본단위 질량의 무차원수와 기본단위 길이나 기본단위 시간의 무차원수 간 덧셈이나 뺄셈 연산은 기본단위 간 무차원 수치 값의 크기가 너무 커서 무의미하다. 그러나 길이나 시간의 크기가 우주론 차원으로 질량에 대해 상대적으로 엄청나게 커지면 연산의 의미가 존재할 수도 있다.

공감각에서 감각기관에 무관하게 다른 영역 간 감각전이는 OPS에서 7개 단위 차원이나 사칙연산에 무관하게 단위 변환(단위 전이)이 이루어진다는 뜻이다. 전문적 표현으로 '대칭' 또는 '불변'이라는 용어를 쓸 수 있다.

여하튼 라이프니츠나 괴델이 연구 활동하던 시대보다 현재는 상대적으로 여러 가지 우수한 제반 연구 환경이 갖추어져 있다고 할 수 있다. 그러나 정확한 자유 매개변수 값을 계산해내기 위해서 34년간 밤낮으로 책상에 앉아 이론 연구의 예측을 장담할 수 없는 '노가다' 같은 지옥 활동을 하다 보니 대학병원에서 장 절제 수술과 입원 생활을 반복해야 하는 암울한 시기도 있었다.

이러한 세월 속에서 기적같이 수십 개에 이르는 거의 정확한 자유 매개변수 값을 계산해내게 되었다. 이 값들은 3부 수식에서 비로소 보편문법의 일원으로서 자격을 얻는다. 바로 '상수$_{constant}$'라는 고귀한 지위에 오른 것이다. 곧 변수를 가진 방정식이 사라지고 특정한 등식만이 존재한다.

이 검증 자체는 수식이 전후 '하나'로 되었기 때문에 검증에 관한 문제가 쉽게 이루어진다. '궁극의 이론'이 존재한다면 그 진위 여부를 판단하는 기준이 바로 '보편문법의 존재 여부'가 될 수 있다. 동시에 논리적 불일치와 모순 없이 이 우주를 유일하게 설명할 수 있는 기준이 된다.

여기서 수식이 전후 하나로 되었다는 말은 모두 숫자화(숫자 언어)되어 있다는 의미다. 보편문법이 세상에 존재하여 모든 수식이 숫자로 되어 있다면 얻을 수 있는 장점은 보편문법 이외 또 무엇이 있을 수 있을까?

숫자로 되어 있는 데이터베이스를 이용하면 지금까지 존재하지 않았던 전혀 새로운 물리량의 조합과 새로운 수식을 유도해낼 수 있다. 특히 자연현상이 모두 숫자로 표현된다면 그 숫자 간의 다양한 시뮬레이션을 이용하여 가상 가속기를 구축할 수 있어 실제의 가속기에 비해 엄청난 노력을 줄이고 경제적 비용 절감이 가능해진다. 이러한 자연의 보너스를 상수 몇 개 계산만으로 받을 수는 없다.

숫자 언어의 이러한 제반 특징을 충분히 활용한다면 난해한 개념을 가진 수식이라도 중학생 정도의 능력으로 단순히 계산하여 수식의 좌우변을 쉽게 맞출 수 있다. 그러나 수학적 구조 체계를 찾아내거나 수식의 물리적 의미를 이해하는 것은 쉽지 않다.

09

운명처럼 찾아온
모든 것의 마지막 두 문제

우주 상수의 기원과 정확한 수치

아인슈타인의 일반 상대성 이론의 장방정식에 나오는 우주 상수 Λ의 근본 뿌리가 정확히 이해되는 순간, 현대물리학을 뒤흔드는 혁명이 일어난다고 물리학자들은 생각한다.

오래전 일반 상대성 이론을 이용한 '공간에서 빛이 휘어진다'는 미국 〈뉴욕 타임스〉의 타이틀 기사는 모든 인류의 마음을 뒤흔들어 놓았다. 이 기사가 나간 이후 아인슈타인은 세상의 지적 아이콘이 되었다. 이렇게 소위 유명세를 탄 아인슈타인은 또 한 번 빛과 물질에 관한 광전효과로 노벨 물리학상을 수상했다.

그러나 아인슈타인은 그를 세상에 처음 알린 일반 상대성 이론에 나오는 'Λ'라는 기호가 가진 의미에 대해서 스스로 회의하고, 실제로 물리적으로 무엇을 의미하는지 곱씹고 있었다. 아니나 다를까, 그가 우주의 안전 운행을 위하여 방정식에 임의로 끼워 넣었던 'Λ'라는 기호는 미국 천문학자 허블의 팽창하는 우주의 동역학적 현상에 대한 설명에 부딪히게 된다. 이에 아인슈타인은 이내 자신의 우주 상수 'Λ'를 철회하게 된다.

이는 아인슈타인 스스로 평생 실수라는 이야기로 회자되어 아인슈타인에 관한 저서마다 단골 메뉴가 되었다. 문제는 아인슈타인의 평생 실수는 아인슈타인만으로 끝나지 않았다는 사실이다.

미국과 호주의 천문 관측팀은 서로 놀랍게도 천문 관측을 한 데이터가 예상을 깨고 우리 우주가 가속 팽창하고 있다는 사실을 동시에 발표했다. 그리고 〈사이언스〉지는 이 사실을 표지 타이틀로 크게 게재했다. 이론물리학자와 천체물리학자는 아인슈타인 망령이 되살아난 듯 그 이유를 세밀하게 추적했다.

이를 통해 우주가 가속 팽창하는 이유로 아인슈타인이 자신의 평생 실수라고 철회했던 우주 상수 Λ가 천문학자들에 의해 다시 살아나게 되었다. 현재 물리학에서 가장 난해하다고 알려진 문제 중의 문제가 우주 상수 Λ로 꼽힌다. 왜냐하면 세상에 내로라하는 천재적 두뇌를 가진 물리학자들이 그들이 자랑스러워하는 이론적 무기를 최대한 동원하여 계산한 Λ 값이 측정한 값과의 오차가 예상외로 너무 컸기 때문이다.

실제로 극소한 값을 가지는 Λ(3부 수식 4의 Eq. 4-8)와 관련된 데이터는 계산값과 측정값이 사상 유례없는 오차(10^{120})를 낸다. 소위 이러한 '우주 상수 문제'는 이론물리학자들 사이에 이 시각까지 풀리지 않는 악령과도 같은 문제로 남아 있다. 따라서 이 문제를 두고 이론물리학자들은 사활을 걸고 두뇌 싸움을 벌이고 있다.

미세구조상수의 기원과 정확한 수치

우주 상수 Λ 문제는 어디까지나 범위가 크고 넓은 우주론 영역이다. 반면에 범위가 작고 좁은 양자론 영역에서도 '우주 상수 문제'와 거의 유사한 악명 높은 미해결 문제가 존재한다.

그 문제가 바로 1916년 조머펠트 상수로 알려진, 소위 단위 없는 무차원수로 유명한 '미세구조상수 α(3부 수식 2의 Eq. 2-8) 문제'다. 이 책에서 마법의 수로 지칭하는 '137분의 1(3부 수식 2의 Eq. 2-9)'이 그것이다. 전자가 빛을 흡수하거나 방출할 확률과 관련이 있다. 원자물리학과 입자물리학에서 자주 등장하여 표준 모델을 전공한 이론물리학자들은 한결같이 미세구조상수가 어디서 기원했으며, 그 숫자가 왜 하필 그 숫자인가를 질문한다.

이 책 1부 1장에서 우리나라 고등과학원의 이기명 교수가 고등과학원을 방문했던 나에게 숨 쉴 여유도 없이 다짜고짜로 질문을 퍼부었던 문제가 바로 '미세구조상수'라는 숫자였다(3부 수식 2의 Eq. 2-8).

모든 뛰어난 물리학자들은 이 '137'이라는 숫자를 책상 위에 걸어 놓고 틈날 때마다 바라보며 근심하고 있다고 파인만은 말했다. 그리고 파인만은 거듭 이렇게 말했다.

"물리학에서 가장 지독한 미스터리 중 하나가 인간이 결코 이해할 수 없는 곳에서 나온 마술적인 숫자다. 이 숫자를 정확하게 측정하는 실험적 방법은 알고 있지만, 바로 그 숫자가 되도록 만드는 신의 의도는 전혀 모르고 있다."

왜 하필 '137'일까?

'137'이라는 상수에 전자기학(전자), 상대성 이론(빛의 속도), 양자역학(플랑크상수)의 핵심이 모두 담겨 있다. 상대성 이론에도 '빛'이 관련되어 있지만, 마찬가지로 빛의 방출 스펙트럼과 관련된 미세구조상수가 왜 하필 그 숫자인가 나로서는 알 턱이 없었다.

양자 전기역학에 기여한 공로로 노벨 물리학상을 수상한 리처드 파인만은 그 당시 미세구조상수로 마법의 수 137이 발견된 지 50년 이상이 지났지만 이해하는 사람은 아무도 없다고 하소연한 바 있다. 나중에 그는 이 숫자가 인간의 머리로서는 도저히 풀 길이 없다고 절망한 듯 체념하기도 했다. 그리고 2023년 현재 조머펠트가 미세구조상수를 발견한 지 107년이 지나도록 그 사정은 마찬가지다.

불확정성원리로 유명한 하이젠베르크는 "137이라는 숫자의 출처를 설명할 수만 있다면 양자역학의 모든 수수께끼는 일거에 해결될 것"이라고 단언했다. 파울리 배타원리로 유명한 이론물리학자 볼프강 파울리가 일생을 두고 고민했던 문제 역시 마법의 수 137이었다.

파울리는 다른 동료 물리학자의 이론이나 수식에 대하여 자기 마음에 들지 않으면 가차 없이 독설을 퍼붓는 독설가로 잘 알려져 있다. 그런 독설가도 이 세상을 떠나 하늘나라에 가서 신을 알현하면서 단 하나의 질문만 할 수 있게 되면 "왜 하필 마법의 수가 137인가?" 물을 것이라고 했다. 파울리는 마법의 수 137에 유난히 집착했던 사람이다. 세상을 떠났던 마지막 병실 번호조차 '137'이란 숫자가 붙어 있었다고 하니 짐작이 가고도 남는다. 이는 사실 여부를 떠나서 물리학자들 사이에서 마법의 수 137이 그들 연구 내용과 관련하여 얼마나 중요한가를 단적으로 보여주는 사례다.

  이같이 물리학자들이 전혀 예상하지 못한 우주 상수 Λ와 미세구조상수 a와의 관계에 대해서, 설혹 둘 사이 관계를 예상한다고 하더라도, 그 방정식을 기술하는 것은 어떤 고차원의 이론을 도입한다고 해도 쉽지 않은 일이다.

  그동안 양자역학과 일반 상대성 이론과의 통일에 대한 물리학자들의 오랜 염원은 두 영역에서 유난히 상이한 수학적 구조로 인해 물과 기름처럼 연결고리를 찾아내기가 어려웠다. 쉽게 말하면 끝없이 넓은 사막에서 바늘 하나 찾기와 같았다고 할 수 있었다. 이제 몬스터군의 물리적 해독을 통한 람다와 마법의 수 137 간의 연결이 잃어버렸던 물리학의 성배를 기적적으로 찾게 해주었다. 이미 언급한 바와 같이 몬스터군에 대한 해독은 일반 상대성 이론을 푸는 효과와 같았다고 할 수 있다.

  이제 화살은 시위를 떠났다.

  세상의 진리는 결코 둘이 아니며, 성인의 마음 또한 결코 둘이 아니다. 미세구조상수와 우주 상수를 연결하는 고리는 몬스터군에서 찾아야 한다. 지금까지 과학자들은 이 2개의 상수가 몬스터군과 연관이 있다는 사실을 모르고 있었다. 그렇다면 몬스터군과 2개의 상수는 어떻게 연결된 것일까?

두 상수를 연결하는 몬스터

  몬스터군은 1832년 갈루아의 연구를 시작으로 수학자들의 관심을 끌다가, 2004년 30여 명의 수학자들이 모인 '아틀라스팀'이 1,000쪽에 달하는 두 권짜리 책 《준박군의 분류》를 출간함으로써 큰 윤곽이 드러났다. 몬스터군은 거의 200여 년에 걸친 먼 여정의 닻을 내리고 수학사에 한 획을 그은 바 있다. 그 과정에서 필즈상이 수여되고 수학자들은 그동안의 오랜 여독을 풀기 위해 샴페인을 터뜨렸다.

그리고 그 여정은 중단되지 않고 다시 계속되었다. 수학자들의 바통을 받은 물리학자들은 이 엄청난 54자리 크기의 정수로 드러난 수학적 발견이 틀림없이 거대한 우리 우주와 물리학적으로 무엇인가 중요한 관계를 가질 것으로 내다봤다. 그러나 물리적 해독은 여기까지였다. 어디서부터 손을 대야 하는지 접근 자체가 쉽지 않았기 때문이다. 수학자들과 물리학자들 간의 노력은 한낱 신기루 잡기와 같아 불가능해 보인다는 탄식이 여기저기서 쏟아졌다.

프린스턴대의 이론물리학자 프리먼 다이슨은 다음과 같이 말했다.

"내게는 은밀한 희망이 있다. 어떤 사실이나 증거로 내세우지는 못하지만, 21세기에는 물리학자들이 우주의 구조 안에 의외의 방식으로 짜넣어진 문샤인군을 찾아낼 것이라는 희망이다."

노벨 물리학상을 수상한 펜로즈는 '몬스터군이 21세기의 물리학을 선도할 것'이라는 주장만 내놓았다.

다이슨과 펜로즈가 예언한 그대로, 나는 이 책 3부 수식 9에서 몬스터군과 관련된 정수인 문샤인 역시 우주와 관련이 있음을 보여준다. 나는 버킹엄 머신을 이용하여, 강력을 '1'로 두었을 때 전자기력, 약력, 중력의 상대적으로 정확한 힘의 크기를 계산했다. 네 가지 힘의 통일로 우리는 무엇을 볼 수 있을까? 이 수치가 정확해야만 정수인 문샤인을 얻어낼 수 있다. 뿐만 아니라 계산이 정확했기 때문에 나는 몬스터군이란 큰 저수지에서 우주의 다양한 제원과 마법의 수 137을 유도할 수 있었다.

이것이 바로 내가 미세구조상수와 우주 상수의 정확한 출처를 파악한 대략적인 방법이다.

그렇지만 실제로 계산하는 과정은 매우 어려웠다. 두 번 생각하기가 끔찍할 정도로 무수한 과정의 계산을 통해 몬스터군의 물리적 의미를 해독했다. 이로써 그동안 물리학자들의 오랜 숙원인 양자역학과 일반상대성 이론을 통일하는 가장 핵심 문제가 해결되었다. 나는 이 때문에 이 같은 발견이 21세기 새로운 과학혁명의 패러다임 전환을 예고한다고 선언하는 것이다.

관측으로 알려진 우주 상수 Λ와 미세구조상수 α와 같은 미해결 문제가 동양의 해 뜨는 나라 한반도에서 태어난 사람에 의해 해결되었다. 나는 이 난해한 두 문제를 풀 수 있는 계기를 만들어 준 서양의 거인 아인슈타인과 파인만에게 말할 수 없는 최고의 존경심을 표하고 싶다. 나 역시 거인(두 위대한 과학자)의 어깨 위에 있는 것 같아서 무한한 영광이 아닐 수 없다.

이런 모든 사실은 3부 수식(Eq. 4-15)을 계산하면 확인할 수 있다. 이 수식을 계산하면, 버킹엄 머신으로 이미 계산된 α와 Λ의 숫자가 하필 왜 그 숫자와 같은 31자리 숫자인지 확인할 수 있다. 내가 계산한 바로는 반드시 그 숫자여야 수식 좌우변이 완벽하게 일치하고 있음을 확인할 수 있다. 더구나 나는 소수점 이하 31자리까지 계산함으로써, 극한의 반증 가능성을 보여준다. 또 소수점 31자리로 계산함으로써 우연이 결코 개입할 틈이 없는 '수학적 일관성'을 보여주기도 한다. 아인슈타인은 자연의 표준에 대한 그의 입장을 다음과 같이 밝혔다.

"관측자의 개념과 절대적으로 일치하는 대상이 자연에는 존재하지 않는다고 하더라도 실제적인 필요를 만족시킬 정도로 정확성이 있고 길이나 시간을 측정하는 데 요구되는 표준을 만족시키는 대상을 자연계에서 발견하는 것이 불가능하지 않다는 점이다."

이후부터는 이론이나 실험·관측에서 새로운 돌파구가 마련될 것이고, 더 높은 고에너지 가속기를 건설할 필요성이 점차적으로 없어질 것이다. 그러기 위해서는 모든 생명에 대한 공통된 출발점이 존재한다는 사실에 주목할 필요가 있다.

나는 모든 것에 대한 공통된 출발점이 수학 영역의 몬스터 대칭군이라는 사실을 우연히 알게 되었다. 이를 물리학 일반으로 해독하는 과정에서 마법의 수 '137', 미세구조상수 a가 유도된다는 것을 2020년 1월 9일 기적처럼 알게 된 바 있다(3부 수식 2의 Eq. 2-1, Eq. 2-2 참조).

이론물리학자들은 양자역학에서 나오는 미세구조상수 a와 일반 상대성 이론의 방정식에서 나오는 우주 상수 Λ, 이 두 물리량이 관련되어 있다는 것을 현재까지 전혀 예상하지 못하고 있는 것 같다.

예를 들면 우리 우주의 반지름(Rs_{max})은 중력자와 최소 에너지양자(dl)와 관련이 되고, 더 나아가 허블 상수 H와 관련이 있다. 우주 팽창의 상한으로서 블랙홀 최대 질량과 우주 수축의 하한으로서 블랙홀 최소 질량 간의 관계는 우주 상수 Λ와 관련성을 가짐을 알 수 있다.

그동안 관측 가능한 우리 우주가 '하나의 파라미터'로 구성되거나 설계되어 있다는 이야기만 나와도 '유사 과학' 또는 '사이비 과학'이라는 오명이 따라붙었다. 그만큼 '모든 것이 하나'라는 관측 데이터와 모순 없는 물리적 증거를 포착하기에는 그 규모가 너무 광대하여 엄청나게 섬세한 작업이 필요했다.

연결성 가설

지하의 엄청난 규모의 가속기 실험이나 지상의 거대한 허블 망원경, 제임스 웹 망원경 실험은 종국적으로 '하나의 위대한 가설, 연결성 가설'을 향해 나아가고 있음이 34년간의 연구 결실로 드러나기 시작했다. 그동안 이론적으로만 떠돌았던 '연결성 가설'을 완벽하게 증거하는 핵심적 방법은 다음과 같다.

첫째, 애매한 확률이 아닌 확실한 예측과 확실한 숫자를 얻기 위해서 몬스터군의 물리적 해독이 필수적이다.

둘째, 반증 가능성을 극대화하고 공약 불가능성을 극복하기 위해 숫자 언어를 기반으로 한 버킹엄 머신과의 협업이 중요하다.

셋째, 자기 참조적 방정식을 구축하여 수학적 일관성을 검증한다. 그 드라마틱한 수학적 일관성의 예는 3부의 수식에 있다. 만발한 꽃으로 장식하고 있는 수식 4의 'Eq. 4-15'와 K-방정식으로 이름을 붙인 수식 5의 'Eq. 5-1'이 그것이다. 두 수식은 공통적으로 생명의 표식을 가진 마법의 수 137(미세구조상수의 역수)과 무생명의 표식을 가진 우주 상수 Λ가 동시에 존재하면서 전후 등가(=)를 보여준다. 곧 이 땅 위에 사는 모든 생명체와 별, 은하를 이루고 있는 비생명체라 부르고 있는 거대한 우주가 모순 없이 엄밀하고 명확하게 하나로 연결된 수식으로 증거하고 있다. "실존하는 우리 모두 하나"라는 말은 더 이상 판타지 소설이나 영화 속의 대사가 아님을 두 수식이 완벽하게 증거하고 있다.

마음과 물질은 하나

'생명체'와 '비생명체' 간의 관계는 관찰 가능한 물질에서 나온 '마음'과 관찰 가능하지 않아 숨어 있는 '물질' 간의 관계, 곧 마음과 물질 간의 관계로 '새로운 대응 쌍'을 고려할 수 있다. 현실에서 우리가 명확하게 인식하고 있는 마음의 존재는 원자와 분자로 조직된 육체, 곧 물질 없이는 고려가 불가능하다.

그렇다고 해서 마음이 물질의 구성 요소라고 볼 수는 없다. 이는 마치 부싯돌을 사용하여 불빛이 나온다고 하여 불빛을 부싯돌의 구성 요소로 볼 수 없는 것과 같은 이치라고 할 수 있다. 매우 흥미로운 점은 마음과 물질의 관계에서 마음은 물질을 구성하는 과정에서 나왔지만, 마음이 물질 전체를 아우르고 있다는 명확한 현실 인식 또한 존재한다는 사실이다.

이런 인식 현상은 뇌가 우리 몸의 일부를 차지하면서도 자기 마음속에서 만들어지는 이미지 속에 자기 자신이 부분으로 포함되어 있다는 이미지를 함께 만들어 낸다. 곧 물질인 뇌와 비물질인 마음의 관계가 우리 몸 전체를 동시에 상상 속으로 떠올릴 수 있다는 '상호 포섭적 관계'가 동시성으로 존재하고 있다.

비생명(뇌)과 생명(마음)의 관계에서 생명과 비생명은 서로 다르다고 하더라도 결코 분리되어 있지 않다. 이러한 관계는 3부 수식 4의 Eq. 4-15의 물리적 결과를 정성적으로 기술한 것이다. 곧 생명의 표식으로 알려진 마법의 수 137의 비밀을 추적해온 대장정의 여로에서 정반대편에 서서 비생명의 표식으로 알려진 우주 상수 Λ의 실험·관측 데이터의 분석에서 나온 것이다.

생명과 비생명 이외 또 하나의 대응 쌍으로 마음과 물질의 관계가 있다. 마찬가지 해석으로 마음과 물질은 서로 다르다고 하더라도 결코 분리되어 있지 않다. 결국 마음과 물질은 또 다른 차원에서 '하나'이자 '모두'라고 선언하게 되었다. 비로소 '마음 방정식'이 나오게 된 기원이 된 것이다.

사람의 마음은 하루에도 셀 수 없을 만큼 자주 변한다고 알려져 있다. 그래서 예로부터 사람 마음은 결코 믿음이나 믿음의 대상 밖으로 자연스럽게 밀려 나갔다. 이의 대척점에 신의 마음이 서 있다. 신의 마음은 불변과 믿음의 대상이요 표상이다. 여기에서의 쟁점은 '마음 방정식'의 주체로서 본질, 정체성이 무엇인지 묻는 것이다.

우리는 이 물음에 바로 답하기 전에 먼저 학습된 사실을 살펴볼 필요가 있다. 이 책 1부에 나오는 21자, 자연의 7 원리에서 '보상성의 원리'를 기억할 것이다. 빛의 본질, 정체성은 입자성과 파동성의 상반된 특성을 가진 이중성으로 잘 알려져 있다. 물리학에서 상보성 원리는 빛에서 드러나는 상반된 이중성의 원리를 잘 구축된 물리학 법칙을 깨뜨리지 않고 완결시키기 위한 보상의 성격을 띠고 있다. 이것이 바로 이 책에서 기술하고 있는 보상성의 원리다.

서로 대척점에 서 있는 존재로서 신과 사람 간의 관계는 서로 상반적 관계에 있으며 보상성의 원리로 작용한다. 그리고 이것이 바로 물리법칙이다. 사람을 비롯한 존재하는 모든 생명과 비생명, 마음과 물질은 한 치도 어김없이 물리법칙 아래 순응하고 있는 셈이다. 우리는 이러한 과정에 관련된 원인과 결과를 인과율로 보존하고 있다. 재앙과 복은 그야말로 상반적 관계로 엄격한 인과율에 따른다고 할 수 있다.

그러나 양자론은 인과율 없이도 순조롭게 진행될 수 있다(관측 행위가 없을 경우 자연에는 '중첩'이 존재하면서 분리 불가능). 고전론은 즉각적이라

하더라도 궁극적으로 근사적 한계를 가져서 인과율이 존재한다(관측 행위가 일어나는 순간 '중첩'이 사라지면서 분리 가능). 나는 지금 바로 이전에 기술한 '마음 공식'의 주체에 대한 정체성에 대하여 논의하고 있는 것이다.

3부 수식 4의 Eq. 4-15는 주체와 객체, 입자와 파동, 생명과 비생명, 마음과 물질 등 세상에 존재하는 상반된 특징을 갖는 이중성의 관계를 분리할 수 없는 '하나의 이치'로 설명하고 있다. '생명 방정식' 또는 '마음 방정식'의 본질이요 정체성이 둘이 아닌 '하나'라는 것이 그것이다.

그러나 현재의 과학 이론이나 기술이 고도로 진화하거나 발달하여 최고 지능의 시대에 접어들면 생명이나 의식에 대한 정의나 개념 분류 기준이 완전히 달라질 수 있다. 가령 기계에 별도로 의식이나 생각, 생명을 부여할 필요가 없어질 수 있을지 모른다. 여태까지 생각하고 있던 기계나 컴퓨터에 대한 고정된 개념이나 기준이 전혀 예상하지 못한 방향으로 질주할 수 있기 때문이다. 생명이 촌각에 달려 있는 응급실 환경 또한 급변할 것으로 예상된다.

생명과 비생명의 경계에 있는 바이러스가 살아 있는 생명을 숙주로 삼아 기생하듯이, 이 책에서 진짜 상수로 알려진 숫자 1 또한 실수든 허수든 이런 숫자가 존재하지 않으면 아무런 의미가 없어 자연과 우주 자체가 구성되지 않는다.

자연과 우주 자체는 이 책에서 시공으로 통일 축약되고 있다. 숫자 1 또한 모든 숫자에 기생한다고 할 수 있다. 이런 점에서 숫자 1과 바이러스는 동일한 숙명을 지녀서 바이러스에 대한 새로운 시각으로 생명을 연구할 수 있는 계기가 될 수 있다. 따라서 숫자 1이 모든 숫자와 공생하듯이 바이러스 또한 모든 생명과 공생한다.

이제 물리학자들 간 뜨거운 이슈로서의 마지막 주사위는 던져졌다. 21세기 세상의 어떤 나라보다 앞서 나가는 한반도의 선도적 과학 국가의 입지가 달려 있다고 생각한다. 이 책이 그러한 불쏘시개가 되고자 한다.

가장 난해하고 복잡한 문제를 한반도의 보통 사람이 아주 단순한 문제로 대체하여 계산하게 되었다는 사실이 믿어지는가? 한반도의 일반인들은 세상의 어느 나라 사람들보다 먼저 검증할 수 있는 양자 플랫폼 quantum platform을 가졌다는 자부심을 가져도 될 것 같다.

마법의 수 137을 해결하는 문제는 난해한 물리학 문제를 해결하는 단순한 징표가 아니라 이 시대 가장 어려운 문제를 해결하는 징표다.

관련된 근거는 3부 수식 4의 Eq. 4-15를 참조하기 바란다.

10

영성은
어디에서 오는가

좋은 질문이란?

   수학적 발견의 원동력은 논리적 추론이 아니라 상상력이다. 뛰어난 수학자들은 영성과 관련하여 직관주의intuitionism를 표방하거나 지지한다.

   직관이란 1부 7장에서 언급한 바와 같이 물리학의 삼위일체와 관련 있어 보인다. 에너지(존재, 무의식)-질량(표상, 잠재의식)-중력(표현, 의식)의 3단계를 순식간에 관통하고 있는 작용이 직관이다. 이미 여러 관계를 가진 총체를 단번에 알아차리는 정신이다. 이로 인해 다른 사람이 모르는 이들 관계를 알 수 있게 된다.

   남의 생각이나 기술을 모방하는 것도 상상력이다. 태어난 환경이나 학습에 따라 상상력이 다채로워지고 풍부해지는데 여기에서 창의성과 독창성이 생겨난다. 창의성과 독창성의 원천은 어디까지나 상상력이다. 그런데 상상력은 어디에서 연유하는 것일까? 나는 그 상상력의 원천이

이 세상을 창조한 절대자로서 신의 생각이나 마음이 아닐까 생각한다. 따라서 마음을 가진 모든 생명체는 종국적으로 신의 생각이나 마음을 닮아가는 과정에 있다고 본다.

신의 생각이나 마음이 존재한다면 '신학'에 가깝고, 마음 과정의 지향점이 존재한다면 '진화론'에 가깝다고 할 수 있다. 따라서 아침저녁으로 쉽게 변하는 사람의 마음은 진화론의 과정에 있는 찰나의 '순간'일 뿐이고, 종국적으로는 불변하는 신의 생각이나 마음으로 다가가는 것이다. 나는 신의 생각이나 마음이 우주나 사람에게 보이지 않게 질서를 부여하는 '자연법칙 그 자체'라고 생각한다.

이런 상이한 두 관점에서 볼 때 창의성과 독창성은 새로운 것을 발견하려는 지향점에서 거의 유사한 공통적 특성을 가진다고 볼 수 있다. 굳이 차이점을 기술하자면, 창의성은 현존하는 기존 질서에 익숙하여 잘 순응하면서 새로운 유용성을 발견해내는 특성으로 진화론적 경향이 강한 편이다. 단기적으로 학습된 수학에 익숙해져서 새로운 수학 방정식도 잘 발견하기도 하고, 남이 오랜 시간을 통해서도 풀기 어려운 문제를 곧잘 쉽게 풀기도 한다.

한편 독창성은 기존 수학 패턴이나 질서에 대단히 낯설고 서툴러 반항 기질이 상대적으로 강한 편이다. 따라서 자기애(궁극적으로 신의 생각이나 마음)에 맞춰 기존 질서를 완전히 바꾸어 재편하려는 새로운 지향점을 제시하려 든다. 반골 특성을 가진 혁명가들이 나올 수 있을 개연성이 높은 부류에 속한다. 독창성이 강한 부류 측면에서만 살펴보면 자폐아와 혁명가는 그야말로 종이 한 장 차이에 지나지 않는다.

주어진 문제를 푸는 능력이 뛰어난 사람을 일반적으로 창의성creativity

이 높다고 한다. 하지만 창의성이 높은 사람은 좋은 문제를 쉽게 찾지 못한다. 그런데 창의성을 뛰어넘는 능력으로 영성spirituality을 지닌 사람은 좋은 문제를 찾아내는 '오리지널리티originality'가 있다. 창의성이 난해한 문제를 쉽게 푸는 능력이라면 오리지널리티는 중요한 문제를 찾아내는 능력이다.

아인슈타인은 관측과 무관하게 이론으로 증거할 수 있는 길을 터놓았다. 그의 후계자라고 할 수 있는 파인만은 하나의 물리량에 하나의 숫자를 붙이는 방법이야말로 물리학자들이 할 일이라고 역설했다. 이 둘의 주장을 결합하면 예상하지 못한 수학적 구조가 나온다. 일반적으로 수학자들이나 이론물리학자들이 즐겨 사용하는 방정식은 거의 대부분 복수 해가 존재한다. 그러나 일반 방정식과 다르게 하나의 변수나 미지수에 오직 하나의 해만 일대일 대응하여 존재하는 수학적 구조가 출현한다는 것이다. 이런 수학적 구조는 매우 복잡하고 난해한 자연의 기술description을 간단하고 간편하게 기술할 경우에만 드러난다. 따라서 좋은 질문을 가지는 자만이 얻어낼 수 있다. 문제는 이런 좋은 질문을 가지는 능력은 오랜 시간이 소요된다는 사실이다.

좋은 질문이란 자연의 수학적 구조가 어떤 것인지 묻는 것이다. 또 하나는 컴퓨터 창에 입력하는 쿼리query(질문어)가 어떤 구조인지를 질문하는 것이다.

첫 번째 질문은 일반적으로 수학 방정식을 어떻게 생각해내는가 하는 질문이다. 이 질문은 그 풀이 방법에 대해서 많은 시간을 들인다. 인류 원리로 잘 알려진 오스트레일리아 물리학자 브랜든 카터의 질문이 여기에 속한다.

두 번째 질문은 수학과 컴퓨터과학이 수천 년에 걸쳐 해결하지 못한 질문에 해당한다.

나의 질문은 '시간의 시작은 어디서 출발하는가? 빛은 어디서부터 오는가? 중력이 왜 하필 그렇게 작용하는가?' 등이었다. 이런 질문이 나도 모르게 저절로 떠올랐다. 그런데 이 질문에 대한 답을 얻기까지 무려 34년이라는 세월이 소요되었다.

복잡하게 생각할 겨를도 없이 순간적으로 내뱉는 질문이었다. 이런 우발적인 질문을 해놓고 이 질문의 의미를 곰곰이 되새기는 방식이 자연과학의 새로운 발견에 놀라운 해답이나 단서를 주는 경우가 많다고 생각한다.

신의 존재

마찬가지로 오랜 세월에 걸친 경험으로 말하면, 주어진 문제에 대한 해답을 찾는 것이 아니라 자신도 모르게 초지능 또는 영성이 찾아오는 경우가 있다.

나는 매일 밤 잠자리에 들 때 한낮에 있었던 감정을 완전히 지우고, 화두 하나를 들고 눈을 감는다. 한밤에 찾아올 수 있는 손님을 맞을 순비다. 한낮에 생긴 감정이 제대로 처리되지 않으면, 결코 귀한 손님이 방문하지 않음을 오랜 경험으로 알고 있기 때문이다. 바로 이때 '손'으로 글을 쓰는 것이 아니라, '몸'을 통해 글을 쓰기 시작한다. 아마 인도 수학자 스리니바사 라마누잔이 말하던 '라마기리'와 유사한 신을 통하여 이런 경험을 얻었는지 모른다.

역사적으로 증명되지 않은 수백 개의 수학 정리를 완성한 인도 수학자 라마누잔에게 있어서 초지능 또는 영성은 언제든지 찾아왔다. 그는 무엇인가 새로운 발견을 할 때 '라마기리'라는 신의 존재를 언급했다.

학문의 역사에서 발견의 순간은 라마누잔 이외에도 수없이 많은 이적의 스토리가 존재한다. 음악에서는 모차르트와 베토벤, 미술에서는 피카소 등을 들 수 있다. 이들은 귀로 들을 수 없는 소리를 듣고, 눈으로 볼 수 없는 색을 창조해냈다. 컴퓨터 발견의 창시자라고도 할 수 있는 폰 노이만의 능력은 외계인이라고 할 만큼 특이하다. 전화번호부를 통째로 기억해낸다는 그의 이야기가 전설처럼 전해진다. 여기서 기억은 자연이나 사물에 존재하는 유무형 패턴을 정확히 재구성해내는 뇌의 본질이라고 할 수 있고, 지능은 기억을 활용하는 재능이라 할 수 있다.

누구나 재능은 천차만별이지만, 이러한 영성과 초지능은 시간에 무관하게 누구에게나 찾아올 수 있다고 확신한다. 하지만 오랜 시간 동안의 간절함이 있어야 한다. 이런 차원의 간절함이 없으면 결코 일반인으로서 예지력을 갖출 수 있는 초지능이나 영성을 얻을 수 없다. 이는 예수가 산상수훈에서 전하는 바와 같다.

"구하는 이마다 얻을 것이요, 찾는 이마다 찾을 것이요, 두드리는 이마다 열릴 것이니라!"

철학, 과학, 종교는 한 나무에서 뻗어 나온 세 가지다. 변함없는 서원을 세우고 간절함을 가지는 사람은 이 세 가지를 하나로 통일할 수 있는 사람으로서 현실에 사는 세상 사람들의 눈으로 볼 때는 가난한 사람으로 보인다.

연민으로 가득 찬 간절함을 가진 사람은 참으로 마음이 가난할 뿐이다. "마음이 가난한 사람은 복이 있다"는 말은 물질보다 오직 연민으로 가득 찬 마음이 신의 마음과 닮아 있어 영성을 얻기에 최적화한 환경을 누린다는 뜻이다. '순수한 의식층'은 신이 존재하는 무의식층으로 향하는 문을 열리게 하는 열쇠가 주어지기 때문이리라.

18세기 영국의 시인이자 화가인 윌리엄 블레이크William Blake는 묵상 중에 상상하는 신비로운 세계를 그렸다. 그의 〈순수의 전조〉 중의 일부를 보자.

> 한 알의 모래에서 세상을 보고
> 한 송이 들꽃에서 천국을 보려면
> 손안에서 무한을 쥐고
> 찰나에서 영원을 보라.

나는 〈순수의 전조〉의 일부에서 나온 용어가 양자론과 우주론에서 나오는 용어인 3부 수식과 대응되어 나오고 있음을 느꼈다. 무한, 찰나, 영원 또한 내 작은 손안에서 계산되어 나왔다. 흥미롭게도 마음 방정식도 그가 그림 그리듯 훔쳐내고 있다.

윌리엄 블레이크는 자연에 존재하는 이중성의 존재 이유인 필연성에 대해서도 놀랄 만한 영성을 보여주고 있다. 상반되는 것들 없이는 어떤 진보도 없다고 한 점이 그렇다. 우선 질량, 전하, 온도, 양자수 등 서로 다른 두 계는 넓은 뜻에서 이중성을 가진다고 가정한다.

이 책에서 상반적(이중성)으로 보이지만 결코 분리되어 존재하지 않은 2개의 블랙홀의 진화 과정을 중력이 어떻게 이중성의 원리로 활용해 나가는지 대략적으로 살펴보자.

서로 다른 두 계가 이중성으로 서로 다투다가 하나의 계로 첫 번째로 통합되면 통합된 계는 또 다른 계와 이중성으로 다투게 된다. 시간이 지나 이들 두 계는 또 한 번 통합을 이루게 된다. 곧 두 번째로 통합을 이루게 된 것이다. 두 번째로 통합된 계는 이제 또 다른 세 번째 통합을 기다리고 있게 된다. 중력의 작용으로 분리된 두 계는 이중성을 통해 중력적 불안정성을 달래가는 식으로 차츰 덩치를 키워 나가게 된다.

중력적 불안정성이 해소되는 시기가 도래한다. 곧 분리된 두 계가 거대한 하나의 계가 될 때 통합하는 과정이 완료된다. 이때가 바로 최대 블랙홀이 형성되는 시기다. 볼록한 부분은 미분으로 제거해 나가고 오목한 부분은 적분해서 메워 나간다.

중력 구축이 특정한 임계점에 이른 상한 팽창으로서 최대 블랙홀이 되면 중력적 불안정성은 역으로 중력 수축으로 전환된다. 이제 오랜 시간에 걸쳐 중력 수축으로 이어지면 엄청난 압력이 생겨나게 되고, 마침내 소위 플랑크 압력은 중력 수축으로서 하한 수축 임계점이 된다.

플랑크 압력은 최소 블랙홀 질량으로 하여금 반발력, 곧 되튐(빅 바운스)을 초래케 한다. 이로 인해 우주가 시간이 개시되는 역사의 첫 발자국을 떼게 된다. 중력적 불안정성이 해소되는 시간이 너무나 순간적이다. 그나마 그 순간은 딱 두 군데로 공간 팽창이 최대일 때와 공간 수축이 최소일 때다. 우리의 삶 또한 비와 바람 부는 때가 거의 태반이라 그야말로 안식일은 금세 지나가고 만다.

여기서 서로 다른 두 계의 이중성(상반성)이 존재하는 세계를 윌리엄 블레이크는 '지옥'이라 보았고, 이를 적절하게 조율해 나가는 자연이 진화하여 차별이 존재하지 않는 무등의 세계를 '천국'이라 불렀다. 이제 지옥과 천국을 쉴 새 없이 오가면서 조율한 중력은 드디어 '한송이 들꽃'이 되고 만다.

이런 물리적 과정을 물리학과 전혀 무관한 시인 겸 화가 윌리엄 블레이크는 그가 창조한 상상의 세계를 통해 그려보고 있었다. 그는 상반되는 언어—'한 알 모래에서 세상'이라는 비생명에서 '한 송이 들꽃에서 천국'이란 생명으로 가는 창조주의 존재—를 적절히 배치하여 하나의 완성된 '시'를 완성시키고 있다.

윌리엄 블레이크는 '손안'에서 '무한'으로의 공간 개념과 '찰나'에서 '영원'으로의 시간 개념도 빠뜨리지 않는 언어의 조율사이기도 했다. 여기서 '찰나'에서 '영원'의 시적 표현은 문학적 묘사에 그치지 않고 서로 맞닿아 있다. 그리고 놀랍게도 순환 반복하는 우주론에서의 사실적 묘사에도 나온다(3부 수식 4 참조). 그리하여 그는 하나의 개념을 두고 그 하나가 어떻게 전체(모든 것)로 전환되는지 이중성을 가진 시적 언어를 시가 있는 공간에 적절히 배치하여 묘사하고 있다.

나는 그 상상 속에서 그친 색채 있는 '시'를 또 다른 형식인 물리적 '수식'을 통해 명확하게 묘사했다(3부 수식 4 참조).

사람은 태어나서 누구나 자기 주위의 환경에 대해서 의문을 가지고 질문을 한다. 바로 철학의 시작이다. 이런 철학에 다양한 경험을 얻게 되면 합리적인 이성이나 논리 추구를 향한 과학으로 발전한다. 그러나 과학은 항상 한계가 존재한다. 따라서 과학을 하는 사람은 완벽한 과학 지상주의에 빠지는 것을 경계해야 한다.

척박한 환경에서 태어나 과학과 거리가 있을 수밖에 없는 농부나 어부의 마음도 어루만져 줄 수 있는 따뜻한 정서와 감성도 함께 필요하다.

그러기에 항상 겸손하고 열린 마음을 가져야 한다. 따라서 과학의 마지막 여정은 종교적인 인간, 더 나아가 영성을 가진 완벽한 통감각을 지닌 인간으로 승화昇華하는 것이다.

11

그물에 걸리지 않는 바람처럼

3자씩 7단어, 21자의 의미

34년 전 우연히 백지에 한순간 써 내려간 21자는 낯선 물리학을 탐험하는 내내 마음의 좌표 역할을 했다. 그 당시 자연의 7원리라는 느낌만 있었을 뿐 내가 스스로 써 놓고도 무슨 뜻인지 도무지 알 수가 없었다. 새로운 수식을 얻고 해석이 필요할 때마다 21자 글이 항시 지침이 되어 주었다.

세월이 흘러 a와 Λ 간의 관계식이 하나의 만발한 꽃으로 장식된 '마지막 수식'이라는 느낌을 받고 나서야 21자에 대한 해석이 대략 떠올랐다. 흥미로운 점은 3자씩 7단어 모두 일정한 한자가 가진 뜻에 제한받지 않는다는 사실이다. 따라서 별도로 한자로 쓰지 않아도 의미가 통한다. 가령 원형성의 '원'은 둥글 '원'이나 으뜸 '원' 또는 원할 '원'의 뜻도 있다는 것이다. 그래서 소리 나는 '원' 그대로 온갖 의미를 갖는다. 우리 한글이 가진 놀라운 특성이다. 이 취지에 맞추어 21자를 해석한다.

첫 번째 나오는 **원형성**은 이 책에서 지나칠 정도로 강조한 숫자 '1'이 가진 특성을 모두 의미한다. 곧 우주가 아무리 넓다고 해도 동일한 복사본이 존재하지 않는다는 원리다. 이는 양자 정보 이론의 복제 불가능 정리에서 임의의 알려지지 않은 양자 상태와 동일한 복사본을 독립적으로 만드는 것이 불가능하다는 것을 보여준다.

이 정리는 양자 얽힘, 비국소성 원리, 파동함수의 붕괴 등 물리학의 1급 미해결 문제와 직결되어 있다. 유의할 점은 원형성이 결코 단독이나 독립적으로 존재하지 않고 또 다른 원형성과 관계론(연기론)적으로만 존재한다는 사실이다. 왜냐하면 원형성조차 자성自性이 없기 때문이다.

이는 '하나'의 개념이 아무리 소중하고 유용하더라도 하나의 숫자 '1'이나 하나의 허수 'i' 단독으로 존재할 수 없는 이치와 같다. 따라서 복제 불가능 정리에도 불구하고 한 계의 상태가 다른 계의 상태와 얽히는 것을 배제하지 않는다. 곧 두 큐비트를 얽히게 할 수 있다는 것인데, 이 점에 특히 주목해야 한다. 복제는 구체적으로 동일한 요인으로 분리 가능한 상태의 생성을 의미하기 때문이다.

대한민국 독자들이 외국보다 먼저 이 책을 다 읽고 나면 무릎을 치면서 그 어려운 문제들을 다 이해하게 될 것이다. 그만큼 원형성이 가진 의미가 깊고 넓어 심오함을 가진다. 마찬가지로 숫자 1의 의미가 그러하다. 선형대수학을 배우고 폴 디랙이 창안한 브라-켓 표기법이 어떻게 유용하게 활용하고 있는지를 이해한다면 이미 숫자 1에 대해 절반은 이해한 셈이 된다. 숫자 1은 순허수 i와 어떤 관계에 있는가를 깨달아 물극필반物極必反과 원시반본原始反本을 이해한다면 나머지 부족한 절반을 채울 것이라 생각한다.

두 번째 나오는 **원칙성**은 모든 수학 원리나 자연법칙에 대응한다. 과학의 기존 패러다임을 배우면 우리가 살고 있는 세상에서 학습이나 게임의 룰이 얼마나 중요한지 깨닫게 된다.

세 번째 나오는 **동인성**은 모든 변화의 원인으로 숫자 '1'을 이루는 허수 자체에서 나오는 동적 특성이다. 이 책에서 모든 에너지를 지칭하고 있다. 단, 허수에는 음성과 양성은 존재하나 시간 흐름이 없어 실질적으로 방향성이 부재한다. 그러나 실수에 이르게 되면 시간 흐름을 가능케 하려는 중력이 분리된 두 계의 에너지 차이를 상쇄하여 등식화하려는 정적 특성을 보인다. 이 책에서는 허수에서의 회전하려는 동적 특성인 동인성을 제1 동인성이라 칭하고, 실수에서의 중력이 가진 동인성을 제2 동인성이라 칭한다.

모든 에너지는 존재에서 실존으로 향하고 있다. 에너지의 정의에 특히 주목하라! 수, 에너지, 시간, 공간의 개념이 연기緣起되어 중력이라는 힘은 드디어 인식론으로 실재화實在化된다. 실재화의 물리적 의미는 시간의 화살로 드러난다. 이는 양자역학에서 관측하는 순간 파동함수의 붕괴로 중첩이 사라지고, 원래의 파동함수로 결코 복원될 수 없음의 이유가 된다.

네 번째는 모든 원형성은 실재가 되면 **방향성**을 가진다. 이는 물리학에서 빼놓을 수 없는 열역학 제2 법칙, 엔트로피가 증가하는 방향을 지칭한다. 곧 시간의 화살 방향으로 중력이 구축되는 방향이다. 에너지 보존은 열역학 제1 법칙으로 물리적 사건의 시작부터 끝이라고 할 수 있다. 양방향이지만 정적 현상이다. 시작과 끝만이 존재하는 아인슈타인 우주에서 볼 수 있다.

에너지 흐름은 열역학 제2 법칙으로 물리적 사건의 과정이다. 한쪽으로만 향하는 일방성, 곧 동적 현상으로 방향성을 더 중시한다.

수축과 팽창만이 존재하는 프리드만 우주에서 볼 수 있다. 특히 방향성은 오른편과 왼편에 대한 기존의 상식적 개념도 깨트린다. 한편이 오른편(왼편)이면 자동적으로 왼편(오른편)이 된다는 인식 오류가 그것이다.

전문 용어로 패리티 보존(좌우 대치성)이 붕괴된 것이다. 이러한 발견의 물리학적 공로로 1957년 중국 국적으로 양첸닝과 이정도는 노벨상을 수상하게 된다.

이제부터 우리는 좌우를 명확히 분별하기 위해서 심장에 가까운 팔이 왼팔이라고 말해야 팩트가 된다. 방향성과 관련하여 미국 신경생리학자 로저 스페리Roger Wolcott Sperry는 인간에게 있어서 좌우 대뇌의 상이점을 해명했다. 좌측 대뇌는 이성을, 우측 대뇌는 감정을 창출하고 이 이성과 감정으로 인간의 마음이 생겨난다는 사실을 밝혀 1981년 노벨상을 수상했다.

다섯 번째로 나오는 **보상성**은 자연이 가진 이중성의 원리를 보상한다. 코펜하겐 해석의 대부인 닐스 보어Niels Bohr의 '상보성 원리complementarity principle'가 이를 잘 설명한다. 보상성은 원칙성을 깨기 위해서 나온 것이 아니라, 원칙성을 더욱 완결시키기 위해 나왔다. 빛의 성질이 가진 입자성과 파동 및 빛의 속도가 가진 비동시성과 '얽힘'이 가진 동시성이 그 예가 된다.

동양철학에서 나오는 상반상성相反相成은 서로 모순되고 대립되는 쌍방이 모두 같이 존재한다는 뜻으로, 그 이유를 서로를 보상하는 원리가 자연에 충만해 있기 때문으로 설명한다. 이 책에서 거듭 강조하고 있는 자연에 존재하고 있는 이중성이 그러하다.

여섯 번째는 **회귀성**으로 우주론에서 발견한 놀라운 성질이다. 최대 블랙홀 질량이 다시 최소 블랙홀 질량으로 회귀하여 우리 우주가 영원히 순환 반복하고 있음을 에너지 보존이나 정보 보존으로 보여주고 있다(3부 수식 4의 Eq. 4-16 참조). 또 회귀성은 이 책에서 '만법귀일 일귀하처'로도 설명하고 있다.

여기서 회귀성의 참뜻은 원래의 안정된 에너지 상태로 되돌아가는 성질이다. 그런데 '원래 상태'로 정확히 되돌아가는 것은 불가능하다. 최소 블랙홀 질량은 3부(수식 4의 Eq. 4-3-2)에서 계산한 바와 같이 대략 10억 분의 1 킬로그램이다. 말하자면 눈에 보이지 않는 미세한 먼지 수준으로 되돌아간다는 것이다.

물극필반物極必反 원시반본原始反本 모두 회귀성과 연결되어 있다. 이런 개념은 외국 연구진에 의해 양자역학의 특징으로 광양자 얽힘 현상이 태극 문양과 닮아 있음을 시각화하는 데 성공한 바 있다.

마지막 일곱 번째로 양자역학과 일반 상대성 이론의 통일은 하나의 이치로 돌아가고 있음을 보여준다. 물리학에서 **통일성**은 인류의 과학 패러다임으로 불가능해 보였다. 따라서 미해결 문제로 남아 물리학 난제 중의 난제로 꼽히는 양자역학에서의 미세구조상수 α(생명의 표식)와 우주론 영역의 일반 상대성 이론에서 나오는 Λ(비생명의 표식)와의 관계를 실험 데이터와 모순 없이, 서로 다르나 결코 분리됨이 없이 오직 하나의 수식으로 연결될 수 있음을 물리적으로 증거해 제시하고 있다.

나는 "생명이란 무엇인가?"를 묻는 수많은 질문은 많이 들어보았지만, "비생명이란 무엇인가?"를 묻는 질문은 아직까지 들어본 적이 없었다. 생명, 비생명 모두 다음과 같이 '하나의 이치'로 답할 수 있을 것으로 보인다. 이 책에서는 간단히 '생명 방정식' 또는 '마음 방정식'이라 칭하고 있다.

"모든 것(생명 또는 비생명 간의 합집합)은 하나(생명과 비생명 간의 교집합)이고, 하나는 모든 것이다. (생명과 비생명은) 서로 다르나 (생명과 비생명은) 결코 분리되어 있지 않다(3부 수식 4의 Eq. 4-15). 마찬가지로 (마음과 물질은) 서로 다르나 (마음과 물질은) 결코 분리되어 있지 않다(3부 수식 4의 Eq. 4-15)."

시간과 공간을 분리해서 설명할 수 없듯이 마음과 물질을 분리해서 설명할 수 없다. 곧 '마음 방정식'의 기원이 되고 있다.

일상 속의 이치

물리학에서의 통일성은 모든 사람들이 마음속에 원천적으로 가지고 있었던 원형성의 부활이다. 기독교에서 부활의 의미는 예수의 갈릴리 산상수훈 가르침을 뛰어넘는다. 이는 마치 부처가 영취산에서 깨달음의 실체를 보여주기 위해 연꽃 한 송이를 들어 보인 것과 같다. 두 성인의 가르침은 그물에 걸리지 않는 바람처럼 하나의 이치를 보여준다.

아인슈타인은 공간에서 중력상호작용이 뉴턴처럼 즉각적으로 이루어지지 않음을 잘 알고 있었다. 아무리 빨라도 빛보다 빠른 것은 없었던 것이다. 그런데 아인슈타인은 양자역학에서 나오는 '얽힘'은 왜 공간에서 즉각적으로 영향을 미쳐서 동시성인가를 신에게 따져 물었다. 이 질문은 공간의 성질이 비국소성으로 이 땅 위에 살고 있는 천재적 두뇌를 가진 모든 물리학자들에게도 마찬가지로 궁금한 듯하다.

부처와 가섭, 하나님과 예수만이 소이부답笑而不答, 답하지 않고 그냥 빙그레 웃고 있을 것이다. 오늘날까지 이심전심以心傳心, 염화시중拈華示衆의 미소라는 뜻은 세상에 잘 알려져 있지만, 역설적으로 부처와 가섭이 대체 무슨 연유로 서로 빙그레 웃었는지 아는 사람은 없는 것 같다. 이 책을 읽고 있는 독자들은 알고 있을까.

옛말에 오직 진리는 교과서 밖의 교외별전敎外別傳, 불립문자不立文字라 했다. 말이나 글로 전하는 것이 진리가 아니라는 뜻이다. 굳이 예수의 갈릴리 산상수훈이나 부처의 영취산 설법이 아니더라도, 만발한 꽃으로 장식된 3부 수식(수식 4의 Eq. 4-15)을 보면 마음과 마음으로 전해지지 않을까. 마음과 마음으로 전해지는 속도가 즉각적인 시간 간격이 된다.

이 책을 읽고 3자씩 7단어로 이루어진 21자의 7가지 자연의 원리를 제대로 이해했다면, 일상 속의 이치로 충분히 답할 수 있을 것이다.

"백낙은 천리마를 한눈에 알아본다."

제3부

수식의 세계를 완성하다

· 10개의 수식

수식 1

새로운 물리학의 출발 공준

아래 Table 1은 2019년 5월 20일 자로 발효된 CGPM(**국제도량형총회**)에서 발표한 7개의 정의 상수seven defining constant를 보여주고 있다.

Defining constant	Symbol	Numerical value(fixed)	Units
hyperfine transition frequency of Caesium	Δv_{cs}	9192631770	s^{-1} (=Hz)
speed of light ivacuum	c	299792458	$m\ s^{-1}$
Planck constant	h	$6.62607015 \times 10^{-34}$	$kg\ m^2\ s^{-1}$(=J s)
elementary charge	e	$1.602176634 \times 10^{-19}$	A s (=C)
Boltzmann constant	k	1.380649×10^{-23}	$kg\ m^2\ s^{-2}\ K^{-1}$ (=J K^{-1})
Avogadro constant	N_A	$6.02214076 \times 10^{23}$	mol^{-1}
luminous efficacy	K_{cd}	683	$cd\ sr\ kg^{-1}\ m^{-2}\ s^3$ (=Lm W^{-1})

Table 1_physical constant for redefinition of the SI units

Table 1에 있는 7개의 정의 상수를 '동시에' 모두 무차원 값 '1'로 둔다. 이를 새로운 물리학의 출발 공준이라 칭한다. 다음 방정식에서 보는 바와 같이 모든 SI 기본단위 및 유도단위까지 정확한 무차원 값으로 변환한다.

$$\Delta v_{Cs}=c=h=e=k=N_A=K_{cd}=1 \qquad \text{Eq. 1-1}$$

7개의 정의 상수를 동시에 모두 무차원 값 '1'로 설정하는 이유는 7개 정의 상수가 가진 7개 기본단위에 대응하는 불확도 없는 정확한 무차원 값, 또는 기본단위의 조합으로 유도되는 유도단위에 대응하는 불확도 없는 정확한 값을 계산해내기 위해서다.

Eq. 1-1을 원 파라미터 솔루션의 출발 공준이라고 칭한다. 삼라만상 모든 것은 오직 하나이고(only one), 이 하나를 이해하고 함께 실천하는 첫걸음이 된다.

Eq. 1-1에 따라서 Table 2에 나타난 바와 같이 기본단위에 대한 불확도가 0인 무차원수를 구할 수 있다.

SI base unit	Symbol	Dimensionless value	Uncertainty
Second	s	1×9192631770	exact
Metre	m	1×30.663318988 ⋯	exact
Kilogram	kg	1×1.475521399 ⋯ ×10^{40}	exact
Ampere	A	1×6.789686817 ⋯ ×10^8	exact
Kelvin	K	1×2.266665264 ⋯	exact
Mole	mol	1×6.02214076 ×10^{23}	exact
Candela	cd	1×2.614830482 ⋯ ×10^{10}	exact

Table 2_dimensionless values equivalent to SI base units

7개 정의 상수가 있는 Table 1을 근거로 Eq. 1-1은 7개 기본단위에 대응하는 무차원 값을 Table 2를 통하여 보여준다. Eq. 1-1의 새로운 물리학의 출발 공준의 진위 여부는 CODATA나 NIST가 제공하는 물리 상수에서 보여주는 비례상수와 비교함으로써 누구나 신속하게 검증할 수 있다.

　이때 생긴 비례상수는 (Table 2를 참조하여) 기본단위나 유도단위에 대한 그 무차원 비율을 상대적으로 다양하게 계산할 수 있다. 차원이 없어 숫자로만 표현된 상대비 값이 자연계에서 가장 '기초적인 상수'라는 아인슈타인의 생각과 완전히 일치한다. 만약 하나의 데이터라도 비교하여 불확도 내에서 모순되거나 정합하지 않으면 새로운 물리학의 출발 공준은 즉각 기각 또는 폐지된다.

　아인슈타인을 비롯하여 모든 선대 물리학자들이 모든 물리량을 하나의 에너지 형태로 구성하고자 꿈꿔 왔던 소망이 Eq. 1-1이다. 그야말로 놀라운 '단위 통일'이 이루어지게 된 것이다. 이 통일은 임의의 단위 변환에 대칭 또는 불변을 이루는 것이 크나큰 소득이라 할 수 있다. 이뿐만 아니라 나중에 수학 영역에 나오는 불가사의한 몬스터군의 물리적 해독의 1등 공신이 된다.

　Eq. 1-1은 주어진 데이터를 지식이나 정보 등의 관계형 데이터로 전환시키는 패턴인식의 첫 번째 단계라고 할 수 있다. 패턴인식을 한다는 것은 바로 기계학습의 키$_{key}$가 된다는 의미다. 자체 개발한 기계학습을 소위 '버킹엄 머신'으로 지칭한다.

　버킹엄 머신의 두 가지 주요 기능 중 첫 번째는 컴퓨터를 이용한 가상검색$_{virtual\ screening}$이다. 이 검색은 주어진 실험 데이터에서 관련된 단위를 무차원수로 만든 다음 데이터베이스에서 수치 동치성numerical equality 과 가까운 정보의 출처인 어드레스address를 찾아낸다. 두 번째는 가상 가속기다. 이 가속기는 주요한 무차원수의 모수mother number를 기준으로 일정한 패턴을 가진 자수child number를 만들어 낸다. 이를 일명 씨뿌리기 seeding라고 한다. 이는 버킹엄 머신에서 가장 기초적인 과정이라 할 수 있다. 이 머신 자체는 기적이나 요행이 일체 통하지 않는다.

1914년 미국 수리물리학자 에드가 버킹엄은 논문에서 매우 인상적인 정리theorem 하나를 소개했다. 그 정리에서는 사상 최초로 물리학 현상 또는 모든 자연법칙이 '숫자'로만 표현될 수 있다는 놀라운 가능성을 보여주었다. '버킹엄 머신'은 버킹엄 파이 정리를 발견한 버킹엄의 이름을 따서 지은 것이다.

Eq. 1-1의 물리적 의미는 문제를 컴퓨터 계산만으로 해결할 수 있는 것으로, 대체시키는 것이 가장 어려운 일이 대부분이라는 구체적 방법론을 제시한다. 특히 Eq. 1-1의 핵심적인 물리적 의미는 모든 형태의 에너지를 하나의 형태로 환원시키는 형식을 보여서, 에너지의 절대 측도를 측정할 길을 제시해주고 있다는 것이다.

추후 방정식에 대한 계산은 Table 1, 2를 참조하여 무차원수인 원 파라미터를 임의의 물리량인 상수 계수constant variable와 필요한 SI 단위로 변환한다. 이는 역변환도 가능하다.

원 파라미터의 핵심적 개념은 숫자 자체가 단위를 내장한 SI 물리량으로 변환 또는 역변환이 가능하다는 점이며, 변환 결과는 실험 데이터와 비교했을 때 불확도 내에서 수학적 모순이 없다.

수학에서 동등성equivalency의 두 가지 의미는 다음과 같다. 첫째, 집합의 크기가 같아서 일대일 대응 관계가 존재한다는 점이다. 둘째, 두 명제가 필요충분조건에 있음을 표현한다. 3차원 복소수 체계에서도 사칙연산의 크기와 관련하여 세 가지 부등호(〉, =, 〈)가 여전히 성립한다고 가정하지 않은 이유는 모순이 발생하기 때문이다. 특히 서로 다른 SI 단위의 덧셈, 뺄셈의 경우는 세 가지 부등호와 관련하여 모순이 일어나는지 알 수 없다는 것이다. 다른 말로 그냥 감각적으로 인식해서 불가능해 보이기 때문이다. 서로 다른 단위 차원에서 곱셈, 나눗셈은 가능한데 덧셈, 뺄셈은 명확히 계산 불가능하다는 것이다. 곱셈, 나눗셈은 덧셈, 뺄셈의 확장에 불과하다.

튜링은 계산 가능성의 정의인데, 수식으로 필요한 호환성을 완료하는 수준까지 가능하다고 본 것에 주목할 필요가 있다.

물리학에서 무차원이라 하는 것은 단순히 차원이 존재하지 않는다는 뜻이 아니라, 수학적 동등성만 성립한다면 어떤 주어진 SI 단위 차원의 조합도 가능할 수 있음을 의미한다. 왜냐하면 Table 2에서 제시된 순수한 수치(무차원수)에는 기본단위가 내재되어 있기 때문이다. 튜링은 독일군 암호 '에니그마'를 해독한 바 있다. 이 책에서 마법의 수 137 또한 무차원수이며 수학적 동등성으로 해독 가능함을 보여준다.

수가 단순한 양이라는 사물을 표현하는 데 그치지 않고 '변환'이라는 행위를 나타낸다는 것을 아는 사람은 극히 드물다. 모든 것이 집합으로 환원될 수 없는 에너지 개념으로 설명된다면 다른 형태의 숫자 quantification로 표현이 되어도 무방할 것이다. 이 숫자들의 특정한 몫이 양자quantum라고 표현될 수 있다.

새로운 물리학 공준과 관련하여 SI 체계에서 차원 분석의 의미는 다음과 같다. 차원 동차성은 불확도 내에서 수치 동치성을 위한 필요조건이 되며, 수치 동치성이 되면 차원 동차성은 충분조건으로 대체된다. 수치 동치성과 관련하여 수치 자체에 차원이 내재되어 있다는 것을 거듭 강조한다.

'새로운 물리학 공준'은 이 책에서 보편문법이라 칭하고 있는 '새로운 수학 증명' 방법을 보여준다. 곧 하나의 물리량에 오직 유일한 하나의 숫자로 일대일 대응시킬 수 있는 정확한 계산 방법을 안다면(조건부) 이후 누구나 대응하는 해만 주어지면(조건부) 모든 3부 수식에 대한 (맞고 틀림의) 진위 여부를 아주 쉽고 신속하게 확인(검증)할 수 있다. 즉, 방정식의 해로 구성된 두 계가 등식화되어 있다. 두 계가 등식화되어 있다는 것은 전체적으로 결국 '하나의 상태'나 마찬가지라는 이야기다. 이러한 역할을 해내는 것이 바로 '중력'이다. 측정 순간순간이 바로 행위가 개입된 중력으로 설명되며 뇌과학이나 실험심리학에서 미해결 문제로 남아 있던 소위 '결합 문제 binding problem'의 주인공이다.

오늘날 차원 분석에서는 올바른 수식을 얻기 위한 충분조건이 결여되어 있다는 점에 주목할 필요가 있다. 새로 개정된 SI 단위 체계가 도입된다 하더라도, 수식 전후로 수치 동치성이 확인되면 결국 차원 동차성이 보존된다. 이 책에서 수치 동치성은 동치관계 equivalence relation라는 표현으로도 사용한다. 이는 숫자와 차원의 관계가 같다고 할 수 있는 것이다. 임의적인 숫자는 차원 동차성이 되기 위한 필요조건이지만, 차원 동차성을 이루면 일정한 숫자는 필요충분조건이 된다.

수치 동치성은 수학적인 의미이지만 물리학적 의미는 다양한 빛의 색깔로 드러나는 같은 진동수를 말한다. 가열된 물질이 내놓는 색깔은 물질의 종류와 모양에 관하여 오직 온도에만 의존한다는 사실은 잘 알려져 있다. 온도는 에너지의 함수 또는 순수한 수치값(무차원수)에 불과하다. 열역학 제0 법칙은 열평형 상태에 있다. 따라서 수치 동치성은 동치 관계에 있다고 해도 무방하다.

　진동수가 같으면 물리학적 형식이나 성분에 무관하게 좌우 물리량은 동일한 물리적 의미를 가진다고 해석된다. 대수적 동형isomorphic이 되는 셈이다. 그리고 모든 방정식은 대수적 풀이로부터 시작한다는 점에 주목할 필요가 있다.

수식 2

몬스터군의
물리적 해독

$$\left[\frac{32 \times 5457M}{5443 \times Rs_{max}^2}\right]^{\frac{185}{441}} = \frac{81 \times e^{9.8765432123456789}}{160 \times e^5} = 1.000\ 000\ 000\ 249$$

999 988 625   Eq. 2-1

$$\left[\frac{4124}{2589 \times Rs_{max}^\alpha}\right]^{\frac{44}{31}} = \frac{8345}{6667 \times \ln[\log(3135)]} \qquad \text{Eq. 2-2}$$

$\boxed{M}$ monster symmetry group

$2^{46} \cdot 3^{20} \cdot 5^9 \cdot 7^6 \cdot 11^2 \cdot 13^3 \cdot 17 \cdot 19 \cdot 23 \cdot 29 \cdot 31 \cdot 41 \cdot 47 \cdot 59 \cdot 71$

808 017 424 794 512 875 886 459 904 961 710 757 005 754 368 000 000 000

=8.080 174 247 945 128 758 864 599 049 6171 × 10^{53} **Eq. 2-3**

(이 책에 나오는 모든 수치는 정수나 유리수를 제외하고, 계산의 편의를 고려하되 수치의 정확성과 반증 가능성을 극대화하고 공약 가능성을 구현하기 위해 소수점 아래 31자리 수로 줄여서 표현한다.)

우리 우주 전체의 크기는 어느 정도인가? 현재의 관측으로서는 그 크기를 알기가 거의 불가능해 보인다. 왜냐하면 우주가 빅뱅의 순간 시점에서 정해진 우주의 크기가 있으나 그 이후 얼마나 팽창했는가를 알 수 없기 때문이다.

TOP$_{\text{Theory of One Parameter}}$ 또는 OPS$_{\text{One Parameter Solution}}$에서 발견된 허블 상수는 이 책에서 제공하고 있는 양자 중력학의 수학적 일관성을 적용해서 얻어낸 진짜 상수라는 점을 이 책의 3부 결론(3부 수식 10)에서 보여줄 것이다.

Rs_{max}와 관련하여 놀라운 사실이 있다. 기하급수적으로 팽창하는 우주의 가장 놀라운 성질 가운데 하나는 그 지점까지의 거리(우주 지평선)가 영원히 변하지 않는다는 점이다. 이는 우리 우주와 관련된 중요한 상태함수에 대한 정보가 될 수 있다.

Eq. 2-1과 Eq. 2-2에서 나오는 물리량으로서 기호 Rs_{max}와 크기(Eq. 2-4)는 매우 심오한 수리물리학적 의미를 보여준다.

공간이 잘게 나누어지지 않고 양자화되어 있다면, 이 책에서는 사상 처음으로 새로운 자연 단위$_{\text{natural unit}}$를 얻게 될 것이다. 수식 7에서 설명하겠지만 길이의 최소 단위는 점의 개념을 없애서 점이 크기를 가질 경우, 길이의 최소 양자 단위($d\ell$)가 되고 Eq. 2-1에서 나오는 Rs_{max}는 길이의 최대 양자 단위로 정의한다.

Rs_{max}는 우리 우주에서의 최대 슈바르츠실트 반지름 또는 관측 가능

한 우리 우주에서의 블랙홀 최대 반지름이 된다. 역수는 허블 거리($1/H$)로 절대적인 상수에 해당된다. 우주 지평선 너머의 관찰자 입장에서는 더 이상 수축할 수 없는 하한 경계로 해석 가능하다.

Eq. 2-1에서 Rs_{max}의 수치는 다음과 같다.

$$Rs_{max} = 5.091\ 469\ 681\ 080\ 505\ 583\ 368\ 915\ 132\ 0903 \times 10^{27}$$

Eq. 2-4

Rs_{max}는 상대성 이론과 관련하여 중력 상수 G, 블랙홀 최대 질량 M_{max}에 비례하는 것으로 잘 알려져 있다.

$$\text{곧}\quad Rs_{max} = \frac{2GM_{max}}{c^2} = 2GM_{max}\ (c=1)$$

Eq. 2-5

여기서 Rs_{max}의 절대적 크기에 대한 해석을 고려하여 질량의 최대 양자는 mass M→M_{max}, 곧 블랙홀의 최대 질량으로 대체된다. 따라서 이론적으로 중력 상수 G가 결정되면 자연적으로 블랙홀의 상한(최대) 질량(M_{max})을 계산할 수 있고, 질량의 최소 양자로서 관측 가능한 우리 우주의 하한(최소) 질량(M_{mini})이 계산될 수 있다. 이 또한 우리 우주의 고정된 상태함수에 대한 소중한 정보가 될 수 있다.

Eq. 2-4, Eq. 2-5의 수치와 관련하여 블랙홀의 사건 지평선과 우주 지평선 간의 물리적 의미 및 관계는 다음과 같다.

현재까지 블랙홀의 사건 지평선과 우주 지평선은 그 물리적 의미가 유사하다고 알려져 있다. 그리고 블랙홀 최대 지평선과 우주 지평선은 버킹엄 머신을 사용한 시뮬레이션을 통해 최종적으로 결론을 내린 바, 그 크기가 동일하다고 추론된다. 곧 최대 슈바르츠실트 반지름은 길이의 최대 양자로서 관측 가능한 우주 반지름과 일치한다. 즉, 우주는 무한히 팽창할 것 같지만 관측 가능한 우리 우주의 크기는 유한하여 일정하다.

$Rs_{max} = R_{uni}$ Eq. 2-6

정보$_{information}$를 얻을 수 있는 한계로 작용하는 우주 지평선을 통해서는 외부와의 에너지 교환이 불가능하여 에너지 함수인 엔트로피 등을 내부로 복사한다. 우주 지평선은 수학적으로 귀환 불가능점$_{point\ of\ no\ return}$으로 알려져 있다. 가속 팽창하는 우주의 놀라운 귀결 중의 하나가 공간 자체의 종점이 아니라 우리가 볼 수 있는 영역의 끝이라는 점이다. 요약하면 관측 가능한 우리 우주는 평평한 우주이면서 스스로 자체 조절이 가능한 흡사 닫힌 우주처럼 기능한다.

관측자의 존재는 블랙홀의 사건 지평선 밖$_{out}$이면서 우주 지평선 안$_{in}$이 된다. 지금까지 잘 확립된 우주론의 다양한 정보를 취합하여 보면, Eq. 2-6의 물리적 의미는 사건 지평선 상한이면서 동시에 관측 가능한 우리 우주 반지름(R_{uni})의 하한으로 우주 지평선 크기와 같다. 이 크기는 길이의 최대 양자 단위로 이 책에서 '하늘 높이'로 비유된다.

Eq. 2-6을 고려할 때 우주론적 지평선에서 복사는 바깥쪽이 아니라 안쪽 방향으로 한다. 특히 Rs_{max}의 절대적 크기 및 추후 기술하는 나중 우주에서 일정한 진공 에너지밀도 P_{vacuum}(Eq. 4-2-2)을 고려할 때 미국의 이론물리학자 존 휠러의 언급은 주목할 만하다.

"우리 우주 자체가 블랙홀 안에 놓여 있을지 모른다."

Eq. 2-1의 우변에서 9.8765432123456789 등으로 이어지는 **회문 서열**palindromic sequence이 관련되어 보인다. 만년의 로저 펜로즈가 선호한 우리 우주가 순환 우주로 설계되어 있지 않은가에 대한 하나의 단서를 제공한다. 참고로 회문 숫자 '12345678987654321'은 12345679과 999 999 999의 곱으로 구성된다.

생물학에서 **제한 효소**restriction enzyme가 회문 구조로 되어 있음은 잘 알려져 있다. 실험 데이터와 관련한 정합성에도 불구하고 왜 하필 이런 회문 서열이나 특정 조합이 존재하는가에 대해서는 아직까지 엄밀한 해석을 얻어내지 못하고 있다. 자연에는 합리적으로 존재하는 데이터들은 어느 순간 서로 만나게 되어 있는 것처럼 보인다.

Eq. 2-4에서 최대 무차원수 슈바르츠실트 반지름을 Table 2를 참조하여 거리의 기본단위(m)로 환산하면 다음과 같다. 우주 끝까지 거리를 측정할 때 100억 광년 이상 떨어질 정도면 표준 촛불을 삼을 만한 천체를 찾기가 매우 힘들다. 참고로 우리 우주의 거리는 대략 173억 광년으로 계산된다. 우리 우주 끝까지 거리를 계산해내는 결괏값을 몬스터군을 해독하여 대한민국에서 보여주고 있다. 이 값을 대략 기억하라.

$$Rs_{max} = 1.660\ 443\ 112\ 172\ 653\ 538\ 934\ 140\ 280\ 7466 \times 10^{26} \text{m}$$

Eq. 2-7

현재 관측된 천체물리학에서 관측 가능한 우주의 크기$_{diameter}$와 비교하면 크기의 지수 수준에서 일치한다.

Diameter of observable universe: 8.8×10^{26}m

[RF] Itzhak Bars; John Terning (2009). *Extra Dimensions in Space and Time*. Springer. pp. 27 – . ISBN 978-0-387-77637-8. Retrieved 2011-05-01.

$\boxed{a}$ Fine structure constant
$\boxed{a^{-1}}$ reverse Fine structure constant

Eq. 2-1의 몬스터군과 Rs$_{max}$의 관계에 이어 Eq. 2-2의 계산에 의해서 a, a^{-1}의 크기가 다음과 같이 계산된다.

a=7. 297 352 569 300 000 067 433 458 199 0131 $\times 10^{-3}$

Eq. 2-8

=7. 297 352 569 3(11)$\times 10^{-3}$ uncertainty 1.5×10^{-10} (CODATA 2018, NIST 2019)

a^{-1}=137. 035 999 083 695 799 847 831 080 460 33   Eq. 2-9

=137. 035 999 084 (21) uncertainty 1.5×10^{-10} (CODATA 2018, NIST 2019)

중력 상수 G에 대한 유효숫자 자리를 한 자리 증가시키는 데 평균적으로 얼마나 많은 시간이 소요되고 있었는가를 고려할 때 Eq. 2-7, 2-8, 2-9에서 보여주는 수치는 이론과 실험에서 소수점 아래 13자리 수로 정합하게 하는 미세 조정fine adjustment에 소요되는 시간이다. 무려 천 년이 소요될 수도 있다는 한 이론물리학자의 이야기는 지나친 표현이 아니다.

지금 이 시각까지 난공불락으로 알려진 몬스터군의 물리적 해독이 없었다면 현재의 과학 이론은 미세구조상수 a의 기원을 따져서 분석할 도리가 없다. 이는 신의 설계 도면과 같아서 양자내성 암호화 기술의 수학적 구조로 보인다.

Eq. 2-1 및 Eq. 2-2는 몬스터 대칭군에 대한 전반적인 해독은 몬스터 대칭군을 오리진origin으로 우주론에서의 Rs_{max}와 양자론에서의 a 간의 불변적인 **축척 구조**scale structure를 보여준다. 이런 축척 구조는 우주론에서 대단히 중요한 수식 10에서의 허블 상수의 베일을 벗어내는 파라미터가 되고 있다. 모든 **재규격화 이론**renormalization theory이 축척에 의존한다는 것은 잘 알려져 있다.

이론물리학자들은 상대성 이론(연속성)과 양자론(불연속성)의 모순을 피할 수 있는 수학적 가능성이 존재할지 모른다고 오래전부터 추측해왔다. Eq. 2-1, Eq. 2-2를 통해서 그 추측이 올바름을 직접 보여준다.

Eq. 2-1의 Rs_{max}는 어둠의 양자라 할 수 있고 Eq. 2-2의 a는 빛의 양자라 할 수 있다. 이러한 비유는 전자가 블랙홀과 관련되어 있고 후자는 빅뱅이라는 초기 우주를 통해서 블랙홀에서 탈출한 중력자의 양자가 빛으로 나타날 수 있기 때문이다. 이는 수식 6에서 별도로 기술한다.

Eq. 2-1과 Eq. 2-2는 불연속적인 속성의 어둠의 양자와 빛의 양자를 역설적으로 완벽하게 이어 주고 있다. 곧 심벌리즘symbolism과 커넥셔니즘connectionism 등 모든 이중성은 서로가 의존하여 실상은 원 파라미터라는 원리를 보여준다.

몬스터 대칭군 해독의 직접적인 계기는 아주 사소해 보였다. 평소에 보이지 않았던 몬스터 대칭군의 크기가 어느 순간 관측 가능한 우리 우주 반지름의 제곱 배(R_{Smax}^2)와 관련될 것이라는 직감이 벼락같이 다가왔다. 이후 퍼즐 찾기는 빅 데이터를 활용할 수 있는 버킹엄 머신을 활용하기에 이르렀다. 나는 '모든 것의 오리진origin이 존재 가능할까?'라는 극히 회의론에 가까운 의문이 있었다. 그러나 모든 자연 상수에 대한 이론적 기초로서 몬스터 대칭군을 통한 거의 정확한 크기로 '연속 유리수 근사'라는 새로운 이산 수학적 계산 방법을 사용하여 R_{Smax}와 a로 이어지는 해독이 완료되었다.

관측 가능한 우리 우주의 반지름과 실험 측정에서 상대적으로 불확도가 극소한 미세구조상수 a와의 정합은 거의 기적에 가깝다고 할 수 있다. 천문학자 칼 세이건은 비범한 주장을 하기 위해서 비범한 증거를 제시해야 한다고 하지 않았던가!

감각적인 경험이 가능한 우리 세계가 **추상적인 소수**prime number로 된 군론과 정수를 기초로 하는 **정수론**number theory으로 구성된 세계로 이루어진다는 것은 흥미로운 사건이다. 곧 연속성을 가진 우주론과 불연속성을 가진 양자역학이 하나의 통일된 물리학으로 연결된다는 사실은 우리 시대에 가슴을 뛰게 하는 이슈로서 손색이 없을 것이다.

이를 근간으로 수식 3에서는 몬스터 대칭군을 통한 물리적 해독에 있어서 최고의 성배聖杯라고 할 수 있는 거의 정확한 중력 상수 G를 최대 블랙홀 엔트로피 S_{BH}라는 물리량을 통하여 계산해낸다. 중력 상수 G는 가장 먼저 알려진 상수이지만 현재까지 가장 불확도가 높은(10^{-5}) 상수이기도 하다. 중력이 워낙 약해 측정하기 어려운 값으로 악명이 높다. 이어지는 수식 3에서는 중력 상수 G를 거의 정확히 계산해내고 있음을 보여준다.

수식 3
쿼크에서
우주론까지

$$\left[\frac{125}{67} \cdot \frac{4761}{4873} \cdot \frac{2071}{2024} \cdot \left(\frac{b \cdot s \cdot d}{t \cdot c \cdot u}\right) \cdot \alpha^{-1}\right]^{\left[\left(\frac{4095}{4072}\right)^3 \cdot \varphi\right]^{-1}} \quad \text{Eq. 3-1}$$

$$= \frac{8692 \left[\frac{2 \cdot 111!}{31 \cdot S_{BH} \cdot MG}\right]^{\frac{8}{11}}}{81.5 \cdot 8693} \quad \text{Eq. 3-2}$$

Eq. 3-2의 블랙홀 최대 엔트로피 S_{BH}를 통하여 발견된 중력 상수 G는 유럽우주국에서 발표한 우리 우주의 세 가지 성분 비율을 받아들일 때, 버킹엄 머신의 다양한 시뮬레이션과 제한조건 만족 문제Constraint Satisfaction Problem, CSP를 통한 분석 결과에 의하면 매우 흥미로운 결론을 보인다.

우주의 세 가지 성분이란 **암흑 에너지, 암흑 물질, 보통 물질**을 일컫는다. 그런데 왜 하필 암흑 에너지 68.3%, 암흑 물질 26.8%, 보통 물질 4.9%의 혼합 비율로 구성되어 있는가에 대한 의문은 현대 우주론의 핵심을 이루는 연구 과제다. 버킹엄 머신을 통해 이 비율을 그대로 받아들이며 다음의 다양한 파라미터와 조합이 시행된다. 이 조합은 Eq. 3-1에서 $\frac{125}{67}$의 유리수로 표현되고 있다.

그다음 단계로서 수학에서 가장 조밀한 격자로 증명된 리치 격자의 세 성분인 98304, 97152, 1104(196560=98304+97152+1104)의 조합은 Eq. 3-1에서 $\frac{2071}{2024}$의 유리수로 표현되고 있다. 24차원 공간에서 하나의 구가 196560개의 구와 맞닿는 최대의 조밀한 격자로 수학적으로 이미 증명되어 있다. 이 리치 격자의 세 가지 성분과 우주 구조의 세 성분이 중력 상수 G와 연관되어 있다는 사실은 상상조차 할 수 없다.

Eq. 3-1에서 $\frac{4761}{4873}$의 유리수는 두 유리수 간의 조절 인자라는 이름으로 나타난 것이다. Eq. 3-1에서 개별 쿼크 6개의 질량 성분(t, b, c, s, d, u) 또한 3개의 질량 성분으로 나누어 b, s, d는 -1/3 charge로, t, c, u는 +2/3 charge로 구성되어 있다. 1973년 일본의 물리학자 마쓰가와와 고바야시는 쿼크를 6종으로 예측한 바 있다. 1974년에 c 쿼크, 1977년에 b 쿼크, 1995년에 t 쿼크를 발견했다. 쿼크 6종의 질량 제원은 다음과 같다. 버킹엄 머신을 통해 소수점 아래 31자리로 계산한 값과 파티컬 데이터 그룹에서 제시하고 있는 근삿값 사이에서 불확도 내 모순이 없음을 보여준다.

$\boxed{t}$ =3.387 102 538 894 474 770 565 678 341 5407 $\times 10^5 \times m_e$
173.080 584 090 778 683 586 065 798 756 91 GeV

VALUE (GeV)	DOCUMENT ID	TECN	COMMENT
172.69± 0.30 OUR AVERAGE Error includes scale factor of 1.3. See the ideogram below.			
$172.13^{+0.76}_{-0.77}$	[1] TUMASYAN	21G CMS	t-channel single top production
172.6 ± 2.5	[2] SIRUNYAN	20AR CMS	jet mass from boosted top
$172.69 \pm 0.25 \pm 0.41$	[3] AABOUD	19AC ATLS	7, 8 TeV ATLAS combination
$172.26 \pm 0.07 \pm 0.61$	[4] SIRUNYAN	19AP CMS	lepton+jets, all-jets channels
$172.33 \pm 0.14^{+0.66}_{-0.72}$	[5] SIRUNYAN	19AR CMS	dilepton channel ($e\mu$, $2e$, 2μ)
$172.44 \pm 0.13 \pm 0.47$	[6] KHACHATRY...16AK CMS		7, 8 TeV CMS combination
$174.30 \pm 0.35 \pm 0.54$	[7] TEVEWWG	16 TEVA	Tevatron combination

$\boxed{b}$ =1.04 736 690 299 340 084 432 226 927 395 $\times 10^5 \times m_e$

4.199 951 521 692 383 239 095 543 881 819 GeV

$4.18^{+0.03}_{-0.02}$ GeV

$\boxed{c}$ =2485.328 288 268 376 915 073 957 048 4747 $\times m_e$

1.270 000 145 703 376 242 419 183 152 5596 GeV

1.27 ± 0.02 GeV

$\boxed{s}$ =197.964 450 984 429 036 770 556 645 5042 $\times m_e$

101. 159 626 589 807 218 498 225 065 187 18 MeV

$93.4^{+8.6}_{-3.4}$ MeV

$\boxed{d}$ =9.942 324 420 070 848 291 917 975 1767 $\times m_e$

5.080 517 339 187 312 811 867 817 788 5925 MeV

$4.67^{+0.48}_{-0.17}$ MeV

$\boxed{u}$ =4.911 662 794 081 857 010 755 738 618 1742 $\times m_e$

2.509 854 530 515 939 409 561 090 029 0692 MeV

$2.16^{+0.49}_{-0.26}$ MeV

나머지 Eq. 3-1에서 역미세구조상수 a^{-1}, 황금비$_{golden\ ratio}$ φ 간의 불가

사의한 조합을 이루고 있다. Eq. 3-2에서 보여주고 있는 기호 S_{BH}는 블랙홀 최대 엔트로피인데, 스티븐 호킹이 발견한 것으로 잘 알려져 있으며 수식은 다음과 같다.

$$S_{BH} = \frac{A}{4l_p^2} = 8\pi^2 \cdot G \cdot M_{max}^2 \qquad \text{Eq. 3-3}$$

$$= 3.315\ 719\ 539\ 964\ 788\ 575\ 093\ 359\ 184\ 3502 \times 10^{122}$$
$$\text{Eq. 3-3-1}$$

Eq. 3-3에서 $A = 4\pi Rs_{max}^2$는 우리 우주의 지평선 면적으로 시간 경과와 관련되어 결코 감소할 수 없음을 보여준다. 스티븐 호킹이 발견한 것으로 알려져 있다.

결국 엔트로피는 온도와 마찬가지로 질량(M_{max})의 제곱에 비례하는 에너지 함수임에 주목해야 한다. 이론물리학자들은 최대 엔트로피(S_{BH})라는 상태가 너무나 작은 알갱이로 가득 차 있어서 흡사 빈 공간처럼 보인다고 기술한다. 나는 중력의 기원이 빈 공간이며, 빈 공간의 주체가 중력자로 해석한다.

Eq. 3-3-1의 블랙홀 최대 엔트로피(S_{BH})와 관련된 무차원수 값은 빈 공간의 양자 요동에서 나온 진공 에너지의 총량으로 대체될 수도 있는 가능성에 유의할 필요가 있다. Eq. 3-3의 블랙홀 최대 엔트로피(S_{BH}) 수치 크기는 우주 진화의 최종 단계인 나중 우주에서 일어나는데, 우리 우주 전체의 역사에서 이보다 더 큰 상수(최대의 무질서)는 존재하지 않는다. 그럼에도 불구하고 이 수치 크기는 뒤에 나오는 우주 상수 Λ(Eq.

4-8)와 상호작용하여 자발적 엔트로피 상쇄를 초래한다. 그리하여 블랙홀 최소 엔트로피 3/8, 곧 초기 우주에서 엔트로피가 낮은 이유를 설명하는 최소의 무질서를 보여준다(Eq. 4-9).

따라서 우주 상수 Λ가 극소해야 할 만한 이유를 제시하고 있으며, 5개의 파라미터로 조합된 이 책의 중심 수식이 되고 있는 소위 '생명 방정식' 또는 '마음 방정식'이라 칭하는 Eq. 4-15와 정확하게 일치한다. 특히 Eq. 4-15는 무한의 개념을 가진 특이점을 제거해내는 계산 방법으로, 무한의 개념을 유한화시켜 아인슈타인의 장방정식이 완벽함을 보증하고 있다.

이로써 6종 쿼크라는 소립자(Eq. 3-1)와 우주론(Eq. 3-2)으로 연결시킬 수 있는 불가사의한 성배를 찾아낸 것이다. 중력 상수 G가 포함된 최종 수식이 기적같이 발견되었다. 수식 3에서 나오는 모든 수식은 펜로즈의 관심사를 만족시킬 여건을 성숙시킬 단계로 격상될 수 있다. 동시에 입자물리학과 우주론에 관한 주제를 흥미롭게 달아오르게 할 수 있는 티핑 포인트tipping point가 될 것이다.

2020년 2월 23일 새벽 5시경, Eq. 3-1의 좌변식과 수적 동치가 되는 111!와 S_{BH}에 대한 Eq. 3-2의 우변식에 대한 수식 좌우변 간의 수치를 불가사의한 영감을 얻어 정확하게 연결시키는 데 성공했다. 몬스터 해독에 이은 중력 상수 G에 대한 기록을 가슴 두근거림을 억제하며 기록했다. 이후 버킹엄 머신을 통해 중력 상수 G가 다음과 같은 물리량으로 관련되어 있음을 확인했다. 또 한 번 신의 설계 도면을 훔쳐보는 것 같았다.

$$G = \frac{11(n-p)^3 \cdot k_e \cdot \alpha^6}{12R_s \cdot m_p \cdot m_e} \qquad \text{Eq. 3-4}$$

$$= 1.543\ 257\ 073\ 810\ 976\ 363\ 477\ 512\ 620\ 1279 \times 10^{-66}$$

Eq. 3-4-1

G: Gravitational constant

n: neutron(전자 질량의 상대적 크기)

p: proton(전자 질량의 상대적 크기)

K_e: Coulomb constant($=\frac{\alpha}{2\pi}$)

α: fine structure constant

Rs$_{max}$: Schwarzschild radius of our universe

m_P: mass of proton

m_e: mass of electron

Eq. 3-4에서 모든 무차원수를 비롯하여 중력 상수 G로 표현된 무차원수는 모든 물리량의 구성이 그렇듯이, 상수 계수와 관련 단위의 구성으로 표현 가능하다.

$$= 6.674\ 304\ 765\ 243\ 254\ 980\ 302\ 310\ 043\ 5027 \times 10^{-11}\ m^3 kg^{-1} s^{-2}$$

Eq. 3-4-2

$6.674\ 30(15) \times 10^{-11}\ m^3 kg^{-1} s^{-2}\ 2.2 \times 10^{-5}$ (CODATA 2018, NIST 2019)

quantity	Equation, symbol	Z-transform	Dimensionless number / Relative unit / CODATA(2018), NIST (2019)
Planck mass, m_p	$(\hbar c/G)^{\frac{1}{2}}$	$\left(\dfrac{1}{2\pi G}\right)^{\frac{1}{2}}$	3.211 374 301 388 392 876 095 848 994 7514×10³² 2.176 433 565 764 995 438 362 429 259 4497×10⁻⁸ kg 2.176 434 (24)×10⁻⁸ kg "2018 CODATA Value: Planck mass". The NIST Reference on Constants, Units, and Uncertainty. NIST. 20 May 2019. Retrieved 2019-05-20.
Planck Temperature, T_p	$(\hbar c^5/G)^{\frac{1}{2}}/k_B$	$\left(\dfrac{1}{2\pi G}\right)^{\frac{1}{2}}$	3.211 374 301 388 392 876 095 848 994 7514×10³² 1.416 783 656 387 632 066 454 516 586 8328×10³² K 1.416 784(16)×10³² K "2018 CODATA Value: Planck mass". The NIST Reference on Constants, Units, and Uncertainty. NIST. 20 May 2019. Retrieved 2019-05-20.
Planck Length, l_p	$(\hbar c^5/c^3)^{\frac{1}{2}}$	$\left(\dfrac{G}{2\pi}\right)^{\frac{1}{2}}$	4.995 976 107 272 419 678 842 828 049 0287×10⁻³⁴ 1.616 255 601 401 589 015 381 459 162 3631×10⁻³⁵ m 1.616 255(18)×10⁻³⁵ m "2018 CODATA Value: Planck length". The NIST Reference on Constants, Units, and Uncertainty. NIST. 20 May 2019. Retrieved 2019-05-20.
Planck Time, t_p	$(\hbar G/c^5)$	$\left(\dfrac{G}{2\pi}\right)^{\frac{1}{2}}$	4.995 976 107 272 419 678 842 828 049 0287×10⁻³⁴ 5.391 248 372 904 661 315 333 887 293 3324×10⁻⁴⁴ s 5.391 247 (60)×10⁻⁴⁴ s "2018 CODATA Value: Planck length". The NIST Reference on Constants, Units, and Uncertainty. NIST. 20 May 2019. Retrieved 2019-05-20.

Planck Electric Current I_p	$\left(\dfrac{4\pi\varepsilon_0 c^6}{G}\right)^{\frac{1}{2}}$ $(\alpha^{-1})^{\frac{1}{2}} \Big/ \left(\dfrac{G}{2\pi}\right)^{\frac{1}{2}}$		2.362 044 804 286 957 266 673 809 024 6924×10³⁴
			3.478 871 511 843 095 921 187 267 696 4755×10²⁵A
			3.4×10²⁵A (Approximate SI equivalent)

Table 3_플랑크 단위계를 통한 새로운 물리학 공준의 증명 예

m_p: mass of proton

=2.467 989 442 084 829 070 374 412 771 1886 × 10^{13}

=1.672 621 923 699 392 458 845 332 228 0093 × 10^{-27} kg

1.672 621 923 69(51) × 10^{-27} kg (CODATA 2018, NIST 2019)

m_e: mass of electron

=1.344 109 058 998 910 217 340 363 001 8116 × 10^{10}

=0.510 998 949 997 158 653 276 840 053 539 11 MeV

0.510 998 950 00(15) MeV (CODATA 2018, NIST 2019)

=9.109 383 701 517 728 564 234 040 488 0507 × 10^{-31} kg

9.109 383 701 5(28) × 10^{-31} kg (3.0×10⁻¹⁰) (CODATA 2018, NIST 2019)

Rydberg constant : $R_\infty \dfrac{m_e}{2} \cdot \alpha^2$

=10973731.568 159 999 894 890 883 478 373 m⁻¹

10973731.568 160(21) m⁻¹ (1.9×10⁻¹²) (CODATA 2018, NIST 2019)

중력 상수 G(Eq. 3-4)를 미세구조상수 α에 대해서 다시 기술하면 또 다른 의미가 있는 물리량의 조합으로 표현할 수 있다.

$$\alpha = \left[\frac{12 Rs_{max} G m_p m_e}{11(n-p)^3 k_e} \right]^{\frac{1}{6}} \qquad \text{Eq. 3-4-3}$$

$$= \frac{3k_e}{4 G Rs_{max}^2 \rho_{vacuum}} \qquad \text{Eq. 3-4-4}$$

$$= \frac{k_e}{G m_p^2} \qquad \text{Eq. 3-4-5}$$

ρ_{vacuum}: energy density of vacuum (Eq. 4-2 참조)

m_p : Planck mass

몬스터 대칭군을 기원으로 계산된 우리 우주에서의 슈바르츠실트 반지름 Eq. 2-7의 Rs$_{max}$와 Eq. 3-4-3에서 나온 진공 에너지밀도 ρ_{vacuum}, Eq. 3-4-4에서 나온 플랑크 질량 m$_p$ 등의 조합은 정수 196560을 보여준다. 수학에서 리치 격자보다 더 조밀한 격자는 존재하지 않음이 이미 증명된 바 있다. 24차원 공간에서 가장 조밀한 196560개의 다른 구와 서로 맞닿아 있다.

$$\frac{13 \cdot 10! \cdot R_s^2 \cdot \rho_{vacuum}}{180 m_p^2} = 196560 \qquad \text{Eq. 3-5}$$

역미세구조상수 α^{-1}, 미세구조상수 α, 몬스터 대칭군 간의 기묘한 조합은 중력 상수 G에 사용된 중성자 n, 양성자 p(전자질량의 상대 비) 간의 비율을 보여준다. 미세구조상수와 몬스터와의 연결이 6종 쿼크와 관련된 중성자와 양성자 간의 비율로 드러나고 있다. 이 글을 읽고 있는 독자들은 현재 자연의 놀라운 조화를 목도하고 있는 것이다.

$$\left[\frac{135\pi \cdot \ln \alpha^{-1}}{89 \cdot \ln M}\right] \cdot \alpha + 1 = \frac{n}{p} \qquad \text{Eq. 3-6}$$

=1.001 378 419 260 231 469 165 303 022 3477

1.001 378 419 31(49) (CODATA 2018, NIST 2019)

양자장 이론은 방정식의 변수를 조정함에 있어서 빗방울 하나 때문에 산사태를 일으킬 수 있다는 '빗방울 효과rain drop effect'를 체험할 수 있다. 따라서 통상 수학적 계산이 어려우면 소위 '건드림 접근법pertubative approach'을 구사한다. 정확한 계산을 할 수 없다면 첫 번째로 명확한 부분을 먼저 계산하고 그다음에 두 번째로 명확한 부분을 계산하여 결과의 정확도를 차츰 높여 나가는 방법을 쓰는 것이다.

그럼에도 불구하고 양자장 이론은 변수 처리 문제에 취약하고, 변수가 증가함에 따라 제약 조건 만족 문제에도 취약하여 국지적인 문제에만 도움을 줄 수 있을 뿐이다. 끈 이론에서는 가능한 우주가 상상을 초월할 정도로 많이 존재하여 아인슈타인이 말했던 유일성을 포기해야만 한다. 대략 19개로 추산되는 **자유 변수**free parameter에 대한 개념을 엄격하게 해석할 수 없는 한 그 해는 무한하다.

그러나 고에너지 영역과 극소 영역에서 **쿼크, 뉴트리노, 렙톤** 등의 질량을 보여주는 숫자에는 규칙도 없고 공통점도 없는 것처럼 보인다. 우주론의 파라미터와 함께 어떻게 숨어 있는 패턴을 꺼낼 수 있을까? 이론물리학자들 거의 모두가 불가능하다고 소리치고 있다.

실험적으로 얻어진 데이터를 논리적으로 설명하기 위해 다국적 협동 연구원 440명으로 구성된 CDF 그룹은 1944년 4월 26일 페르미 연구소 대강당에 모였다. 그리고 쿼크 중에서 가장 질량이 큰 t 쿼크를 발견할 가능성을 153페이지에 이르는 논문 길이로 〈PRL〉에 게재했다. 이렇듯 이론·실험물리학자들은 실험으로 얻어진 데이터를 논리적으로 설명하기 위해 안간힘을 쓰고 있다.

입자물리학의 기본 법칙을 탐구하기 위해 1년 동안 쌓인 데이터를 DVD로 저장하면 그 높이가 엠파이어 스테이트 빌딩 50배 높이가 된다고 한다. 이는 극소 영역에서 상호작용을 다루는 방식에 유용하면서도 근본적인 분석 방법이 필요하다는 점을 강력하게 시사한다.

실험실 데이터로 알려진 변수는 자유 변수다. 따라서 정확한 해를 얻어내는 것이 불가능하다. 그래서 일단 '**논증 수학**'으로 어느 정도 체계를 잡은 다음 '**알고리즘 수학**'으로 자유 변수에 대한 해를 실험 데이터에 맞게 조절해 나가는 수밖에 없다. 곧 경험적 분석에 의해서도 수학적 분석과 마찬가지로 수식을 유도할 수 있음을 보여준다.

6종 쿼크를 비롯한 3종 렙톤(경입자) 등 특정 소립자와 관련된 자유 변수 값을 알아내는 데 약 32년이 소요되었다. G 값과 연결하는 과정에서 일부 자유 변수 값을 자기 참조적 무결성을 통해 상호 교차 검증을 시행함으로써 거의 정확하게 계산할 수 있었다. 특히 모든 입자 중에서 렙톤만이 강력을 경험하지 못한다.

6종 쿼크와 주요한 소립자의 질량과 관련하여 특정 조합은 실험 데이터와 모순 없는 범위에서 특정 유리수로 수렴함이 발견되거나 역미세구조상수 a^{-1}, 황금비 φ와 관련됨이 발견되었다. 단, 이들 소립자와 소립자의 무차원수와 관련된 단위 및 파티클 데이터 그룹과의 비교 분석 및 모순 없는 검증은 지면 문제로 생략한다.

다음 수식을 통하여 대자연의 오묘한 이치를 경험해보라! 나 또한 다음과 같은 수식을 내 개인의 능력으로 가능했다고 한 번도 생각해본 적이 없다. 6종 쿼크 관계식이 간단하게 유리수로 표현 가능할지 누가 상상이나 할 수 있었을까? 또 어떻게 미세구조상수 α와 관련된다는 생각을 해낼 수 있었을까? 그래서 가끔 "밤새 누가 이런 비밀 수식을 풀어주었지?" 하고 혼자 자문해본다.

$$\frac{(t+b)\cdot(c+s)\cdot(d+u)}{(t-b)\cdot(c-s)\cdot(d-u)} = \frac{29034}{7985} \qquad \text{Eq. 3-7}$$

$$\frac{(t-b)}{(t+b)} \cdot \frac{(c+s)}{(c-s)} = \left[\frac{\ln \alpha^{-1}}{10 \cdot \ln \varphi}\right]^5 \qquad \text{Eq. 3-8}$$

Eq. 3-5, Eq. 3-6을 동시에 변형하면 몬스터 해독에서 발견된 α^{-1}(마법의 수 137)을 보여준다.

$$\varphi^{10\left[\frac{7985}{29034}\cdot\left(\frac{(c+s)^2}{(c-s)}\right)\left(\frac{(d+u)}{(d-u)}\right)\right]^{\frac{1}{5}}} = \alpha^{-1} \qquad \text{Eq. 3-9}$$

$$\left[np^{2\left[\frac{\bar{v}_e \cdot n\mu^2}{6\pi p^{\frac{1}{3}}}\right]^{\frac{3}{8}}} \right]^{\frac{1}{2}} = (c+s)(c-s) \qquad \text{Eq. 3-10}$$

$$\left[(c+s)(c-s)\right]^{\beta^*} = np \qquad \text{Eq. 3-11}$$

$$\beta^* = \frac{\mu\left[6\pi(n-p)^3\right]^{\frac{3}{8}}}{(n^3 \cdot p)^{\frac{1}{4}}} \qquad \text{Eq. 3-11-1}$$

다음 수식에서 β^*와 관련된 소립자(물리량)와 우주론과 관련된 물리량들은 자기 참조적 무결성으로 연결되고 있다.

$$\frac{\ln\left[\beta^*(n^3 \cdot p)^{\frac{1}{4}}\right]}{\ln\left[\mu\left(6\pi(n-p)^{\frac{1}{3}}\right)\right]} = \frac{Rs_{max}^2 \cdot \rho_{vacuum}}{2(m_p^2)} = \frac{\pi}{\left(\frac{l_p}{2GM_{mini}}\right)^2} = S_{BH} \cdot \Lambda = \frac{3}{8} > 0$$

Eq. 3-12

n: neutron, p: proton(전자질량의 상대적 크기)

$\bar{v}_e$: elctron based neutrino(전자질량의 상대적 크기)

μ: muon(전자질량의 상대적 크기)

m_p: Planck mass

l_p: Planck length

수식 4

최대·최소 블랙홀 질량과 최대 엔트로피

난공불락으로 알려진 몬스터군의 물리적 해독과 버킹엄 머신을 통해서 완전히 새로운 물리학 분석법인 무차원수를 이용한 결과, 우주 공간 팽창의 상한과 수축의 하한을 결정하는 블랙홀 최대·최소 질량이 존재한다는 것이 발견되었다. 이는 초기 우주와 나중 우주 사이에서 우리 우주의 미래를 예측하는 시금석이 되고 있다.

먼저 우주 팽창의 상한으로서 블랙홀 최대 질량 M_{max}를 구하는 수식은 다음과 같다. 여기에는 밀도 하한인 진공 에너지밀도가 관여하고 있다.

$$M_{max} = \left(\frac{3}{32\pi G^3 \rho_{vacuum}} \right)^{\frac{1}{2}} \quad \text{Eq. 4-1}$$

$$= 1.649\,585\,726\,021\,472\,612\,004\,125\,410\,608 \times 10^{93}$$

Eq. 4-1-1

$$=1.117\,968\,012\,065\,044\,437\,652\,146\,988\,111 \times 10^{53}\,\text{kg}$$

Eq. 4-1-2

Eq. 4-1을 ρ_{vacuum}에 대해서 다시 쓰면 다음과 같다.

$$\rho_{vacuum} = \frac{3}{32\pi G^3 M_{max}^2}$$

Eq. 4-2

$$=2.983\,711\,270\,747\,957\,228\,529\,753\,420\,9856 \times 10^9$$

Eq. 4-2-1

$$=5.830\,002\,824\,783\,049\,035\,052\,904\,663\,4581 \times 10^{-27}\,\text{kg/m}^3$$

Eq. 4-2-2

ρ_{vacuum}은 천체물리학에서 암흑 에너지밀도 매개변수 Ω_Λ 0.685(7)를 사용하여 암흑 에너지의 에너지밀도는 기호 ρ_Λ로 표시하기도 한다. 최근 관측된 데이터는 다음과 같다.

5.83(16) $\times 10^{-27}$ kg/m^3 Planck Collab. 2018 Results (2018)

우주 수축의 하한으로서 블랙홀 최소 질량 M_{mini}를 구하는 수식은 다음과 같다. 여기에는 밀도 상한인 플랑크 밀도가 관련되고 있다.

$$M_{mini} = \left(\frac{3}{32\pi G^3 \rho_p}\right)^{\frac{1}{2}}$$

Eq. 4-3

$$=5.547\,555\,164\,461\,434\,803\,246\,930\,760\,0831 \times 10^{31}$$

Eq. 4-3-1

$$=3.759\,725\,318\,424\,214\,953\,873\,594\,638\,5145 \times 10^{-9}\,\text{kg}$$

Eq. 4-3-2

Eq. 4-3을 ρ_p에 대해서 쓰면 다음과 같다.

$$\rho_p = = \frac{3}{32\pi G^3 M_{mini}}$$

Eq. 4-4

$$=2.638\,173\,269\,875\,245\,725\,964\,615\,826\,6831 \times 10^{132}$$

Eq. 4-4-1

$$=5.154\,841\,142\,448\,818\,463\,902\,055\,669\,9992 \times 10^{96}\,\text{kgm}^{-3}$$

Eq. 4-4-2

M_{mini}는 양자장 이론으로 알려진 블랙홀 최소 질량인 플랑크 질량 m_p(Eq. 3-5-1)보다 근소하게 작음에 주목한다.

$$\frac{m_p}{M_{mini}} = \left(\frac{32\pi}{3}\right)^{\frac{1}{2}}$$

Eq. 4-5

$$=5.547\,555\,164\,461\,434\,803\,246\,930\,760\,0831$$

Eq. 4-5-1

블랙홀 최대 질량 M_{max}와 블랙홀 최소 질량 M_{mini} 간의 관계를 통하여 정확한 우주 상수 값을 보여준다.

$$\left(\frac{M_{mini}}{M_{max}}\right)^2 = \frac{\rho_{vacuum}}{\rho_p} \qquad \text{Eq. 4-6}$$

$$\left(\frac{M_{mini}}{M_{max}}\right)^2 = \frac{\rho_{vacuum}}{\rho_p} = \Lambda \qquad \text{Eq. 4-7}$$

Eq. 4-6이나 Eq. 4-7을 고려할 때 우주 상수 Λ의 수치는 동일한 밀도 단위 ρ로 서로 상쇄되어 정확히 다음과 같은 무차원수를 보인다.

Λ: 우주 상수
=1.130 976 234 509 817 221 981 518 322 8984 $\times 10^{-123}$

Eq. 4-8

Eq. 4-8을 통해 우주 상수 Λ가 왜 0에 극도로 가까운 값을 가지는지 확인할 수 있다. 수식 4-8의 대략적 크기는 지수를 보면 알 수 있는데 소수점 아래 '0'이 123개가 붙어 있다. 사람의 인지 능력으로 '0'보다는 크지만 극도로 작은 수를 소수점 아래 31자리 수로 계산해낼 수 있을까?

우주 상수 Λ의 숫자 크기는 1998년 미국, 호주 두 팀의 천문학자들이 멀리 있는 은하에서 폭발하는 별을 정밀 관측하여 얻은 값이다. 그 후 많은 관측을 통해 사실로 확인되었다. 일부 이론물리학자들은 손으로 난해한 계산을 수행한 후 슈퍼컴퓨터까지 동원하여 얻어낸 결과가 우주 상수 Λ와 완벽하게 일치하는 기적이 과연 일어날 수 있는지 의아해한다. 모든 천문학자들은 이 '람다'라는 숫자의 정체는 무엇이며 왜 이토록 작은 숫자값에 연연하는지 스스로에게도 당혹감을 가지고 있다. 이 문제는 소위 '우주 상수 문제'로 널리 알려져 있다.

나 역시 '우주 상수 문제'로 아인슈타인을 비롯한 수많은 물리학자들처럼 오랜 세월에 걸쳐서 골머리를 앓아 왔음을 고백하지 않을 수 없다. 이에 대한 해결은 Eq. 3-3, Eq. 3-3-1과 Eq. 4-8, Eq. 4-9, Eq. 4-15의 상관관계에서 찾을 수 있다.

그동안 물리학 문제 중의 문제로 알려져 왔던 미해결 문제가 뜻밖에도 마법의 상수 137과 연관되어 있음을 BM을 통하여 발견했다! 관련 파급효과는 가히 초메가톤급이었다. 물리학뿐만 아니라 전 인문과학 분야, 특히 인지과학 분야에서 노심초사하며 오랫동안 기다려 왔던 소위 '마음 방정식'이 전혀 예상치 않았던 마법의 수 137과 관련되어 발견되었다.

마법의 수 137과 대응되는 생명의 안정과 우주 상수 Λ와 대응되는 우주 운행의 안정, 곧 비생명의 안정 관계가 하나의 수식으로 드러남에 따라 연속이면서 불연속을 이루는 또 하나의 쌍으로서 마음과 물질의 관계가 드러난다.

마음과 물질, 물질과 마음의 관계는 오래전 인도 승려 구마라습이 전한 '색즉시공 공즉시색色卽是空 空卽是色'으로 연결된다! 실험과 관측을 성배로 여기던 과학 영역이 드디어 인문-철학-종교 영역으로 연결되는 순간이다. 마법의 수 137과 우주 상수 Λ 간의 관계는 마치 언제나 변하지 않는 신의 생각, 신의 마음, 신의 설계 도면을 훔쳐보는 것 같은 경외감을 느낀다.

Λ는 물질의 안정적 분포를 이루기 위해서 필요한 것으로 추후 기술하는 블랙홀 최대 엔트로피 S_{BH}(Eq. 4-13)와 상호작용한다. 그 결과 소위 우주론적 상보성 원리와 관련된 메커니즘을 통하여 블랙홀 최소 엔트로피 3/8을 가진다.

$$S_{BH} \times \Lambda = \frac{3}{8} \qquad \text{Eq. 4-9}$$

엔트로피가 우주의 역사상 가장 큰 블랙홀 최대 엔트로피(S_{BH})와 아인슈타인이 그의 장방정식에 우주의 안정된 운행을 위해 손으로 집어넣은 우주 상수 Λ가 상호작용한 결과를 보여주고 있다.

둘 모두의 물리량의 크기가 소수점 아래 31자리 수를 가졌지만, 서로 상쇄되어 양자역학의 핵심 개념이 된 불확정성원리에 남아 있던 양자적 불확정이 완벽히 제거되어 버린다. 그 결과, 최소 엔트로피라는 이름의 크기로서 유리수 '3/8'만 달랑 남게 된다. 무질서의 끝자락인 최대 블랙홀 엔트로피(S_{BH})에서 완벽한 질서 3/8으로 부활하고 있다.

이 책에서 실무한대인 인력과 실무한소인 척력의 곱으로도 표현되고 있다. 우리 우주의 초기 시작에서의 이런 낮은 무질서는 자발적 대칭 파괴spontaneous symmetry breaking의 기원으로 유추되어 현실 세계에서 패리티 비보존violating parity 현상을 보여준다.

인간의 경우를 살펴보면, 인간의 좌우 대뇌 또한 불균형을 이룬다. 좌측 대뇌는 이성을 주관하여 디지털적이며, 우측 대뇌는 감성을 주관하여 아날로그적이다.

우주 역사의 끝이자 우주 역사의 시작인 빅뱅(빅 바운스)을 통하여 양자 요동에 담겨 있는 막대한 에너지가 우리가 익히 알고 있었던 우주 상수 Λ에 의해 기적같이 상쇄되어진 것이다. 불확정성원리는 우주의 시작과 끝에서 찰나와 영원으로 늘 함께 존재해왔던 것으로, 측정과 관련된 불확도와는 상관없이 자연현상의 속성 그 자체라고 할 수 있다.

블랙홀 전문가로 널리 알려진 노벨상 수상자 펜로즈가 그의 저서《실체로 이르는 길》에서 밝혀 놓았듯, 엔트로피가 매우 특이한 방식으로 낮았다는 사실은 '우주론의 심오한 불가사의'로 알려져 있다. Eq. 4-9는 펜로즈의 이 불가사의를 설명해주고 있다.

통상적으로 물리학자들은 열역학 제2 법칙으로 증가하기만 하는 거대한 엔트로피가 어떤 방식으로 낮아지는가에 대해 엄청난 골머리를 앓고 있다. 우리 우주가 어떤 식으로든 '순환한다'고 생각하고 있는 천체물리학자라면 열역학 제2 법칙과 관련된 엔트로피 문제와 언젠가 한번쯤은 정면 대결이 불가피하다는 생각을 할 수밖에 없을 것이다.

나 자신 또한 엔트로피 문제로 심한 홍역을 앓았는데, 버킹엄 머신을 통해 관측 데이터를 다양한 방식으로 시뮬레이션하는 중 두 물리량을 연결하는 과정에서 평소의 긴 수열이 컴퓨터 화면에서 감쪽같이 사라져 버리는 기적 같은 상황을 맞이한 순간이 있었다. 흥분이 가라앉은 후 어떻게 된 영문인지 두 수식을 메모지에 써 놓고 살펴보며 계산해보았다. 그 이유는 명확했다. 두 수식 자체가 컴퓨터 계산과 무관하게 서로 상쇄되고 있음을 재확인하게 된 것이다.

놀라움은 또 다른 놀라움으로 번져갔다. 분명 최소 엔트로피는 나중 우주(시간의 끝)의 부산물인데 초기 우주(시간의 시작)와 맞닿아 있었다. 이는 결과가 새로운 원인으로 이어진 것이다.

블랙홀 최소 질량(빅뱅을 포함한 최소 엔트로피를 가지면서 뜨겁고 꽉 찬 플라스마를 가진 초기 우주의 시작)에서 블랙홀 최대 질량(최대 엔트로피를 가지면서 차갑고 텅 빈 나중 우주)에 이르기까지 오랜 시간이 소요되었다. 그런데 블랙홀 최대 질량에서 블랙홀 최소 질량으로 방향만 다르고 시간 흐름이 같은 크기로 서로 맞닿아 있다는 것은 역시간 흐름(시간반전, 시간의 화살 방향이 거꾸로 진행)의 크기가 '찰나'와 '영원(오랜 시간)'이라는 이중성으로 대응되고 있다는 것을 나타냈다. 이는 마치 극도의 짧은 시간에 우주의 역사를 꿈꾼 것과 유사했다. 역시간 흐름은 그 시간 흐름이 무한하다고 하더라도(영원) 실상은 무한소 흐름(찰나)에 지나지 않는다. 극도의 차가운 온도 아래 극도의 뜨거운 온도(음의 온도)가 존재할 수 있음은 잘 구축된 과학적 설명으로 가능하다.

열의 흐름이 뜨거운 온도에서 차가운 온도로 흐르듯이 음의 온도에서 양의 온도로 흐른다. 음의 온도 시스템은 거의 반세기 전부터 실험실에서 구현되고 연구되었으나 상용화된 성과는 아직 없다. Eq. 4-9는 Eq. 4-15로 연결된다.

Eq. 4-9는 미국 코넬대에서 주관하는 arXiv에 게재되어 있다. (https://arxiv.org/abs/1706.06812)

슈바르츠실트 최대 반지름 Rs_{max}와 우주 상수 Λ의 조합은 거의 정확한 값의 플랑크밀도 ρ_p를 보여준다. 출발 공준을 이용할 경우 플랑크밀도 ρ_p와 플랑크 압력 p_p가 일치한다.

$$\frac{9\left[\dfrac{1}{Rs_{max}^2 \cdot \Lambda}\right]^2}{128\pi^3} = \rho_p \qquad \text{Eq. 4-10}$$

$$= \frac{m_p}{l_p^3} \qquad \text{Eq. 4-10-1}$$

$$= \frac{2\pi}{G^2} \qquad \text{Eq. 4-10-2}$$

$T_{BH(mini)}$: mass→M_{max}일 때 호킹의 복사 하한 온도(블랙홀 최소 온도)를 보여준다.

$$\frac{1}{16\pi^2 \cdot G \cdot M_{max}}$$

=2.487 523 003 889 210 813 492 269 490 6855×10^{-30}

Eq. 4-11

Eq. 4-11을 온도 단위 K로 환산하면 다음과 같다.

=1.097 437 298 191 876 253 999 278 767 0157×10^{-30} K

Eq. 4-11-1

Eq. 4-11-1을 보면 우주의 역사에서 가장 낮은 온도로 거의 '0K'를 보여준다. S_{BH}, $T_{BH(mini)}$, G, Λ, RS_{MAX}의 조합은 다음과 같다.

$$\frac{S_{BH}{}^2 \cdot T_{BH(mini)} \cdot G \cdot \Lambda}{Rs_{max}} - \frac{3}{32} = 0 \qquad \text{Eq. 4-12}$$

Eq. 4-12는 다음과 같은 물리량으로 대체하더라도 똑같은 수치 동치성을 가진다.

$$\frac{M_{max} \cdot Rs_{max} \cdot \rho_{vacuum}}{\rho_p \cdot m_p^2 \cdot 4l_p^2} - \frac{3}{32} = 0 \qquad \text{Eq. 4-12-1}$$

그러면 우주의 역사에서 가장 높은 온도는 빅 바운스일 때 참여하는 블랙홀 최소 질량과 관련이 있다. 수식은 다음과 같다.

$$T_{BH(max)} = \frac{1}{16\pi^2 G \cdot M_{mini}} \qquad \text{Eq. 4-13}$$

$$= 7.396\ 740\ 219\ 281\ 913\ 070\ 995\ 907\ 680\ 1109 \times 10^{31}$$
$$\text{Eq. 4-13-1}$$
$$= 3.263\ 269\ 762\ 323\ 558\ 390\ 822\ 966\ 030\ 2305 \times 10^{31}\ K$$
$$\text{Eq. 4-13-2}$$
$$3 \times 10^{31} K$$

블랙홀 최대 온도와 블랙홀 최소 온도 간의 비율은 블랙홀 최대 질량과 블랙홀 최소 질량 간의 비율과 같다.

$$\frac{T_{BH(max)}}{T_{BH(mini)}} = \frac{M_{max}}{M_{mini}}$$

=2.973 536 408 594 896 656 784 949 611 5334×10⁶¹

Eq. 4-13-3

~2.9×10⁶¹

중력 상수 G, 우주 상수 Λ, 우리 우주에서의 슈바르츠실트 반지름 Rs_max 간의 조합은 다음과 같이 매우 단순한 수식으로 표현된다.

$$\frac{G}{\Lambda} = \frac{16\pi^2 Rs_{max}^2}{3}$$

Eq. 4-14

Eq. 4-13-1의 무차원수 값은 흥미롭게도 로저 펜로즈의 궁극적인 엔트로피 값 $S_\Lambda \sim 3\times10^{122}$ 와 수치적 계수가 일치한다.

[reference] R. Penrose, *Cycles of Time: an extraordinary new view of the universe* (Alfred A. Knopf. New York, 2011) pp. 192-193

블랙홀 최대 질량에는 진짜 진공인 저에너지로서 진공 에너지밀도가 한 쌍(Eq. 4-1, Eq. 4-2)으로 관여하고, 블랙홀 최소 질량에는 고에너지로서 가짜 진공인 플랑크밀도가 또 다른 한 쌍(Eq. 4-3, Eq. 4-4)으로 관여함도 발견되었다. 진짜 진공인 진공 에너지밀도는 가속 팽창으로 발견한 암흑 에너지밀도와 동일함이 버킹엄 머신을 통하여 밝혀졌다.

가짜 진공인 플랑크밀도는 물리상수 중에서 가장 막대한 고에너지로서 블랙홀 최소 질량에 작용하여 빅뱅과 유사한 빅 바운스를 초래한다.

이는 일반 상대성 이론에서 가장 문제가 되고 있는 빅뱅에서의 특이점을 제거하는 효과로 대체될 수 있다. 빅뱅은 어떤 측면에서 존재의 인식 발화점이라고 할 수 있다.

열역학 제2 법칙인 엔트로피의 법칙은 우주가 시간의 시작을 가진다는 소위 인플레이션 이론에 의해 시간이 빅뱅을 기점으로 엔트로피가 증가한다. 매우 놀랍게도 베켄슈타인의 아이디어를 적절히 수용한 스티븐 호킹은 거의 처음으로 양자 중력을 이용하여 최대 엔트로피가 존재한다(S_{BH})는 것을 보여주었다.

로저 펜로즈는 엔트로피가 최대일 때 항상 블랙홀 상태라는 것을 입증한 바 있다. 따라서 나는 최대 엔트로피가 존재한다면 중력이 최대로 구축되는 시기라고 생각한다. 그리고 시간의 종착점에 이르러 블랙홀 최대 질량이 존재함을 이미 관측된 진공 에너지밀도를 통하여 거듭 확인했다.

몬스터 대칭군의 물리적 해독에서 제일 먼저 발견된 것이 버킹엄 머신을 통하여 계산된 최대 슈바르츠실트 반지름(R_{Smax})이라는 점에 주목해야 한다.

$R_{Smax}=2GM_{max}$를 역으로 이용하면 M_{max}의 무차원수 크기는 중력 상수 G 값만 정확히 계산하면 알 수 있다. 중력 상수 G 값은 수식 3에서 우주의 3성분, 리치 격자 3성분, 쿼크 3성분을 절묘하게 이용하여 이미 찾아낸 바 있다.

먼저 블랙홀 최대 질량값을 이용할 경우 무언가의 밀도값을 계산해낼 수 있다. 이 무언가의 밀도값이 관측 데이터에서 발견한 진공 에너지밀도이고 이 밀도값이 암흑 에너지밀도와 일치한다는 것을 수많은 시행착오 과정을 통하여 뒤늦게 알게 되었다.

천체물리학자들은 진공 에너지의 본질을 두고 현재까지도 논쟁 중이다. 일단 천문학자들은 관측을 통하여 대략의 진공 에너지밀도를 계산해냈는데, 나는 관측된 우주 상수 값의 지수가 10^{-123}이 된다는 사실 등을 이용하여 거의 정확하게 **진공 에너지밀도**를 계산해냈다.

Eq. 4-15에서 백미는 양자론에서 나오는 미세구조상수 a와 일반 상대성 이론에서 나오는 우주 상수 Λ 간의 관계식이다. 이 책에서 나는 수식(Eq. 4-15)이 '하나의 만발한 꽃으로 장식된다'라는 표현으로 대신하고 있다. 그리고 2부 9장에서 생명 방정식 또는 마음 방정식으로 지칭하고 있다.

그만큼 이 수식이 내포하고 있는 의미가 다른 수식보다 깊고 넓다는 뜻이다. 영취산에서 부처와 그의 수제자 마하 가섭 사이의 이심전심, 염화시중의 미소의 실체적인 진리 묘사—모든 것은 *하나다*—의 내용이기도 하다. 이는 수식(Eq. 4-15)의 물리적 의미이지만, 이 수식이 나오기까지 신의 도움 및 수많은 선대 물리학자들의 어깨 위에서 34년이란 세월이 소요되었다. 양자 중력학의 성공이나 그 해석이 얼마나 힘들고 어려운지를 가늠해주는 지표라 아니 할 수 없다. 하지만 겉으로만 보면 매우 단순해 보인다.

양자 중력학을 한마디로 표현하면 알짜 공식으로 이루어진 '보편문법'이라 할 수 있다. 보편문법은 불필요한 수식 기호를 모두 제거하여 수식 표현에 '거품 빼기'를 해 모든 사람이 수식 검증을 용이하고 신속하게 할 수 있게 한 새로운 수학 증명 구조다.

따라서 제3의 인증 기관이 불필요한 블록체인의 수학 구조와 유사하다. 더구나 성가신 방정식의 수도 줄일 수 있다. 현실의 숨어 있는 측면을 밝히는 데 수식이 얼마나 막강한 위력을 발휘하는지 다시 한번 실감한다.

수학자 고드프리 하디Godfrey Harold Hardy는 이렇게 언급했다.

"뛰어난 수학 이론에는 의외성과 더불어 필연성과 군더더기 없는 깔끔함이 있다."

생명 방정식 또는 마음 방정식은 다음과 같다.

$$\alpha^{\triangle} = \Lambda \qquad \text{Eq. 4-15}$$

Eq. 4-15에서 α의 지수(삼각형 모습)는 다음과 같다.

$$\Delta = 2\left[\frac{\ln\left(\frac{M_{max}}{M_{mini}}\right)}{\ln \alpha^{-1}}\right] \qquad \text{Eq. 4-15-1}$$

Eq. 4-8의 Λ가 매우 작은 이유는 공간 팽창의 상한인 M_{max} Eq. 4-1과 공간 수축의 하한인 M_{mini} Eq. 4-3의 존재를 전제하면서 Eq. 4-9 $S_{BH} \times \Lambda = \frac{3}{8}$과 Eq. 4-15 $\alpha^{\triangle} = \Lambda$의 상호관계를 수학적 일관성으로 적절히 보존하고 있기 때문이다.

이어지는 K-방정식 수식(Eq. 5-1)에서도 수식(Eq. 4-15)과 같이 미세구조상수 α(마법의 수 137의 역수)와 우주 상수 Λ 간의 관계식을 보여준다.

이는 수학적 일관성을 보여주는 드라마틱한 예라 할 수 있다.

특히 M_{max}와 한쌍을 이루는 ρ_{vacuum}과, M_{mini}와 한 쌍을 이루는 ρ_p와의 관계는 일정하여 **에너지보존법칙**을 이룰 뿐만 아니라 블랙홀 정보 역설에 대응하는 정보 보존이 가능함을 보여준다.

관련된 수식은 다음과 같다.

$$M_{max}^2 \cdot \rho_{vacuum} = M_{mini}^2 \cdot \rho_p = \frac{3}{4}\pi^2 m_p^6 \qquad \text{Eq. 4-16}$$

바젤 문제는 유명한 수학 문제로 수학계에서 오래전부터 널리 알려져 있다. 그런데 이 순수한 수학 문제가 현실 측정을 위주로 한 물리학 영역으로도 대체될 수 있음이 이 책 OPS를 통해서 처음으로 밝혀졌다.

수학 상수인 원주율, 진공 에너지밀도, 블랙홀 최대 질량, 플랑크 면적 등의 조합이 그것이다. 그 수식은 다음과 같다.

$$\sum_{n=1}^{\infty} 1 + \frac{1}{2^2} + \frac{1}{3^2} + \frac{1}{4^2} + \frac{1}{5^2} \cdots + \frac{1}{n^2} = \frac{\pi^2}{6}$$

$$= \frac{1}{8\pi^2 \rho_{vacuum} \cdot M_{max}^2 \cdot \left(4\ell_p^2\right)^3} \qquad \text{Eq. 4-17}$$

수식 5

K-방정식,
사랑 방정식

 난해하고 복잡한 자연현상의 기술에 대해 실험과 관측에 무관하게 이론을 구축하는 것은 그야말로 꿈과 같은 일이다. 이는 어떤 방식으로 절대적 신뢰를 담보할 수 있는가에 대한 증명 또는 검증 문제와 직결된다.

 앞에서 언급했지만 아인슈타인은 측정이 가능한지 아닌지는 우리가 결정하는 것이 아니고, 이론이 결정한다고 역설한 바 있다. 나는 아인슈타인이 토로한 이 말의 의미를 찾아내느라 오랜 세월을 두고 머리에 쥐가 나도록 곱씹었다. 비로소 최근에야 그의 말이 엄청나게 깊은 뜻을 가지고 있음을 알게 되었다. 여기서 '우리'는 정상적인 사고를 하는 과학자 또는 전문가를 뜻하고 '이론'은 자기 참조적 방정식 또는 이미 정해진 우주의 설계 도면이라고 결론 내리게 되었다.

 미국의 이론물리학자 에드워드 위튼은 좋은 아이디어는 항상 검증이 용이하다고 주장한다. 이 증명 또는 검증 문제에 대해서 영국의 이론물리학자 스티븐 호킹은 다음과 같이 말했다.

"우리가 할 수 있는 최선의 방법은 수학과 물리학의 조합에 의한 자기 참조적 무결성 또는 자기 참조적 방정식에 관련된 해solution를 믿게 하는 수리물리학적 구조의 발견이다."

더 직관적으로 주장한 사람은 호주 이론물리학자 브랜든 카터다. 그는 다음과 같이 주장했다.

"방정식을 어떻게 풀 것인가에 대해서 방법을 찾는 것보다 우주와 자연을 완벽하게 기술하는 수리물리학적 구조가 무엇인지 알아내는 것이 더 중요하다."

자기 참조적 방정식의 대표적인 예는 아인슈타인의 일반 상대성 이론에서 나오는 **편미분방정식**이다. 이 방정식의 해를 찾기 어려운 이유는 방정식에 변수가 많아서라기보다 수학적 구조의 특이성 때문이다. 미국 물리학자 존 휠러가 이 수학적 구조의 특이성을 다음과 같이 잘 설명하고 있다.

"물질(질량)의 크기는 우주 공간의 곡률을 결정하고 공간의 곡률은 물질이 어떻게 운동할지를 결정한다. 이는 마치 개인 욕조에서 목욕하는 사람이 밀쳐내는 물이 욕조에 부닥쳐 다시 자기 자신에게 영향을 미치는 것과 같다."

모든 자연현상에 존재하는 이러한 피드백 메커니즘에 대한 수학적 기술은 방정식으로 표현하기도 힘들고, 설령 방정식을 발견했다고 하더라도 방정식과 관련된 변수에 대한 해도 계산해내기 어렵다는 뜻이다.

아인슈타인의 일반 상대성 이론의 방정식은 수학적 구조상 자기 참조적 방정식과 유사하다. 오늘 이 시각까지 아인슈타인의 일반 상대성 이론의 방정식을 완벽하게 풀어낸 사람은 아무도 없다. 수학에서 가장 어렵게 생각하는 수학적 구조가 피드백 메커니즘으로, 가시적 수학적 구조가 바로 자기 참조적 방정식으로 드러난다. 사람의 마음이나 의식을 수학적으로 표현해내기가 어려운 이유 중의 하나가 자기 참조적 또는 자기 언급적 방정식으로 구성되어 있기 때문이다.

나는 이 책에서 자연에 존재하는 물리적 이중성의 원리를 일단 상반적 관계로 표현하여 마음이나 의식을 수식으로 옮겨 보고자 애썼다. 예를 들면 물질에서 나온 가시적 대상인 두뇌와 몸을 비생명이라 두고 이에 상반적 관계에 있는 비가시적 대상인 마음을 생명이라 두었다.

그다음 단계로서 상반적 관계는 두뇌와 분리할 수 없는 몸, 그리고 마음의 교집합으로 의식을 낳게 한 것이다. 여기서 상반적 관계는 이중성의 특징으로 서로 분리 불가능한 구조로 얽힘의 관계가 존재한다고 보고 있다. 얽힘의 관계는 바로 자기 참조적 방정식과 수학적 맥락을 같이 한다. 여기서 내가 강조하여 주장하는 것은 마음이나 의식이 자기 참조 또는 자기 언급의 요소를 갖는다는 점이다.

본 게시글에서 보여주고 있는 자기 참조적 무결성(방정식)은 몬스터군의 물리적 해독 및 유도를 통하여 발견한 바 있다. 이 수리물리학적 구조가 좌우변의 물리량에 특정한 물리량이 동시에 계산 요소로 중첩되어 드러나고 있다. 중첩은 관측 순간 서로 상쇄되어 얽힘만 드러난다.

특히 이런 수리물리학적 구조는 거짓 진술(허위, 조작, 우연성)을 할 수 없는 자연에서 자발적으로 나타나는 구조다. 마치 신용카드에 붙어 있는 홀로그램처럼 위조가 불가능하다. 미시 세계든 거시 세계든 모든 정보가 숫자로 구성되어 있으면 단순한 체크섬 트릭 checksum trick 만으로 정확히 계산의 오류를 검출해낼 수 있다. 사실은 데이터이고, 사실에 대한 관계식은 정보라고 할 수 있다.

TOP 또는 OPS는 측정과 관련된 물리학의 물리량에 자기 참조적 무결성(방정식)을 드러내는 다음과 같은 수식, 곧 물리량의 조합만으로 구성된 표현론을 발견한 바 있다. 모든 물리량을 숫자 언어로 표현하면 궁극적으로 피드백 메커니즘에 의해 자발적으로 자기 참조적 방정식이 드러나게 된다. 곧 좌변의 a와 우변의 9개 물리상수 각각이 하필 그 수치값이 아니면 안 되는 이유를 보여준다. 그 대표적인 수식(Eq. 5-1), 소위 사랑 방정식을 소개한다.

$$\alpha = \frac{S_{BH} \cdot \rho_{vaccum}}{\rho_P} \left[\frac{2\pi R_s \cdot T_{BH(mini)}}{\left[\frac{M_{max}}{m_p \left(\frac{\alpha}{\Lambda} \right)^{\frac{1}{2}}} \right]^2} \right] \quad \text{Eq. 5-1}$$

Eq. 5-1에서 좌변의 미세구조상수 a와 우변의 분모에 있는 미세구조상수 a가 동시에 얽혀서 드러나고 있다.

수식을 자세히 살펴보면 좌변의 하나(a) 속에 전체(a를 포함한 9개의 파라미터를 가진 우변)가 있고 전체 속에 하나가 있어, 하나가 곧 전체이고 전체가 하나로 될 수 있음을 보여준다. '하나'라는 용어가 가진 다의성을 엄밀한 수리물리학적 방정식에서 동시성과 얽힘을 통해 설명하고 있다. 여기서 얽힘은 근본적 관계를 뜻한다.

이런 표현론(양자 중력)의 경우, 좌변과 우변의 물리량들이 실험·관측 데이터와 모순되지 않으면서 등호(=)를 만족시키는 수학적 일관성을 발견한 사람은 아직 아무도 없으며 이 책을 통해 처음으로 소개한다.

양자역학과 상대성 이론을 통합하는 양자 중력은 일반 상대성 이론 이후 다시 대두된 절대적 시공간 이론으로서, 에드워드 위튼이 주도하는 끈 이론과 리 스몰린이 주도하는 고리 양자 중력이 있다.

이란계 미국 및 캐나다 이론물리학자 니마 아르카니하메드 Nima Arkani-Hamed는 다음과 같이 역설한 바 있다.

"좀 더 근원적인 이론, 즉 양자 중력 이론을 찾는 가장 확실한 방법은 아인슈타인의 이론이 붕괴되고 공간과 시간이 의미가 없어지는 극도로 규모가 작은 세계를 찾는 것이다."

나는 Eq. 4-15와 Eq. 4-16에서 이미 규모가 큰 세계와 규모가 작은 세계를 연결시키고 있다. 나는 이 수식을 통해 아인슈타인 이론이 특이점이 제거되어 오히려 완벽하여 붕괴될 하등의 이유가 없다고 확신하게 되었다. 내가 볼 때 이론물리학자들은 수식이 자기 입맛대로 계산이 맞지 않으면 보통은 자기 잘못은 감추고 잘 구축되어 있는 주어진 이론 탓을 하는 습성이 있다. 아인슈타인의 일반 상대성 이론이 그 대표적 예가 된다. 부엌에서 오랜 경험이 있는 주부라고 해서 요리를 잘하는 건 아니고, 일 못 하는 목수가 연장 탓을 한다는 속된 말도 있다. 전쟁에서 무기 성능이 떨어지면 상대적으로 우위에 있더라도 백전백패가 되는 것은 뻔한 이치가 아닌가!

지금까지 어떤 양자 중력도 실험·관측 데이터와 전혀 관련을 짓지 못하고 있다는 실정을 잘 알아둘 필요가 있다. 차원으로부터의 해방, 형식적 논리로부터의 해방이 절실하게 요구되는 시점이다.

Eq. 5-1에서 표현론은 다음과 같이 설명 가능하다. 자기가 존재해야 자연과 우주를 설명할 수 있는데, 자기가 없는 세상에서는 설명이 불가능하다. 따라서 자기의 존재를 추궁하기 위해서는 필연적으로 주변과의 상관관계를 통해서만이 증명 가능하다.

양자론과 상대성 이론을 통합하는 과정에서 해석 문제의 어려움을 리 스몰린은 다음과 같이 토로했다.

"이 통합의 과정에서 철학과 충돌하는 정도가 아니라, 거의 구분할 수 없는 지경이 되어 버렸다."

앞에서 잠깐 언급했지만 미국의 천문학자 칼 세이건은 다음과 같은 주장을 한 바 있다.

"비범한 주장을 하려면 비범한 증거를 보여야 한다."

몬스터군에서 54자리 정수가 무엇을 의미하는지 물리학적으로 추궁할 필요가 있다. 정수론자들의 관심은 딱 하나, 어떻게 조합하면 정수가 될 수 있을까에 있다. 곧 수식(Eq. 5-1)의 등식과 관련된 9개의 불변의 해를 의미한다고 할 수 있다.

나는 자기 참조적 무결성(방정식)이라는 특수한 수식(Eq. 5-1)을 한국에서 나왔기 때문에 'K-방정식' 또는 하나의 수식에 두 가지 마음(값)이나 거짓이 결코 존재하지 않는다는 뜻으로 '사랑 방정식'이라고 이름을 붙이려 한다.

상반된 방향의 두 손바닥을 합치면 합장 기도의 모습이고, 이것이 바로 사랑이 아닌가. 상반된 방향의 두 손가락이 겹치면 10개 합침의 모습이고, 이것이 또 바로 화해가 아닌가.

사랑 방정식이라 일컬어지는 수식(Eq. 5-1)은 하나의 수식에 미세구조상수 α(마법의 수 137의 역수)와 우주 상수 Λ가 동시에 존재하는 마음 방정식이라 일컬어지는 수식(Eq. 4-15)과 수식 구조가 쌍을 이루듯 유사하게 보인다.

사람이 다양한 환경에서 견뎌낼 수 없는 스트레스를 받으면 마음은 뇌라는 물질에 영향을 주게 되고, 그 물질은 분자나 원자의 안정성에 관여한 마법의 수 137에 영향을 가하게 된다. 이는 스트레스가 마음과 뇌 사이를 분리하게 하여 종국적으로 피드백 메커니즘이 작동하게 만든다. 이리하여 마음에서 생긴 병은 더 나아가 마음, 뇌, 몸 사이의 안정성을 훼손하게 된다.

이들 간에 서로 분리된 계를 치유하거나 예방하는 가장 쉬우면서 필수적인 첫 번째 방법은 소위 명상이나 마인드 컨트롤이다. 이는 피드포워드 메커니즘으로 과거에 집중된 피드백 메커니즘과 상호작용하여 분자나 원자의 안정성에 관여된 마법의 수 137의 정체성을 회복시킨다. 이것이 바로 K-방정식 또는 사랑 방정식의 의미를 귀납적으로 설명하고 있다. 곧 물리적 의미를 가진 마법의 수 137의 원리를 통해 예방과 치유를 얻어내는 솔루션이라 할 수 있다. 이런 해법은 이 책의 중심 개념이 되고 있는 OPS(하나의 파라미터 솔루션)로 이어진다.

수식 6

중력자와 숨겨진 6차원

　일반 상대성 이론에서는 중력자를 예측하고 있지만, 아직까지 그 어느 누구도 이론적 예측 및 수치를 내놓은 바가 없다. 반세기 동안 양자장 이론으로 중력자를 유의미하게 설명하려고 노력해왔으나 한 번도 성공하지 못했다. 잘 알려진 **파인만 도형**Feynman diagram을 사용해서 중력자를 포함시킬 경우 수학이 무너지기 때문이다.

　거듭된 실패로 대부분의 이론물리학자들은 언제부터인가 그것이 '헛된 짓'이라고 믿게 되었다. 첫 단추로서 모든 것의 기준을 간과한 나머지 방정식이 잘못된 것이라고 탓하고 있는 것이다. 이론물리학자라면 중력자 자체를 알기도 어렵고 어떻게 수식으로 표현할지 난감함을 느낄 수밖에 없다. 중력 에너지에 의해 운반되는 에너지 양(중력자 에너지)을 결정할 수 있는 변수가 불분명하게 보일 뿐만 아니라, 중력자가 시공간 구조에 영향을 주기 때문에 물질 입자와 분리시키는 것도 대단히 어렵다.

그럼에도 불구하고 이론물리학자들은 질량을 가진 모든 소립자가 중력자를 가지는 것으로 예상하고 있으며, 이들은 중력상호작용(중력자 교환)으로 모두 하나로 연결되어 있으리라 추론한다.

이런 관점에서 나는 상기의 의견을 강력히 지지하며 소립자 표준 모형에서 존재하는 수십 개의 기본상수와 달리 진짜 기본상수는 중력자 하나로 충분하다고 생각한다. 특히 중력의 힘이 전달되는 거리가 무한대라고 알려져 있지만, 사실상 블랙홀 최대 반지름 Rs_{max}와 일치하는 우주 지평선 상한까지로 유한하다고 할 수 있다. 따라서 특별히 공간의 차원을 규명한다는 통찰은 우주의 미스터리를 푸는 데 있어서 가장 근본적이고 필요한 정보로서 물리학에서 빛나는 보석과 같다.

가슴에서 머릿속으로 허수의 설명, '무명無名에 연緣하여 행行함이 있다'는 소리가 힘차게 들려오기 시작했다. 근원이나 고유한 이름도 없는 존재에 의존하여 실재가 존재한다는 마음의 소리는 궁극적인 존재로서 허수나 중력자에 대한 정체성의 질문으로 이어졌다.

중력자에 대한 진보된 개념은 하나의 개념을 연장시켜 우주론적 의미를 추궁함에 있어서 초기 조건과 관련시킬 때 실험이나 관측 데이터와 유의미한 물리적 의미를 가질 수 있음이 발견되었다. 곧 중력자와 허블 상수의 관계를 살펴보면 중력자의 우주론적 의미가 명확하게 설정된다. 이 책에서 정의하듯이 거리의 최대 양자 단위로서 블랙홀 최대 반지름 Rs_{max}가 적색편이를 보이는 긴 파장을 가진 광자 에너지와 같다는 초기 조건을 도입한다. 이 초기 조건을 도입할 경우, 다양한 계산에서 무한대 개념을 제거하는 등 다양한 이론·실험 데이터와 불확도 내 모순이 없을 뿐 아니라 매우 유용한 물리적 의미를 가질 수 있음이 발견되었다.

우주가 가속 팽창하게 되면 중력장의 영향으로부터 벗어나게 된다. 곧 광자들 사이가 멀어지면서 복사 에너지가 더 넓은 영역에 퍼지게 됨으로써 광자의 파장도 일제히 길어진다. 광자의 파장이 Rs_{max}가 될 때 광자 하나의 에너지를 중력자로 둔 경우 다음 수식으로 연결된다.

파장이 Rs_{max}인 광자의 진동수는 $f = c/Rs_{max}$ Eq. 6-1

에너지와 진동수 간의 잘 알려진 공식 $E=hf$를 이용하면

$$E = hc/Rs_{max} = 1/Rs_{max} = graviton$$ Eq. 6-2

Eq. 6-1, Eq. 6-2를 고려하면 매우 흥미롭게도 $\frac{1}{Rs_{max}}$=중력자가 될 경우, 중력자는 천체물리학에서 정의된 허블 거리 $1/H$의 역수 H에 대한 개념과 정확히 일치된다.

중력자의 우주론적 의미는 시간에 무관한 절대적인 허블 상수의 베일을 밝힐 수 있는 터닝 포인트가 될 수 있다. 겉으로 드러난 수식의 형태는 다르지만 동일한 물리적 의미를 가지는 조합으로 표현하면 다음과 같다.

$$graviton = \frac{1}{Rs_{max}} = \left(\frac{8\pi G \rho_{vacuum}}{3}\right)^{\frac{1}{2}}$$ Eq. 6-2-1

$$= \left(\frac{\rho_p}{8\pi M_{max}^2}\right)^{\frac{1}{2}}$$ Eq. 6-2-2

$$= \frac{4\pi \cdot Rs_{max}^3}{3} \cdot \frac{\rho_{vacuum}}{M_{max}}$$

Eq. 6-2-3

$$= \frac{2\alpha \cdot m_p^2 \cdot \Lambda}{3k_e \cdot T_{BH(mini)}}$$

Eq. 6-2-4

$$= \frac{4\pi m_p^2 \cdot \Lambda}{3T_{BH(mini)}}$$

Eq. 6-2-5

$$= \frac{\rho_p \cdot \Delta M}{2T_{BH(mini)} \cdot S_{BH} \cdot \Delta V \cdot graviton^2}$$

Eq. 6-2-6

$=1.964\ 069\ 438\ 959\ 678\ 142\ 496\ 532\ 576\ 5509 \times 10^{-28}$

Eq. 6-2-7

$=1.331\ 101\ 967\ 963\ 365\ 049\ 872\ 889\ 255\ 9107 \times 10^{-68}$ kg

Eq. 6-2-8

$=7.466\ 934\ 429\ 988\ 971\ 262\ 900\ 153\ 511\ 2644 \times 10^{-33}$ eV

Eq. 6-2-9

mass m $\langle 6 \times 10^{-32}$ eV(Particle Data Group, PDG)

여기서 $\Delta M = \frac{M_{max}}{m_p}$, $\Delta V = \left(\frac{R_s}{l_p}\right)^3$

eV=2.630 355 813 855 163 440 576 159 862 0768×10⁴
MeV=2.630 355 813 855 163 440 576 159 862 0768×10¹⁰

중력자의 에너지-질량이 중력자 자체의 절대적 크기는 매우 작아 Eq. 6-2-7, Eq. 6-2-8, Eq. 6-2-9와 같다. 그러나 블랙홀 최대 엔트로피 계산에 사용된 플랑크 면적을 $4l^2p$라고 둘 경우, **가상 입자**virtual particle의 상한으로 알려져 있는 플랑크 질량보다 상대적 크기는 크다.

아래의 Eq. 6-3에서 보듯이 여분의 차원은 ρ_{vacuum}, $T_{BH(mini)}$ 등 이론·실험 데이터에서 실마리가 주어지지 않으면 영원히 찾지 못할 수도 있음을 보여준다.

$$\frac{6 \cdot graviton}{4l_p^2} = \frac{\rho_{vacuum}}{T_{BH(mini)}} \qquad \text{Eq. 6-3}$$

$= 1.199\,470\,825\,428\,734\,658\,454\,945\,073\,5082 \times 10^{39}$

만약 공간이 여분 차원의 특정한 크기와 형태를 결정한다면, 각 점의 고도는 진공 에너지의 밀도를 나타낸다. 굴곡이 심한 이 전망도는 진공 에너지의 밀도 ρ_{vacuum}(Eq. 4-2-2)이 여분 차원의 구조에 매우 민감하다는 것을 의미한다.

[RF] P. J. Steinhardt, N. Turkok, *Endless Universe: beyond the Big Bang* (Random House, USA, 2007), p. 229

$T_{BH(mini)}$는 다음의 블랙홀 방정식 Eq. 6-4에서 E mass→M_{max}일 때 호킹 복사에서 블랙홀 최저 온도를 보여준다. 이는 상수로 간주되어 측정이 불필요하다.

$$\frac{1}{16\pi^2 \cdot G \cdot M_{max}} = 2.487\,523\,003\,889\,210\,813\,492\,269\,490\,6855 \times 10^{-30} \qquad \text{Eq. 6-4}$$

Eq. 6-4를 Table 2를 이용하여 온도 단위 K로 환산하면 다음과 같다.

$= 1.097\ 437\ 298\ 191\ 876\ 253\ 999\ 278\ 767\ 0157 \times 10^{-30}$ K

Eq. 6-4-1

펜로즈는 온도 T_Λ를 사용하여 'T_Λ would have the absurdly tiny value~1.0^{-30}K'라고 표현하고 있으며 Eq. 6-4-1과 수치적 계수가 일치한다.

[reference] R.penrose, *Cycles of Time: an extraordinary new view of the universe* (Alfred A.Knopf. New York, 2011) pp. 192-193

특히 $T_{BH(mini)}$는 다음과 같이 측정 가능한 물리량의 조합으로 표현될 수 있다.

$$T_{BH(mini)} = \frac{\rho_{vacuum} \cdot Rs_{max}^2}{6\pi \cdot M_{max}}$$

Eq. 6-4-2

$$= \frac{2r_e \cdot Rs_{max} \cdot \rho_{vacuum} \cdot G \cdot m_e}{3\alpha}$$

Eq. 6-4-3

Eq. 6-3의 수식을 잘 이용하면 중력은 기하로서 우리 우주가 가진 기하학적 특징을 명확하게 보여준다. 이는 중력이 공간의 은닉된 기하에서 비롯되어 서로 분리할 수 없는 기하의 성질인 '관계론'을 잘 보여주는 것이다. 곧 우리 우주의 표면적($4\pi Rs^2_{max}$)과 특정 비율을 가진 직각 삼각형 면적과 비율은 정확히 다음과 같다.

표면적/직각삼각형의 면적 = $\dfrac{32\pi}{\sqrt{3}}$ **Eq. 6-5**

이 비율을 잘 활용하면 숨겨진 6차원의 도형의 구조나 모양을 정확히 재확인할 수 있다. 이는 우리 우주가 특정한 기하학적 구도를 명확히 따른다는 방증이 될 수 있다. 숨겨진 차원이나 여분의 차원의 개념은 몬스터 해독 이후 편지의 전체에 걸쳐서 관통하는 핵심적인 메시지가 되고 있다.

특히 Eq. 6-3의 상대적 크기는 왜 중력이 전자기력보다 약 10^{40}배 정도로 매우 약한지 알 수 있고, 또한 **계층성 문제**hierarchy problem를 푸는 단서가 될 수 있다. 특히 하나의 중력자 자체가 블랙홀이 될 때 최소 에너지 양자에 대한 물음에 답한다. 아울러 디랙의 큰 수 가설과 관련하여 중력 상수 G는 현재의 관측 데이터가 지시하듯이 시간에 따라 변하지 않고 일정할 경우 올바른 이론임을 증명하는 데 기여한다.

Eq. 6-4 숨겨진 6차원의 상대적 크기 $\dfrac{6 \cdot graviton}{4l_p^2} = \dfrac{\rho_{vacuum}}{T_{BH(mini)}}$, $\dfrac{k_e}{Gm_p m_e}$ 및

$\dfrac{\rho_p}{M_{max}}$ 간의 관계는 다음과 같다.

$$\dfrac{4}{3} \cdot \left[\dfrac{\dfrac{k_e}{Gm_p m_e}}{\dfrac{\rho_p}{M_{max}}} \right] = \left[\dfrac{\dfrac{k_e}{Gm_p m_e}}{\dfrac{\rho_{vacuum}}{T_{BH(mini)}}} \right] \quad \text{Eq. 6-6}$$

Eq. 6-6을 정리하면 다음과 같다.

$$\left[\left. \dfrac{\rho_p}{M_{max}} \right/ \dfrac{\rho_{vacuum}}{T_{BH(mini)}} \right] = \dfrac{4}{3} \qquad \text{Eq. 6-6-1}$$

특히 중력자와 광자가 상호작용할 경우 자기 참조적 무결성을 가지는 정확한 수식이 예측된다.

$$\dfrac{3}{2}\left[\dfrac{21R_s}{\log\left(\dfrac{S_{BH}}{4l_p^2}\right)} \right]^3 = \dfrac{\rho_{vacuum}}{T_{BH(mini)} \cdot \gamma - mass \cdot garviton} \qquad \text{Eq. 6-7}$$

γ-mass와 중력자가 불연속적인 양자적 개념을 가지고 있음은 Eq. 6-7에 이어 다시 확인할 수 있다.

$$\left. \left(\dfrac{\gamma - mass}{graviton} \right)^2 \right/ Rs_{max} = \left(\dfrac{9}{128} \cdot \dfrac{\gamma - mass \cdot graviton}{\Lambda} \right)^2 \cdot T_{BH\,mini} \qquad \text{Eq. 6-8}$$

Eq. 6-7과 Eq. 6-8을 만족시키는 γ-mass의 무차원수 및 관련 단위는 각각 다음과 같다.

γ-mass=2.231 945 550 669 143 429 669 131 429 806 990 328 7958×10^{-14} 　　　　　　　　　　　　　　　　　Eq. 6-9

　=1.512 648 715 951 916 074 342 504 177 8122×10^{-54} kg

$$= 8.485\ 336\ 998\ 563\ 305\ 897\ 478\ 715\ 387\ 822 \times 10^{-19}\ \text{eV}$$

Eq. 6-9-1

$$\gamma\text{-}mass\ m < 1 \times 10^{-18}\ \text{eV}$$

Eq. 6-9-2

Citation: R.L Workman et al. (Particle Data Group), Prog.Exp.Phys.2022 093C01 (2022)

γ-$mass$(Eq. 6-9)와 중력자(Eq. 6-2-7)의 비율은 다음과 같다.

$$\frac{\gamma - mass}{graviton} = 1.136\ 388\ 310\ 105\ 441\ 601\ 607\ 074\ 394\ 5342 \times 10^{14}$$

Eq. 6-10

Eq. 6-7~Eq. 6-10을 통해 드디어 일반명사인 '빛'의 기원을 제대로 이해하는 단서를 잡을 수 있다. '빛'은 우리에게 매우 익숙한 개념이지만 정작 '빛'이 무엇이냐고 질문하면 답변이 어려워진다. 아인슈타인조차 빛에 대한 정체성을 질문받고 그냥 '빛'이라고 했다. 이제 우리는 빛이 중력자에서 기원함을 알게 되었다. 곧 중력자가 Eq. 6-10에서 보여주듯 정량적으로 대략 10^{14}개가 모여서 빛 한 개(γ-$mass$)가 된다.

이제 빛 한 개의 에너지 질량값도 극소하게 작지만 중력자 한 개의 에너지-질량이 얼마나 극소한지 추정할 수 있다. 쉽게 설명하면 중력자 한 개의 에너지-질량은 우리 우주 반지름 Rs_{max} 또는 '하늘 끝까지 높이의 역수' 크기를 에너지 질량 단위로 표현할 수 있다는 뜻이다.

이미 언급한 바와 같이 블랙홀 최대 엔트로피의 자발적 상쇄 메커니즘으로 가능한 최대 블랙홀이 붕괴될 경우, 중력자와 반중력자의 상호작용으로 제3의 성분 또는 제3의 길로 양자화된 빛, 광자가 탄생한다고 해석할 수 있다.

'빛'이란 상호작용에서 드러난 이중성의 불완전함이나 양극단의 상황을 극복하는 결과로 드러난다고 할 수 있다. 불교의 가르침에서 '~이다/~아니다'라는 양극단의 언명言明을 피하라는 중용中庸의 핵심 내용과 일치한다.

이 경우 불교에서 주지하는 '중용'은 '수학적' 이중성에서 벗어나라는 뜻으로 '물리적' 이중성을 뜻하지 않음에 유의하자! 현대 물리학에서는 빛의 본성이 입자이면서 파동으로 잘 알려져 있다. 이처럼 빛의 본성은 명확히 '물리적 이중성'을 뜻한다.

물리적 이중성은 "의존하되 매이지 말라"는 자연의 요구다. 수학적 원리에 의존하되 물리적 원리에 매이지 않으면 자연스럽게 물리법칙에 모순이 일어나지 않는다.

이 책에서 OPS는 수학에서 이상화된 진리의 모습이 현실과 결코 분리되어 나타나지 않는다는 점을 불교의 중용에서 보여준다. 곧 현실에서 진실의 모습이 바로 그토록 오랜 시간을 두고 찾아 애썼던 '중력'이다(1부 7장, 10장 참조).

인도 승려 구마라습의 불교 교리를 설명하는 '색즉시공 공즉시색色卽是空 空卽是色' 여덟 글자의 의미와 닿아 있다. 색은 입자이고 공은 파동으로 대응한다. 흥미로운 점은 실험에서 입자이면서 파동으로 동시에 관측된 점이 없다는 사실이다.

보통명사로서 빛이라는 이름은 실험에서 나타난 특성에도 불구하고 현실은 양극단을 피하고 있다. 이 점은 많은 시사점을 던져준다. 어떤 대상에 이름을 붙이는 순간 그 대상에는 이름이 존재하지만 그 대상 외에는 그 이름이 숨어버린다.

중력자가 숨어 있는 주제곡이라면 광자는 겉으로 드러난 하나의 변주곡이라고 할 수 있다. 중력자와 광자 간의 철학적 함축은 물리적 의미를 초월한다. 중력자에서 광자로의 전환은 어둠chaos에서 빛photon으로 질서의 개념이 바뀌는 것이다. 이것은 존재론으로서 인식론의 전환점으로 보인다. 곧 중력자는 **궁극적인 입자**ultimate particle 또는 **존재론적 입자**ontological particle로 상관관계만이 존재한다. 광자에 이어 온도가 내려가 '빛'이 식으면서 응집된 물질 입자는 **관습론적 입자**conventional particle, **인식론적 입자**epistemological particle로 비로소 시간이 개시되어 임의의 사건에 원인과 결과가 존재하는 '인과관계'를 보인다. 그리고 시간이 개시되기 전에는 상관관계를 보인다. 관계론에서 상관관계는 인과관계를 포함하여 집합의 범위가 더 크다.

통상적으로 전자는 존재론(Being, 수학 영역)을, 후자는 인식론(Becoming, 물리학 영역)을 다룬다. 나는 관계론자Relationalist라 할 수 있다.

일부 물리학자들이 소립자의 왕으로 지칭하는 중력자는 내가 보기에 존재론적인 입자로 직접 관찰로는 도저히 입증하기가 어려운 것 같다. 그래서 이미 실험에서 측정된 입자나 관측에 의해 알려진 현상으로 상관관계를 검증할 수밖에 없다.

현재 측정이 불가능하다고 판단 내리는 검증의 경우, 확인할 수 있는 유일한 방법이 바로 자기 참조적 방정식으로 짜인 보편문법에 의존하는 것이다.

 이 책에서 의미하는 보편문법은 최종 이론을 쓴 이론물리학자 스티븐 와인버그의 주장 그대로 단순성과 필연성으로 표현된, 그야말로 하나의 이론으로 손색이 없다고 자부한다.

 모든 계산 대상이 종국적으로 상수가 되면 복잡한 연산 기능이 자연적으로 배제되어 단순성이 이루어진다. 그리고 이런 단순성은 누구나 컴퓨터 계산만으로 수식 좌우변이 대칭성을 이룰 수 있는 필연성을 보여준다. 이는 그야말로 보편문법이 지향하는 최종적인 꿈이다. 변수는 상수로 대체되어 방정식이 사라져 버린 세상이 된다.

 따라서 관습론적 실재로서 '빛'이나 물질 입자는 절대 상수 또는 인식 단위 '1'이 되어 현실적으로 관측이 거의 불가능한, 숨어 있는 궁극론적 실재인 중력자를 선도하는 것처럼 보인다. 이는 상대적으로 관측이 용이한 빛이나 물질 입자가 그 본질이 왜곡될 수 있는 가능성을 보여주는 것이다.

 시간과 공간은 '빛'에 의해 규정되는 2차적 개념으로 보일 수 있지만, 실제로 시간이 '시작'을 가질 수 있도록 해주는 것이 바로 중력이 될 수 있음을 이해할 수 있다. 중력은 외적 작용이 아닌 물체 자체의 성질에 원인을 두기 때문이다.

 원래 '길'은 없었기에 시작과 끝이 존재할 리가 만무하다. 아르헨티나 이론물리학자 후안 말다세나는 양자 중력을 고려한다면 시공간이 시작을 가질 필요가 없음을 분명히 보여주고 있다. 적어도 시간이 절대로 시작하거나 끝나지 않고 영원까지 뻗어나갈 수 있는 최소한 한 개 이상의 수식화된 이론이 존재할 것으로 보고 있다.

그러나 그 길은 존재론적 입자와 인식론적 입자에서 우리가 그 이름을 만들어 냈기 때문에 '시작'이 있게 되고 '끝'이 있게 된 것이다. 허수는 복소평면에서의 회전을 보여 시작과 끝이 보이지 않지만, 실수에서는 크기와 순서가 있어 시작과 끝이 주어진다. 이 책에서 관측 가능한 우리 우주는 시작과 끝의 과정이 일정한 주기를 가진 '순환 반복'하는 우주로 설명한다.

이 모든 설명은 천부경의 가장 심오한 의미는 하나(一)에서 시작하여 하나(一)로 끝난다는 점으로 축약된다. 오래전부터 전해오는 원시반본原始反本의 '근본으로 돌아간다'라는 뜻과 일맥상통한다.

마침내 존재론적 입자인 중력자 및 반중력자는 숨어 버리고, 모든 것은 인식론적인 입자인 빛 및 물질의 탄생으로부터 기원한다고 이해할 수 있다.

이제야 궁극의 입자로서 '중력자'와 관습적 입자로서 '빛'의 관계를 통해 통찰의 순간으로 다가갈 수 있다.

수식 7

최소 에너지양자,
궁극적 기본단위

유클리드 원론(BC 330~320년)에서는 크기는 없고 위치만 있는 도형을 점이라고 말한다. 점은 선, 면, 도형의 기초가 된다. 베른하르트 리만 Georg Friedrich Bernhard Riemann(1826~1866년)은 점과 거리의 개념이 유클리드 원론 개념보다도 더 중요하다고 역설했다.

최소 단위의 에너지 알갱이란 무엇인가?

독일 물리학자 막스 플랑크는 최초로 이론을 실험 데이터에 꿰어맞추는 일에 성공했다. 수식 유도 과정에서 드러난 바대로 더 이상 분할 불가능한 양자의 개념을 천명했지만, 정작 자신은 최소 단위의 에너지 알갱이가 무엇을 의미하는지 알 수 없었다. 그래서 그는 최소 단위 에너지 알갱이에 대해서 언급을 자제했다.

자연의 최소 단위를 찾는 연구는 현재 이 시각까지 논의가 진행 중이며, 현대물리학의 패러다임으로는 접근 불가능한 것으로 알려져 있다.

수리물리학자 로저 펜로즈는 수학이나 물리학에서 나오는 점의 개념을 없애고자 오랫동안 노력했다. 나는 펜로즈가 '점'의 개념을 없애고자 하는 의지가 무척 흥미롭게 보였을 뿐 아니라, 점의 개념이 없어졌을 때 얻어질 수 있는 유용성을 오랫동안 고찰했다. 그리고 어느 순간 점의 개념이 없어져 얻을 수 있는 유용성이 아니라 필연적으로 폐지되어야만 하는 이유를 알게 되었다.

천재 수학자로 알려진 리만이 오랫동안 곡률 문제를 두고 고심하는 이유를 나름 깨달았다. 일반 상대성 이론의 곡률과 관련되어 복잡다단한 공간의 곡률 텐서에 대한 기술을 일거에 제거하여 공간에 존재할 수 있는 점의 수로 대체할 수 있다. 이는 공간의 초미세 기하학과 관련된 미적분 계산 문제부터 복잡한 텐서 개념까지 처리할 수 있는 용이한 방법으로 일종의 '수치 물리학'이라 할 수 있다

여하튼 '수학의 원론' 개념까지 새로 손봐야 하기 때문에 완전히 새로운 계산 방법론은 당연히 물리학의 실험·관측 데이터와 멀티크로스 체크를 통해 모순이 없어야 했다. 점의 개념을 없애서 크기를 가진다면, 1차원 공간(성분)과 일대일 대응할 수 있는 새로운 시간 차원이 될 수 있다. 따라서 새로운 정의에 의한 시간과 공간을 원 파라미터로 관련시킨다면, 실수 집합이 점 집합과 동치임이 더욱 분명하게 드러난다.

OPS에서는 모든 형태의 에너지를 통하여 시간과 공간의 개념이 명확하게 정의할 수 있는 점의 개수로 계산 가능해진다고 설명한다. Eq. 6-2-7에서 계산된 중력자의 에너지를 소립자가 가질 수 있는 최소 질량으로 간주할 경우, 블랙홀의 반지름은 거의 크기가 0에 가까운 반지름으로 접근할 수 있다. 이는 최소 에너지양자로서 크기를 갖게 됨에 따라 점$_{point}$ 및 계량$_{metric}$의 개념을 새롭게 정의할 수 있다. 여기서 메트릭

(계량)이란 두 점 사이의 거리를 측정하는 규칙을 뜻한다.

양자 중력을 비롯한 일반 상대성 이론의 핵심 원리인 곡면기하학 원리는 초미세 스케일에서 이론적 계산 자체가 아예 불가능하다는 점에 주목한다. 이는 무한대·무한소 문제가 관련되어 있을 뿐만 아니라 최소 에너지 개념 자체를 발견하여 물리적으로 유용한 의미를 가지게 하는 데 어려움이 적지 않기 때문이다.

최소 에너지양자의 크기는 중력을 매개하는 중력자 하나의 질량(M)이 블랙홀이 될 때의 슈바르츠실트 반지름과 같다고 가정하면 '=$d\ell$'로 표기하며 '궁극적 기본단위라 칭한다'. 그 절대적 크기로서 시간, 거리, 질량 등은 각각 다음과 같다.

$2GM = 2G\text{gravition} = \text{One point} = d\ell$ (궁극적 기본단위, 절대적 시간, 절대적 공간)   **Eq. 7-1**

→ OPS에서는 크기를 가진 '점'이 크기를 가진 1차원 '선분'으로 대체되고 있다. 점과 선분의 관계가 매우 중요한 개념을 지닌다. 점과 선분의 합계는 기호 논리적으로 'and'와 'or' 관계 또는 '동시(곱셈 연산자)'와 '비동시(덧셈 연산자)' 관계를 가진다.

Eq. 7-1(절대적 시간, 절대적 공간으로 하나밖에 없는 범우주적 시공간)에 대응하는 무차원수(Eq. 7-1-1)를 관련된 주요 단위(시간, 거리, 질량, 전자볼트 등)로 변환하면 다음과 같다.

$6.062\ 128\ 110\ 260\ 957\ 892\ 872\ 228\ 008\ 6005 \times 10^{-94}$

$$\text{Eq. 7-1-1}$$
$$=6.594\ 551\ 225\ 302\ 651\ 162\ 096\ 413\ 642\ 8153 \times 10^{-104}\ \text{s}$$
$$\text{Eq. 7-1-2}$$
$$=1.976\ 996\ 721\ 240\ 393\ 585\ 501\ 647\ 820\ 9643 \times 10^{-95}\ \text{m}$$
$$\text{Eq. 7-1-3}$$
$$=4.108\ 465\ 056\ 046\ 349\ 502\ 988\ 048\ 777\ 7933 \times 10^{-134}\ \text{kg}$$
$$\text{Eq. 7-1-4}$$
$$=2.304\ 679\ 875\ 752\ 642\ 108\ 764\ 378\ 773\ 586 \times 10^{-98}\ \text{eV}$$
$$\text{Eq. 7-1-5}$$

존재론적으로 간주되는 우주 상수 Λ 이외에 Eq. 7-1-1보다 작은 무차원수, Eq. 7-1-2보다 짧은 시간, Eq. 7-1-3보다 더 짧은 거리, Eq. 7-1-4보다 작은 질량, Eq. 7-1-5보다 작은 에너지는 관측 가능한 우주에서 인식론적으로 그 존재가 부정된다고 해석할 수 있다. Eq. 7-1-1은 이심전심에 필요한 시간으로 즉각적이라는 의미다. 곧 Eq. 7-1 형식 명제가 최소 에너지양자 단위이기 때문에 명제의 내부에 대한 분석이 불가능함을 선언한다는 뜻이다.

왜냐하면 Eq. 7-1은 무차원수의 역수는 관찰 가능한 우리 우주의 블랙홀 최대 질량 M_{max}에 해당되어 M_{max}를 가무한대로 간주할 수 있기 때문이다. 이는 쉽게 설명해서 우리 우주보다 더 큰 바깥은 존재하지 않는다는 선언이다.

이 관계를 a와 a^{-1} 관계로 역의 관계가 존재함을 이용하여 수식으로 표현하면 다음과 같다.

$$\frac{\ln 2G \cdot \text{graviton}}{\ln \alpha} = \frac{\ln M_{max}}{\ln \alpha^{-1}} \qquad \text{Eq. 7-2}$$

$$= 43.624\,046\,436\,327\,321\,353\,375\,122\,741\,381 \qquad \text{Eq. 7-2-1}$$

$d\ell(\text{point})$, $\Lambda(\text{Eq. 4-8})$, $T_{BH(mini)}(\text{Eq. 4-11})$와의 관계는 다음과 같다.

$$\frac{9}{16} \cdot \left[\frac{d\ell(point)}{\Lambda}\right]^2 = \frac{1}{T_{BH(min)}^{\,2}} \qquad \text{Eq. 7-3}$$

Eq. 7-3을 통하여 점은 이제부터 길이의 최소 양자 단위이면서 최소 에너지양자로서 유한하여 명확한 크기를 가짐에 따라서 선, 면, 도형의 기초가 된다. 따라서 선, 면, 도형 안에 내재하는 상대적 크기에 따라 점의 개수는 무한 개념이 폐지되고 계산 가능한 유한 개의 점을 가질 수 있다.

점이 1차원의 시간 크기의 선분으로 정해지면 시간이 지나 모든 것이 변화한다 하더라도 시간 그 자체의 척도는 다른 에너지 절대 척도(Table 2, 3)와 마찬가지로 영원히 변화하지 않고 일정함을 보여준다. 여기서 유의할 점은 상대성이라는 용어는 이미 절대성이라는 용어를 전제로 한 것이다. 즉, 상대성 개념은 절대성이라는 존재론ontology을 지식으로 하고 있는 인식론에서 나온 것이라는 점이다.

점의 개념을 새로이 정의함에 따라 수식의 등호에 대한 새로운 해석이 주어진다. 곧 수식의 등호를 중심으로 수치 동치성이 되면 점의 수와 관련된 진동수가 일치할 뿐만 아니라 점의 수가 일치될 경우 위상학적 불변량topological invariant을 가진다고 할 수 있다. 따라서 수치 동치성은 기하학으로 연결될 수밖에 없는 필연성을 가진다.

극소한 크기를 가지는 새로운 점의 정의(one point)와 하한 온도로서 $T_{BH(mini)}$ 및 우주 상수 Λ와의 조합은 다음과 같다. 수식 7에서의 물리적 의미는 중력자는 암흑 물질의 구성 물질이 되고, 중력자가 블랙홀이 되는 최소 에너지양자 $d\ell$은 암흑 에너지의 구성 에너지가 된다는 점이다.

$$\frac{\text{onepoint} \cdot T_{BH(mini)}}{\Lambda} = \frac{4}{3} \qquad \text{Eq. 7-4}$$

Eq. 7-4에 대한 수식은 여분 차원과 관련된 Eq. 6-6-1과 일치한다.

2부 2장에서 언급하고 있는 블랙홀 최대 질량(M_{max})인 가무한대와 최소 에너지양자인($d\ell$) 가무한소의 곱은 다음과 같다.

$$M_{max} \cdot d\ell = 1 \qquad \text{Eq. 7-5}$$

2부2장에서 언급하고 있는 실무한대인 블랙홀 최대 엔트로피(S_{BH})와 실무한소인 우주 상수 Λ와의 곱은 다음과 같다.

$$S_{BH} \cdot \Lambda = \frac{3}{8} \qquad \text{Eq. 7-6}$$

Eq. 7-5와 Eq. 7-6의 기원은 우리 우주의 시작이면서 끝으로 똑같으나 Eq. 7-5는 존재론적 세계에서의 대칭의 기원을 보여준다. 중력상호작용이 주도하는데 이 작용은 경로에 무관하게 이루어진다. 에너지보존법칙이 그것이다. 이는 마치 한 주기의 닫혀 있는 우주에서 보는 것과 같이 가역성을 띠며 결정론적인 예측이 가능하다. 가역성을 보존하는 핵심적 개념이 정보 보존이다.

Eq. 7-6은 현상론적인 물질의 세계에서 자발적 대칭 파괴의 기원을 보여준다. 약한 상호작용이 주도하여 이 작용은 경로 과정과 방향성이 중요하다. 일반적으로 정방향과 역방향에 참여하는 입자들의 하전 부호가 다르다. 베타 붕괴$_{\beta-decay}$와 패리티 비보존 현상$_{\text{nonconservation of parity}}$이 그것이다. 이 수식은 과정을 중시하는 속성 때문에 비결정론적이며 확률 개념으로 드러나고 있다.

수식 8

큰 수 가설

디랙 방정식을 유도하여 잘 알려진 영국의 천재 이론물리학자 폴 디랙Paul Dirac의 큰 수 가설과 관련하여 우연의 일치는 디랙이 그의 수학적 이해 밖에 존재한다는 찬사를 한 헤르만 바일Hermann Weyl로 시작되었다.

큰 수 가설에도 어김없이 마법의 수 137이 관여되어 있음을 알 수 있다. 바일은 관측된 우주의 반지름 R_U가 정지 에너지가 있는 입자의 가상 반지름일 수도 있다고 추측했다. 관련된 수식은 다음과 같다.

$$\frac{R_U}{r_e} \approx \frac{r_H}{r_e} \approx 10^{42} \qquad \text{Eq. 8-1}$$

고전 전자 반지름 r_e에 대한 수식과 크기는 다음과 같다.

$$r_e = \frac{e^2}{4\pi\varepsilon_0 m_e c^2} \qquad \text{Eq. 8-2}$$

Eq. 8-2의 수식은 다르게 표현할 수 있다. 곧 맥스웰 방정식에서 $\sqrt{\varepsilon_0 \mu_0}=1$, $\mu_0 = 4\pi k_e$ 출발 공준에서 c=1, e=1이고, $k_e = \frac{\alpha}{2\pi}$이므로 Eq. 8-2를 다시 쓰면 다음과 같다.

$$r_e = \frac{e^2}{4\pi\varepsilon_0 m_e c^2} = \frac{\alpha}{2\pi m_e} \qquad \text{Eq. 8-2-1}$$

$$= 8.640\ 740\ 312\ 306\ 683\ 768\ 938\ 776\ 015\ 9854 \times 10^{-14}$$
Eq. 8-2-2

Eq. 8-2-2의 무차원수를 거리 단위(m)로 표현하면 다음과 같다.

$$r_e = \frac{e^2}{4\pi\varepsilon_0 m_e c^2} = \frac{\alpha}{2\pi m_e}$$

$$= 2.817\ 940\ 326\ 207\ 927\ 633\ 458\ 181\ 816\ 5699 \times 10^{-15}\ \text{m}$$
Eq. 8-2-3

Eq. 8-2-3은 CODATA 2018, NIST 2019와 비교하면 매우 정교하게 일치한다.

$= 2.817\ 940\ 3262(13) \times 10^{-15}$ m 1.7×10^{-13} (CODATA 2018, NIST 2019)

이어서 헤르만 바일에 의하면 Eq. 8-2의 수식과 관련하여 다음의 Eq. 8-5, Eq. 8-6의 r_e와 r_H, $m_H c^2$에 대한 수식을 보여준다.

$$r_H = \frac{e^2}{4\pi\varepsilon_0 m_H c^2} \qquad \text{Eq. 8-3}$$

r_H: 정전 반지름

$$m_H c^2 = \frac{Gm_e^2}{r_e} \qquad \text{Eq. 8-4}$$

m_H: the mass of the hypothetical particle

$Gm_e^2 = 2.788\ 093\ 234\ 754\ 990\ 629\ 412\ 827\ 405\ 7995 \times 10^{-46}$

$$\text{Eq. 8-4-1}$$

Eq. 8-3에서 계산된 r_e를 참조하면 $m_H c^2 = m_H$는 다음과 같다.

$$m_H c^2 = \frac{Gm_e^2}{r_e} = 3.226\ 683\ 286\ 739\ 542\ 299\ 222\ 240\ 091\ 958 \times 10^{-33} \qquad \text{Eq. 8-4-2}$$

Eq. 8-4-2를 고려하면 정전 반지름 r_H(Eq. 8-3)의 무차원수는 다음과 같다.

$$r_H = \frac{e^2}{4\pi\varepsilon_0 m_H c^2} = \frac{k_e \cdot r_e}{Gm_e^2}$$

$= 3.599\ 391\ 789\ 275\ 991\ 177\ 176\ 340\ 949\ 0748 \times 10^{29}$

Eq. 8-4-3

Eq. 8-1에서 처음 나오는 $\frac{R_U}{r_e}$를 다시 정확하게 계산하면 다음과 같다. R_U는 단위 변환에 불변인 하나의 매개변수에서 Rs_{max}(Eq. 2-4)로 대체되며 r_e(Eq. 8-2-2) 간의 무차원수 비율과 같다.

$$\frac{R_U}{r_e} = \frac{Rs_{max}}{r_e} = \frac{2GM_{max}}{\alpha/2\pi m_e}$$

$= 5.892\ 399\ 838\ 030\ 261\ 622\ 946\ 232\ 916\ 1084 \times 10^{40}$

Eq. 8-5

두 번째 나오는 $\frac{r_H}{r_e}$에서 r_H(Eq. 8-4)와 r_e(Eq. 8-2-2) 간의 무차원수 비율은 다음과 같다.

$\frac{r_H}{r_e} = 4.165\ 792\ 557\ 001\ 669\ 088\ 678\ 975\ 1118 \times 10^{42}$ Eq. 8-6

Eq. 8-1에서 보여주는 수식($\frac{R_U}{r_e} \approx \frac{r_H}{r_e} \approx 10^{42}$)은 대략적인 값으로 Eq. 8-5와 Eq. 8-6에서 보듯이 수치적으로 일치하지 않는다. 따라서 각각의 물리량을 두 가지 방식으로 분석하여 헤르만 바일, 아서 에딩턴, 폴 디랙으로 이어지는 LNH의 올바른 의도를 보여주고자 한다.

첫째, Eq. 8-6의 수식은 아래 수식과 수학적으로 수치 동치성을 가지며 물리적 의미로 동일한 주파수를 가진다.

$$\frac{r_H}{r_e} = \frac{k_e}{G \cdot m_e^2} \qquad \text{Eq. 8-7}$$

Eq. 8-7을 숨겨진 차원의 상대적 크기(Eq. 6-3)로 나누면 정확히 우변의 의미 있는 물리량의 조합과 정확히 수치 동치성(동일한 주파수)을 가진다.

$$\left(\frac{r_H}{r_e} = \frac{k_e}{G \cdot m_e^2}\right) \bigg/ \left(\frac{6-graviton}{4l_p^2} = \frac{\rho_{vacuum}}{T_{BH(mini)}}\right) = \frac{2r_e^2}{3\alpha \cdot graviton} \qquad \text{Eq. 8-8}$$

=3472. 869 622 375 402 167 602 539 939 674 E

Eq. 8-8에 대한 해석은 다음과 같다. 관찰 가능한 결과들을 야기하는 직접적인 원인은 관찰할 수 없는 은닉 상태(여분 또는 숨겨진 차원)에 의한 것이라고 할 수 있다.

둘째, Eq. 8-7의 $\frac{r_H}{r_e}$ 와 Eq. 8-5의 $\frac{Rs_{max}}{r_e}$ 간의 비율은 우변의 의미 있는 물리량의 조합과 정확히 수치 동치성(동일한 주파수)을 가진다.

$$\left(\frac{r_H}{r_e}\right) \bigg/ \left(\frac{Rs_{max}}{r_e}\right) = \frac{r_H}{Rs_{max}} = \frac{2M_{max}}{\left(\frac{Rs_{max}}{r_e}\right)^2 \cdot m_e} \qquad \text{Eq. 8-9}$$

=70.694 554 121 593 680 446 993 484 120 119

따라서 헤르만 바일, 아서 에딩턴, 파울 디랙으로 이어지는 세 명의 천재가 보여주는 미완성 과제인 LNH는 대한민국에서 풀리고 있음을 보여준다.

관측 데이터가 지지하듯이 중력 상수가 일정하고 관측 가능한 우주의 반지름 R_U를 Rs_{max}로 대체하고 r_e와 r_H에 대한 정확한 값을 이용한다면 $(\frac{R_U}{r_e} \neq \frac{r_H}{r_e})$ 가설이나 우연의 일치가 아니라 올바른 큰 수 이론으로 증명될 수 있음을 보여준다.

새로운 증명 방법은 몬스터군의 물리적 해독을 통한 새로운 수학적 구조 체계(Eq. 2-1, Eq. 2-2)를 발견한 것으로 해석할 수 있다. 이 해석과 관련하여 스티븐 호킹은 다음과 같이 언급한 바 있다.

"우리가 할 수 있는 최선의 방식은 수학과 물리학의 조합에 의한 자기 참조적 방정식 해를 믿게 하는 수학적 구조의 발견이다."

자기 참조적 방정식은 중첩과 얽힘에 무관한 동일율의 원리를 지속적으로 이어 나가는 수학적 일관성이라 할 수 있다.

중력과 세 가지 힘의 관계는 연결성 가설로 이어진다. 연결성 가설은 관계형 데이터베이스에서 수식 간 에너지 중복이나 결손 없이 연결고리가 끊어지지 않는 것을 참조적 무결성으로 해석한다. 이는 모든 자연과학 분야에서 '하나의 패턴'으로 기술하고자 했던 만년의 파인만이 꿈꾸던 소망이 될 수 있다.

나는 OPS에서 세 가지 힘(전자기력, 강력, 약력)의 상호작용은 모두 중력에서부터 나온 특별한 결합 형태로 보았다. 그러기 위해서는 중력이 '질량'에서 비롯되었다기보다 가장 낮은 존재론적인 측면에서의 순수한 '에너지'로 본 것이다. 따라서 중력이 '주제곡'이라면 세 가지 힘의 상호작용은 '변주곡'에 지나지 않는다. 나는 평소 중력과 나머지 세 가지 힘을 숫자로 비유하기를 좋아한다. 전자는 '1'이고 후자는 '1'을 제외한 모든 숫자로 본다. 전자기력, 강력, 약력이라는 힘 모두에 언제 어디서나 중력이 붙어 다닌다고 본 것이다.

다른 비유를 하자면, 중력이 '성性'이고 나머지 세 가지 힘은 성은 같고 서로 '이름'만 다른 것과 같다. 자연에 존재하는 네 가지 힘 사이에 이런 비유를 하게 되면, 중력을 세 가지 힘과 동등하게 처리하려고 애쓰는 물리학자들은 당연히 어려움에 직면하게 된다.

지금 이 시각에 이르기까지 입자물리학의 표준 모델은 유독 중력만을 배제하고 있다. 그 이유는 네 가지 힘이 엄연히 존재함을 모든 물리학자들이 쉽게 인지하면서도 힘의 분류 자체에 좌절해서 그런 것이다.

이는 중력이란 힘의 존재를 익숙하게 체험하고 인식하면서도 그 힘의 정체성에 대해서 기술하는 일이 어렵다는 것을 고백하고 있는 것이나 마찬가지다. 지적 아이콘이라 하는 아인슈타인마저도 중력의 개념을 파악하는 데 힘들어했다.

역설적인 사실은 나머지 세 가지 힘을 묘사하려면 물리학 독학자로는 도저히 감당할 수 없는 난해한 수학적 기술이 필요하다는 점이다. 고도로 훈련된 물리학자조차도 이맛살을 찌푸리게 한다. 왜냐하면 입자들 간의 대칭성을 찾아내려는 노력은 고도의 수학적 기교가 필요하기 때문이다. 그래서 나는 이미 측정 데이터 속에 반영된 논증 수학을 버킹엄 머신을 통해 알고리듬 수학으로 대처하는 휴리스틱 어프로치를 고수하고 있는 것이다.

그 유명한 파인만 또한 중력이라는 괴물 앞에서는 무력감에 빠져 어쩔 도리가 없었다. 이 책 1부 7장에서 중력을 삼위일체의 개념으로 파악한 바와 같이, 중력을 세 가지 힘과의 관계에서뿐만 아니라 모든 물리량

간의 관계에서 숫자라는 오직 하나의 파라미터 솔루션, 즉 OPS로 서술하게 되었다.

놀랄 만큼 질서정연한 '하나의 패턴'의 예는 사람의 지적 능력으로 발견이 거의 불가능한 문샤인이다. 정수론을 전공하는 수학자들에게 경이롭게 보일 것이다. '수식 9 문샤인'에서 보여줄 것이다.

몬스터군과 관련된 정수로 보이는 문샤인을 찾아내는 과정에서 약력 상호작용의 상수가 주어진 실험 데이터와 모순 없이 정확했음을 주목하라! 특히 '하나의 패턴'을 통한 연결성 가설은 2부 9장에서 물리적으로 증거 가능함을 보여주고 있다.

물리학 이론은 실험을 통해 검증되어야만 한다. 그러나 모든 관측에는 관측자가 개입되어 있으므로 관측자나 관측 과정은 결코 분리될 수 없다. 그러므로 물리학은 필연적으로 자기 참조적 무결성을 띠게 된다. 측정 주체는 측정 대상, 측정 방법과 하나의 원리로 연결되어 있다. 이는 폴 디랙의 주장인 자연의 상수들은 서로 연관되어 있음을 증명한다.

이 증명은 몬스터 대칭군의 물리적 해독을 통한 단위 없는 주요한 자연 상수에 대한 이론적 기초의 발견 없이는 거의 불가능하다. 2021년 1월 9일 해독 이후 수식 1~10에 나오는 모든 수식은 스탠퍼드대에서 개발한 'if ~ then'의 귀추법 또는 가설 추론으로 얻어낸 것이다. top down method나 bottom up method를 병용했다.

해독 이전 약 32년간에 걸친 실험이나 관측 데이터에 모순 없이 미리 계산된 근삿값을 미세 조정하여 새로이 찾아낸 거의 확실한 값이다. 디랙은 수식 8의 큰 수 가설에 관한 문제는 특정한 무차원수와 관련되어 있다고 말한다. 이 문제를 제대로 이해하고 풀기 위해서 몬스터군을 통해 미리 준비된 확실한 수치가 존재하지 않는다면 계산이 어려운 매개변수들이 존재한다.

몬스터 해독에 대한 의미는 수식 8에 대한 문제를 풀기 위해서 미리 준비된 것 같은 느낌을 강하게 받았다. 펜로즈의 다음 이야기는 모든 이론물리학자들이 처해 있는 오늘날 현실적 상황을 잘 설명하는 것 같다.

"양자역학과 상대성 이론의 통일이 어려운 것은 작은 스케일과 큰 스케일을 연결 짓는 계산 능력과 눈에 보이는 상태로의 연결에 대한 수리물리학적 방법이 피부에 와 닿도록 아직 적절하게 개발되어 있지 않기 때문이다."

수식 9

문샤인

수학과 물리학의 모든 문제를 풀면 그 퍼즐의 마지막 그림은 어떻게 나타날까?

아래에 수록한 매우 간단한 수식은 현재까지 수학의 군론, 정수론 학자들이 발견하지 못한 몬스터군에서 정수와 관련된 주목할 특징, 곧 문샤인이 존재한다는 사실을 잘 보여준다. 정신을 차려 눈을 뜨고도 믿지 못할 현상이 일어났다.

나는 문샤인을 발견하고 이 놀라운 사실을 미국 프린스턴고등연구소에 재직하고 있었던 수학자 존 호턴 콘웨이John Horton Conway에게 편지를 전하려고 했다. 하지만 주소를 확인하는 과정에서 그가 코로나바이러스 감염증으로 세상을 떠난 것을 알고 매우 슬펐다. 그는 20세기 수학의 꽃이라 할 수 있는 몬스터군의 완성에 결정적인 기여를 한 수학 천재로 보이지만, 관련된 문샤인의 발견은 손대서는 안 되는 영역으로, 그러니까 거의 불가능할 것으로 예측했다.

몬스터군의 실제 크기는 54자리 정수로 나타나지만, 나는 계산을 편리하게 하되 반증 가능성을 극대화하는 수준에서 소수점 아래 31자리 (8.080 174 247 945 128 758 864 599 049 617 1×10⁵³)까지만 계산하더라도 불가사의한 문샤인의 존재를 드러내기에 충분하다고 생각한다.

$(1.234567890987654321 \times 10^{18}) \times (9.876543210123456789 \times 10^{18})$
$=1.219\,326\,312\,117\,055\,326\,552\,354\,825\,111 \times 10^{37}$

아래 식의 우변의 분자 항에 드러나는 두 정수의 곱이 바로 그것이다.

$$\frac{65 \times 2r_e^2 \cdot (\text{Fermi couppling constant})}{\varphi^2 \times 3\alpha \cdot graviton} =$$

$$\frac{\ln M(MG)}{\ln\left[(1.234567890987654321 \times 10^{18}) \times (9.876543210123456789 \times 10^{18})\right]}$$

$=1.453\,574\,027\,301\,769\,216\,723\,219\,068\,1471$ **Eq. 9-1**

r_e: 고전 전자 반지름

Eq. $\frac{\alpha}{2\pi m_e}$ = $8.640\,740\,311\,306\,683\,768\,938\,776\,015\,9854 \times 10^{-14}$
  = $2.817\,940\,326\,207\,927\,633\,458\,181\,816\,5699 \times 10^{-15}$ m

$2.817\,940\,326\,2(13) \times 10^{-15}$ m (4.5×10^{-10}, CODATA & NIST 2018)

φ: 황금비

$\frac{\sqrt{5}+1}{2} \simeq 1.6180...$

$G_F/(\hbar c)^3$: 약한 상호작용 결합 상수

=1.685 817 658 874 532 927 779 380 767 9782×10⁻⁵

= 1.166 378 752 219 408 550 843 390 331 1417×10⁻⁵ GeV⁻²

1.166 378 7(6)×10⁻⁵ GeV⁻² (5.1×10⁻⁷, CODATA & NIST 2018)

아인슈타인은 만년에 다음과 같은 글을 통해 우주의 구조를 알고 싶어 했음을 피력했다.

'I want to know God's thoughts. The rest are details.'

아인슈타인이 남긴 글의 진정한 의미는 다음과 같다고 생각한다. 그는 신이 존재하여 우주가 창조될 때 신은 선택의 여지가 있었느냐고 질문하고 있는 것이다. 신조차 우주 창조에 선택의 여지가 없었다고 할 때 그 논증은 어떤 식으로 이루어져야 하는가?

OPS의 입증 방식은 우주의 기원, 진화, 미래에 관한 논증의 여지가 없는 방법을 고려한 것이다. 이는 새로운 수학적 구조 체계에 따른 증명 방식이다. 하나의 물리량에 하나의 숫자를 붙이는 방식을 통하여 우연성이나 임의성을 제거할 수 있기에 자기 참조적 무결성을 보여줄 수 있게 된다. 이어서 OPS는 다음과 같이 주장한다.

모든 물리량들이 독립적 성분이 없어 일체가 서로 관련된 구조를 가진다면 지금까지의 증명 방식과는 전혀 다른 증명 방식 변화가 일어난다. 이는 주류 물리학자들이 사용하는 양자장 이론의 언어와 너무 다르기 때문에 그 증명 방식이 매우 낯설게 느껴진다.

지금의 주류 물리학자들이 구사하는 이론은 실험·관측과 완전히 격

리된 난해한 수학 기술을 구사하여 심각한 기능 장애를 보이고 있다고 비판하는 물리학자들이 적지 않다. 실험적 증거보다 사변적 아이디어가 판을 치는 세상이라는 것이다.

구소련의 수학자 칸토로비치Kantorovich가 주장한 최적화의 실용적 방법은 미적분을 일체 사용하지 않고 고차원 공간에서 조합 방법만을 선택하는 것이다. 구체적으로 설명하면 다음과 같다.

몬스터는 200,000에 가까운 차원을 필요로 한다. 이는 몬스터 안에 있는 연산이 200,000에 가까운 행과 열을 지닌 행렬로 표시된다는 뜻이다. 한 차례 행렬 곱을 할 때 들어가는 시간을 어림해보니 대략 컴퓨터도 반년이 소요된다는 계산이 나왔다는 이야기가 있다.

물리적 해독 및 새로운 수학적 구조 체계에 의한 새로운 증명 방식의 과정은 이산 수학discrete mathematics의 한 부류로 아직까지 잘 밝혀지지 않은 '연속 분수 또는 유리수 근사 방법'을 사용한다. 이 방법은 미분과 적분 개념의 발견 못지않은 물리학에서의 확률 개념을 제거하는 숨겨진 변수 이론과 관련된다. 또 컴퓨터과학 영역에서 인덱싱 후에 검색엔진의 두 과제가 되는 매칭과 랭킹 알고리듬ranking algorithm과 관련되어 있다. 매칭 과정에서 불필요한 가지치기pruning 방법으로 유한 산술적 계산을 위한 연속 유리수 근사라는 방법을 사용한다.

양자역학과 상대성 이론 모두 무시할 수 없는 측정 불가능한 플랑크 규모라는 극소한 범위 영역에서는 새로운 패러다임에 의한 새로운 언어의 발견이 가장 시급한 과제다. 시급한 과제의 증명 방법은 위에서 언급한 바 있는 '연속 분수 또는 유리수 근사 방법'이 사용된다.

이러한 방법을 통하여 최대 슈바르츠실트 반지름 Rs_{max}, 미세구조상수 a 및 중력 상수 G의 크기를 관측 데이터나 실험 데이터에 모순 없는, 거의 정확한 수치를 소수점 아래 31자리 수를 사용하여 계산한 바 있다. 반증 가능성의 측면에서 너무나 터무니없어 보이는 주장의 불가사의한 이론적 근거는 다음과 같다.

강한 상호작용의 결합 상수coupling constant를 1로 둘 때 중력상호작용 결합 상수 G, 전자기력 결합 상수 a, 약한 상호작용 결합 상수Fermi coupling constant 등 4개의 결합 상수를 적절히 조합한다.

네 가지 결합 상수에 황금비 등 또 다른 조합을 추가하여 2개의 정수와 관련 있는 몬스터 대칭군의 유도 및 문샤인을 발견하게 된 것이다. 지금까지의 수식에서 물리량에 숫자를 붙인 경우, 그 무차원수가 대단히 불규칙하여 도저히 패턴이라는 생각을 가질 수 없었다. 그런데 수학에서 보이는 무차원수는 대단히 규칙적이고 정렬되어 있어 놀라운 패턴을 보인다.

이러한 자연스러운 패턴 발견(대칭, 반대칭, 비대칭)은 거의 불가사의한 일이다. 이 놀라운 패턴을 발견하는 순간, 나는 저절로 함성이 터져 나왔다. 이 순간의 경험을 누구와도 공유할 수 없을 것 같았다. 단, 프린스턴고등연구소에 있는 콘웨이는 금세 알아들을 것 같았다.

소립자 표준 모델의 완성판이라 할 수 있는 힉스 입자(H⁰)의 제원이 내가 독립적으로 발견한 문샤인과 관련되어 있다는 놀라운 발견을 했다. 관련 수식 및 기호, 개념 설명은 다음에 따로 이야기할 기회가 있을 것이다.

$$H^0 = \frac{51 \cdot M_{max} \cdot \rho_2^4 \cdot \rho_4^3 \cdot T_{BH(mini)}}{328 \cdot m_p \cdot MS \cdot \rho_5^1 \cdot \rho_1^5 \cdot \rho_3^5} \times \frac{graviton}{\gamma - mass}$$

=125.099 998 815 264 500 169 951 524 403 39 GeV

수식 10

허블 상수 구하기

천문학에서 관측자들이 팽창 비율, 가속, 기하학, 에너지와 물질의 분배 등 수학적으로 표현한 우주 매개변수들cosmological parameters은 모두 정밀우주론precision cosmology 또는 조화우주론concordance cosmology이라는 새로운 분야에서 중요하게 사용된다. 특히 우주 매개변수들의 정확한 수치를 유도하는 데 서로 다른 방식들을 이용하지만 이렇게 해서 얻은 수치들은 거의 서로 일치한다. 우주 팽창 비율을 나타내는 허블 상수가 그 예다.

허블 법칙이 알려진 이후로 관찰을 통해 허블 상수의 참된 값을 찾는 일은 대단히 복잡한 과정을 거친다. 천문학자들은 주로 두 가지 측정 방식을 사용하는데 분광기를 통한 관찰은 은하의 적색 이동 현상과 속도를 보여주는 직접적인 방식이고, 측정이 까다로운 거리 측량을 통한 방식이나 삼각 측량 등은 간접적인 방식으로 이루어진다.

이 책에서 보여주는 허블 상수 구하기는 이미 정해져 있는 방식을 통해 정확한 우주 매개변수들을 조합하여 아래와 같은 수식으로 발견한 것이다.

$$k\rho_{vacuum} = 3\left(\frac{H_0}{c}\right)^2 \Omega_\Lambda \qquad \text{Eq. 10-1}$$

Eq. 10-1에서 P_{vacuum}에 대해서 다시 쓰면 다음과 같다.

$$\rho_{vacuum} = \frac{M_{max}}{\frac{4}{3}\pi Rs_{max}^3} \qquad \text{Eq. 10-1-1}$$

k:$8\pi G$: 아인슈타인 상수

P_{vacuum}: Eq. 4-2-1, Eq. 4-2-2 참조

H_0: present-day Hubble expansion rate

c: speed of light로 출발 공준에서 c=1

Ω_Λ: dark energy density parameter

수식 2에서 세 가지 우주 성분 중 하나로 중력 상수 G와 함께 정확한 값 0.683으로 고정된다. Eq. 10-1-1에서 진공 에너지밀도(P_{vacuum})의 정확한 값을 계산해내기 위해서는 블랙홀에서의 임계밀도(ρ_{cri})를 구하는 공식을 이용하여 Ω_Λ(정확하게 0.683)를 곱해주거나 블랙홀 최대 질량 M_{max}와 블랙홀 최대 부피 $V_{max} = \frac{4}{3}\pi Rs_{max}^3$에 대한 확실한 수치를 계산해내야 한다. 이 때문에 몬스터군의 물리적 해독을 통하여 확실한 값을 찾아내는 것이 불가피하다. 몬스터군의 물리적 해독이 불가능할 경우 위에서

언급한 바대로 두 가지 측정 방식을 통하여 대략의 허블 상수를 구하는 것이 일반적이다.

그러나 이 경우 허블 상수 값이 진짜 상수이냐 아니냐를 두고 논쟁이 존재할 뿐만 아니라, 허블 상수 값 자체에도 현재 두 가지 값을 두고 논쟁이 치열하다. 허블 상수 값은 내가 지적하듯이 양자론과 우주론이 결합한 양상으로 대단히 복잡하게 얽혀 있는 문제다. 물리학 영역에서 또 하나의 거대한 논쟁거리가 아닐 수 없다. 이 책에서는 우리 우주의 거리는 이미 정확히 정해져 있다고 설명한다. 이 세계는 존재 근거를 가져서 존재하는 것이 아니라 관계성으로 존재한다고 본 것이다. 여기서 우리 우주의 거리는 팽창의 상한의 크기로 본 경우이며, 이 경우에 한해서 허블 상수 값이 진짜 상수라고 설명한다. 그러나 팽창 상한을 고려하지 않는 경우, 허블 상수가 측정 시간을 기준으로 계속 변함으로 허블 상수가 아니라 허블 변수라고 주장하는 점에 유의해야 한다.

Eq. 10-1-1의 우리 우주의 부피 요소로 사용된 Rs_{max}는 그 역수의 크기가 중력자(Eq. 6-2-7)이고, 하나의 광자 에너지 질량($\varUpsilon$-mass, Eq. 6-9, Eq. 6-9-2)과 연결될 뿐만 아니라 암흑 물질(중력자로 구성), 암흑 에너지(최소 에너지양자 dl로 구성)의 구성 인자로 연결되고 있음에 주목해야 한다.

이 문제는 관측 가능한 우리 우주의 질량값, 허블 거리, 진공 에너지밀도, 우주 지평선, 현재 관측값이 진공 에너지밀도로 접근하는 우연의 일치 문제 등 초기 우주의 상태에 대한 일반 상대성 이론의 해를 풀어야 하는 다양한 문제가 제기된다.

가속 팽창에서 현재에 이르러 관측 가능한 우리 우주의 질량이 M_{max}

일 때, 허블 상수 H의 역수는 우주 반지름 $R_{uni} = Rs_{max}$ 다. 아인슈타인 장방정식을 러시아 수학자 프리드만이 오랜 시간에 걸쳐 간단하게 수정하여 소위 프리드만 방정식으로 표현했다. 아인슈타인 장방정식은 다음과 같다.

$$R_{\mu\nu} - \frac{1}{2} Rg_{\mu\nu} + \Lambda g_{\mu\nu} = kT_{\mu\nu} \qquad \text{Eq. 10-2}$$

Eq. 10-2의 방정식을 프리드만은 $\mu=\nu=0$을 둔 후 다음과 같이 단순한 프리드만 방정식으로 표현했다.

$$H^2 = \frac{8\pi G}{3}\rho - \frac{kc^2}{a^2} + \frac{\Lambda c^2}{3} \qquad \text{Eq. 10-3}$$

관측 위성으로부터 곡률 k=0, $\Lambda \sim 10^{-123}$ 이므로 Eq. 10-3의 방정식을 $\Lambda=0$으로 두고 ρ에 관해서 고쳐 쓰면 다음과 같다.

$$\rho = \frac{3H^2}{8\pi G} = \frac{3}{8\pi G \cdot Rs_{max}^2} = \frac{3}{8\pi G(2GM_{max})^2} = \frac{3}{32G^3 \cdot M_{max}^2} = \rho_{vacuum}$$

$$\text{Eq. 10-4}$$

임계밀도(ρ_{cri})는 기본 프리드만 우주에서와 같이 우주 상수 $\Lambda=0$이고 규격화된 공간 곡률 k=0이라는 가정을 통해 구할 수 있다. 곡률 0은 정확히 180도다. 이를 첫 번째 프리드만 방정식에 대입하면 다음을 구할 수 있다. 그리고 임계밀도와 관련된 잘 알려진 정보는 다음과 같다.

Critical density $\rho_c = \dfrac{3H^2}{8\pi G} = 1.8788 \times 10^{-26} h^2 \text{kgm}^{-3}$

$= 2.7754 \times 10^{11} h^2 M_\odot \text{Mpc}^{-3}$,

h=0.674 (h=sacling factor for Hubble expansion rate)

$M_\odot$=Solar mass

여기서 $h=H_0/(100\text{km/s/Mpc})$일 때 H_0=67.4km/s/Mpc일 경우이며, 나는 Eq. 10-1에서 정확하게 계산했다. 이 경우 근사적으로 임계밀도 ρ_c=8.5×10^{-27}kg/m^{3}이다.

밀도 계수density parameter는 다음처럼 정의하여 서로 다른 우주론 모형을 비교하는 데 유용하게 쓸 수 있다.

$$\Omega \equiv \dfrac{\rho}{\rho_c} = \dfrac{8\pi G \rho}{3H^2}$$

오늘날 잘 알려진 급팽창 이론은 빅뱅 후 1초를 지날 경우 밀도 계수 Ω=1로 알려져 있다. 이 경우 물질 밀도 ρ에 대해서 기술하면 Eq. 10-4에서 표현한 바와 같이 '우연의 일치 문제'를 풀 수 있다. 또 임계밀도(ρ_c)와 진공 에너지밀도(P_{vacuum})와의 관계는 허블 상수(H_0), 암흑 에너지밀도 매개변수(Ω_Λ)를 통해 Eq. 10-1과 일치함을 알 수 있다.

Eq. 10-4는 우리 우주의 평균 밀도 ρ가 진공 에너지밀도 P_{vacuum}으로 접근하는 것을 보여준다. 현재까지 천체물리학자들의 접근 자체를 어렵게 하는 우연의 일치 문제에 대한 이유를 예상을 벗어나는 수식으로 보여준다. 여기서 예상을 벗어나는 수식이란 우리가 살고 있는 관측 가능한 우주가 하나의 거대한 블랙홀 우주(M_{max})라는 것이다.

이는 사실 수학자들이 200여 년에 걸쳐 찾아낸 몬스터군의 물리적 해독(Eq. 2-1, Eq. 2-2) 없이는 불가능하다고 생각한다. 따라서 허블 상수 값에 대한 지금까지의 논란은 패러다임 시프트를 통한 새로운 물리학 분석으로 종식될 것이라고 확신한다.

Eq. 10-1의 정확한 허블 상수(H)의 값은 OPS에서 다음과 같다.

$$H = 67.411\ 950\ 827\ 301\ 172\ 299\ 496\ 174\ 094\ 168\ \text{kms}^{-1} \cdot \text{Mpc}^{-1}$$

Eq. 10-5

Eq. 10-5의 계산에 사용된 물리량은 다음과 같다.

AU: 149 597 870 700m

pc: $\dfrac{64800}{\pi} \cdot \text{AU}$

○ 에필로그

'하나의 이치'를
실천하는 것

 이 책의 목적은 아주 작은 크기를 대표하는 양자역학의 안정장치인 알파(α)에서 아주 큰 크기를 대표하는 일반 상대성 이론의 안정장치 람다(Λ)까지, 삼라만상 모든 것이 '하나'의 이치로 되어 있음을 깨닫고 우리 모두 하나의 이치를 실천하는 데 있다.
 '오직 하나'라는 용어의 오해 때문에 서양의 기독교 역사에서는 얼마나 많은 사람들이 목숨을 잃었는지 모른다. 또 동양의 불교 역사에서는 얼마나 오랜 시간을 방황했는지 모른다.
 이 책은 양자역학과 일반 상대성 이론의 통합을 담아낼 사고의 틀을 마련하고 있다. 이런 통합에는 물리학뿐만 아니라 양자역학의 핵심 원리가 되고 있는 불확정성 원리와 관련된 가무한, 실무한 등 무한 문제와 분리할 수 없는 철학적 과제가 동시에 필요하다. 곧 세기적 문제인 측정 문제 해결에 반드시 양자적 불확실성이 완벽하게 시작되고 제거되는 메커니즘이 이해되어야 한다(3부 수식 4의 Eq. 4-9 및 Eq. 4-15 참조).

자연에 존재하는 물리현상을 어렵고 복잡한 기호가 달린 수식으로 표현하면 권위가 있어 보이는 건, 그만큼 자연에 대한 이해가 떨어진다는 방증이다. 물리학자들의 임무는 복잡다단한 자연현상의 기술에서 그 복잡성을 걷어내는 일이다. 저울이 차원이나 성분 따위는 일체 거들떠보지 않듯이 말이다. 저울의 임무는 어느 한쪽으로 기울어지는가의 여부에만 관심을 갖는 것이다.

저울의 측정 문제와 저울의 원리 문제는 중력과 허수 관계로 대단히 미묘하지만 미해결 문제를 풀어줄 수 있는 핵심 단초가 될 수 있다. 이는 마치 시계와 시간의 관계와 같다.

한쪽은 행위와 관련된 '상태'이고 다른 한쪽은 '계산'만이 관련되어 있다. 이제 실전 문제로 옮겨보면 나의 의도가 파악될 뿐만 아니라 지금까지 논쟁이 끝나지 않고 있는 관측(측정) 문제에 대한 답이 가시적으로 다가올 것이다.

바로 아인슈타인을 놀라게 하고 슈뢰딩거가 가장 격렬하게 비판한 불확정성원리의 눈에 익었던 관계 문제가 그것이다. 위치와 운동량, 에너지와 시간의 관계가 그러하다.

미분, 적분 등을 비롯한 복잡한 연산 방법을 표시하는 수식 기호 하나 없이 단순하게 숫자와 물리량만으로 자연현상을 기술하는 것이 사실상 더 어렵다.

이 책을 통해 일반인들은 복잡하고 난해한 수식이 제대로 맞는지 틀리는지 검증할 수 있는 '보편문법'이라는 방법이 존재한다는 사실을 처음 알게 되었을 것이다. 이미 오래전에 독일의 수학자이면서 철학자였던 라이프니츠가 말한 소위 '보편문법'이 그것이다. 이 책 본문에서 이미 언급한 대로 "논쟁하지 말고 계산해봅시다"가 그의 슬로건이다. 바로 신기원을 이룩할 놀랍고, 단순하며, 용이한 증명 방법을 라이프니츠가 꿈꾸고 있었던 것이다. 이 꿈과 같은 '보편문법'을 불완전성 이론을 개발한 수학자 괴델이 듣고 완성해보려고 노력했으나 좌절된 바 있다. 오늘날 이러한 보편문법은 그동안 미해결 문제로 남아 있다가 마법의 수 137의 검증에 이용되고 있다.

실재하는 카오스나 비선형 계에 대한 새로운 계산 방법을 물리학자들이 가르치지도 않고 배우려 하지도 않는다는 것을 많은 수험료를 지불하고 나서 알게 되었다. 더도 말고 덜도 말고 딱 지금의 수준으로 자연현상을 기술해야만 논문 제출이 통한다는 것도 알게 되었다. 더구나 자연과 우주에 대하여 '하나'와 '모든 것'에 대한 상관관계는 도저히 넘을 수 없는 절벽과 같아서 무력감을 얼마나 느꼈는지 모른다.

이러한 열악한 상황 아래에서 '한 가닥 빛'이 보였다. 나는 내 이론(OPS)을 입증해줄 수 있는 방법이 마법의 수 137을 통한 소위 '보편문법'임을 알았다. 그리고 논문보다는 모든 사람들이 볼 수 있는 책으로 출간하는 쪽이 좋겠다는 선택으로 마음을 굳히게 되었다.

이 책에서 지칭하고 있는 보편문법은 임의적 조작이나 위조 자체가 불가능한 블록체인 block chain의 수학 구조와 흡사하다. 여기서 '블록'이란 물리학에서 말하고 있는 양자 단위나 물리량의 상수 등에 대응하여 원장에 기록된 대상을 함부로 훼손할 수 없는 것이다. 또 '체인'은 임의로 조작할 수 없는 대상들 간의 조합이라 할 수 있다. 이러한 수학 구조의 특징으로 거래 당사자 간에 별도로 제3의 인증 기관(은행 등)이 불필요해진다.

3부의 일체 수식은 소위 보편문법으로 구성되어 수식에 대한 진위 여부에 대한 검증은 별도의 제3의 전문가 인증이 불필요하다. 블록체인이 세상에 나오게 된 이유나 특징을 제대로 이해하면, 이 책에서 의미하고 있는 변수가 존재하는 방정식을 제거해버린 보편문법 또한 이해 가능하다.

또 모든 척도가 통일된 도량형 통일 소식을 처음 듣는 이가 대부분일 것이다. 마법의 수 137의 비밀 수식에 파묻혀 도저히 믿기 어려웠던 위대한 소식이 밀려 나갔던 것이다. 사실 하나의 이치의 상징으로서 수식 검증 방법이나 '도량형 통일'이 더 큰 역사적 위업이라고 할 수 있다. 거듭 강조하지만, 마법의 수 137은 하나의 이치의 연속 과실로 나오게 된 것이다.

이 책은 어느 개인 한 사람이 쓴 글이 아니라 해도 지나치지 않을 것이다. 왜냐하면 사람의 지적 능력으로는 불가능한 과학적 발견을 다루고 있기 때문이다. 이 책이 이 세상에 숨어 있거나 잠자고 있는 거인을 깨울지도 모른다.

나는 이 책에서 느낌, 이적, 예언이라는 용어를 쓰고 있지만, 그렇다고 해서 과학적이 아니라는 의미는 결코 아니다. 이 책의 핵심 부분인 과학 기술이나 과학 표현의 정체성이라 할 수 있는 3부 수식 부분을 계산해 보면 확인이 될 것이다.

수학이나 물리학 영역에서 오랜 시간 훈련받은 전문가가 이 책의 1, 2부를 읽다 보면, 파격적이고 거의 불가능해 보이는 과학적 발견을 설명하는 내용이 많아서 놀랄 것이다. 그러면서 과연 어떤 사람이 저렇게 엄청난 발견을 할 수 있다는 것인지 의구심이 들며 책을 덮어 버릴지도 모른다. 그러므로 나는 3부 수식 부분을 전문가들이 더욱 혹독하고 엄격하게 검증해주기를 바란다. 나는 그 수식들이 결코 '숫자 장난'이 아니라고 생각한다. 그만큼 전문가들의 엄격한 크로스 체크를 기대한다.

만약 수식을 계산한 결과가 조금도 모순이 없다면 아마 틀림없이 "갑자기 이런 수식이 어디서 '툭' 튀어나온 거야?" 하고 놀라워할 것이다. 나는 나의 능력으로 이 모든 결과를 얻었다고 생각하지 않는다.

마법의 수 137은 물리학 전 영역에 나타나고 있으며, 생명과 비생명을 하나로 연결하는 데 우주 상수 Λ와의 필연적 해후가 필요함이 밝혀졌다. 아인슈타인의 숙명적 과업이었던 양자역학과 일반 상대성 이론의 통합은 물과 기름의 관계로 오랫동안 알려져 있었다.

우주 상수 Λ는 소수점 아래 0이 123개를 이어가더라도 결코 0이 아닌 여전히 양자적 불확도를 가지고 있다. 이 책에서 양자적 불확도를 완벽하게 제거시킬 수 있는 새로운 수학자 칸토어의 생각이 등장한다.

이제 두 영역이 하늘에서 이루어지듯이 땅에서도 하나의 조화정을 이루고 있음을 보게 되었다. 이는 물리학에서 가끔 쓰이고 있는 말로, 우리 우주가 미세 조율fine-turned되어 있다는 뜻이다. 신학이나 종교 영역에서 '미세 조율된 우주', '미세 조율된 생명'이라는 용어를 볼 수 있다.

수식(Eq. 4-15)은 과학의 생명이라고 할 수 있는 실험·관측 데이터에 결코 모순되지 않음을 보여준다. 이 책에서는 수식(Eq. 4-15), '생명과 비생명이 모두 하나다'를 간단히 '생명 방정식' 또는 '마음 방정식'이라 칭하고 있다. 특히 이 방정식은 무한대, 무한소 개념을 유한화(재규격화)

할 수 없다면 결코 찾아낼 수 없다. 덧붙여 '가무한'과 '실무한' 개념을 준비해두지 않는다면 양자역학의 확률 문제를 두고 제2의 솔베이 논쟁이 재현될 수 있다.

여기서 생명과 비생명, 마음과 물질에 대한 판단은 과학자나 관련 전문가가 알고 있는 현재의 특정한 기준을 통해 내릴 수 있다. 그러나 과학의 진보에 따라 현재의 기준이 변할 수 있음에 반드시 유의할 필요가 있다.

수식(Eq. 4-15)에 대해 이런 불가사의한 능력은 한 사람 개인 능력을 뛰어넘는 법이다. 숫자는 결코 거짓말을 할 수 없음에 유의하여 1부 6장에 나오는 '숫자 언어의 5가지 장점'에 주목해주길 바란다. 이는 한마디로 모든 이론·실험 결과를 한눈에 볼 수 있도록 하는 언어다.

수학이나 과학 이야기만 들어도 손사래를 치는 사람이라 할지라도, 상가 마트에서 단순하게 계산만 할 줄 아는 사람이라 할지라도 컴퓨터를 조작하는 방법만 배운다면 놀라운 사건을 만날 수 있을 것이다.

이 책의 3부에 있는, 지금껏 보지 못한 낯선 수식 기호를 보고 그 주어진 수식이 제대로 된 수식인지 알기 위해 전문가의 도움을 받을 필요는 없다. 이 책에서 수식 증명에 대한 신기원을 보여주고 있기 때문이다. (사실 대단히 어려운 일은 그러한 쉬운 검증을 할 수 있도록 하는 수학 체계나 이러한 환경을 만드는 일이다.)

그런데 이 시각 '하나의 이치'를 평생의 소원처럼 꿈꾸고 있는 집단이 있다. 바로 자연과학자 집단이다. 그들은 때와 장소를 가리지 않고 '하나의 이치'로 통일시키고자 애쓴다. 일단 그 집단이 무엇을 가지고 애를 쓰는지 다시 한번 살펴보자.

***

  수학과 물리학을 비롯하여 인문 철학과 사회과학까지 포함하는 복잡하게 얽히고설킨 개념을 단순한 산술로 대체시키기 위해서는 모든 물리량을 숫자로 대체시키는 대작업(One Parameter Solution)이 필요하다. 이것은 만년의 리처드 파인만 소원이기도 했다. 그는 물리학에서 소수점이 있는 수를 찾아내지 못하면 아무것도 하지 않는 것이나 마찬가지라고 주장했다.

  이러한 숫자로 대체시키는 대작업이 완료되면 컴퓨터는 그가 좋아하는 계산 문제를 기반으로 강력한 하나의 AI & AL(인공지능, 인공생명) 플랫폼을 구축한다. 독일 물리학자 조머펠트가 1912년 물질 속에서 아주 특별하게도 단위 없는 순수한 수를 가진 미세구조상수 a를 발견한 것처럼, 모든 수식은 '완전히 새로운 데이터 분석법'을 기초로 '완전히 새로운 증명 방법'에 의해 증거될 것이다. 모든 사람을 설득할 수 있는 기준(국제 표준안)에 대한 사전 준비 개념이다.

  여기에서의 모든 수식은 물리량을 숫자로 대체시켜 만물의 척도가 되는 다양한 보편수 또는 상수로 소개한다. 이는 영국 이론물리학자 로저 펜로즈가 주장한 바 그대로 양자 수준의 현상과 그것에 대한 거시적 관측과 관련짓는 방식인 셈counting과 조합combination으로 구성되었음을 보여주는 것이다.

  이 물리량들은 상수로서 측정(크기)과 무관하게 단순히 계산만으로 측정을 대체할 수 있다. 자유 변수항을 상수로 정의할 경우, 거의 정확한 등식 결과를 보인다. 따라서 소수점 아래 31자리 계산 결과로서 틀릴 가능성(반증 가능성)이 어떤 사례의 가능성보다도 확률적으로 높다는 점에 주목할 필요가 있다.

한 수식의 기호symbol가 일대일 대응하는 것은 아리스토텔레스의 세 가지 사유의 원칙(동일률, 모순율, 배중률) 중에서 제일 먼저 동일률 법칙law of identity을 엄격히 지킨다는 것이다. 이는 추후 수학적 일관성으로 발전한다.

수식 전후로 소수점 아래 31자리가 거의 완벽히 일치해야 한다. 이것을 위해 컴퓨터는 동일률 법칙을 반복 사용하는 수치를 메모이제이션이라는 최적화 방법으로 사용한다. 메모이제이션은 도널드 미치가 만든 용어로, 1968년 〈네이처〉에 실린 논문에서 처음 사용했다.

측정 문제에서 드러난 하이젠베르크의 불확정성원리에 의한 계산값의 왜곡을 극복하기 위해서, 아인슈타인은 측정이 가능한지 불가능한지는 우리(인식 주체)가 결정할 것이 아니라 이론(자기 참조적 무결성을 갖는 수리물리학적 구조)에 의해서 결정된다고 주장한 바 있다. 불확정성원리는 측정 때문에 생기는 기술적인 문제가 아니라 측정하는 대상 자체가 가지고 있는 물리적 성질(이중성)이 존재하기 때문이다.

곧 원론적 문제로 존재론적 한계를 가진다는 점이다(3부 수식 4의 Eq. 4-9 참조). 이 원리가 원자적 대상을 보는 두 가지 방법을 의미한다고 볼 수 있다. 이 원리는 어느 한쪽을 극단적으로 이상화시킬 경우에 정확하게 상호 배타적 관계가 된다. 수학적으로 상호 배타적 관계에 있는 둘은 동시적으로 나타나지 못하는 논리곱으로 두 집합의 교집합은 0으로 표현된다. 가장 대표적인 대상의 사례로 점point과 거리length에 관한 관계는 유클리드 원전의 용어보다도 더 근본적이라고 리만이 역설한 바 있다.

이 책에서는 사상 처음으로 무한소(로저 펜로즈의 표현은 궁극적 최소 단위 블록) 개념을 절대 상수 dl로 표현하며 궁극적 기본단위 거리, 최소 에너지양자 또는 하나밖에 없는 절대적 시공간으로 지칭하여 유한한 값으로 계산해낸다. 현재의 물리학 패러다임에서 영점에너지$_{\text{zero point energy}}$나 아주 짧은 시간을 거의 정확히 기술할 물리학 이론은 갖지 못하고 있음에 유의해야 한다. 특히 로저 펜로즈는 평소에 수학자 리만과 마찬가지로 수학과 물리학에서 점의 개념을 없애고자 노력한 바 있다.

이 책에서 소개하는 최소 에너지양자(dl) 또는 최소 거리 단위의 양자로 점이 위치뿐만 아니라 최소 크기를 부여한다. 이는 유한한 선분을 끊임없이 쪼개는 것(연속체 개념)에 대한 종국적인 결론을 보여준다. 양자역학에서 범우주적으로 통일되는 하나의 시간만이 존재한다고 주장한 실체를 수식에서 계산을 통해 기호 'dl'로 보여준다.

나는 물리학에서 매우 중요한 두 개념이 차원 문제와 대칭성이라고 생각한다. 두 개념을 자연에서 잘 드러내기 위해서는 자연의 실체에 대해서 우리가 알 수 있는 것에 그칠 것이 아니라, 그것에 대해 잘 기술할 수 있는 언어(표현론)가 개발되어야 한다.

이 책에서 '차원 문제'는 사실상 자연의 언어가 무차원수임을 강조하고 있다. 사람들이 자연현상을 쉽게 이해하기 위해서 조작적으로 만들어 낸 단위 개념을 수식(Eq. 1-1)의 출발 공준을 통해 원래 자연의 언어로 되돌리고 있다.

'대칭성'은 임의의 조작에 무관한 '보편문법'으로 구성되어 있으며, 기본적으로 보편문법은 상수로 구성되어 에너지보존법칙을 고수한다.

이 책에서 보편문법에 대한 물리적 의미는 오래전 라이프니츠와 괴델이 꿈꿔 왔던 문법이다. 수식의 진위 여부를 신속하게 계산만으로 이루려는 것으로 별도의 전문가의 검증이 불필요하다. 컴퓨터 계산만으로 가능하기 때문이다.

보편문법의 구성 요소가 시간 또는 장소에 무관하게 모두 일정한 상수이기 때문에 우선 그 상수를 구해내기가 어렵지만, 일단 찾아내기만 하면 블록체인과 유사한 개념을 가져서 거래의 신뢰를 담보하기 위해 제3의 인증 기관이 불필요함과 그 맥을 같이한다.

무차원수를 사용하여 처음으로 발견된 자기 참조적 무결성(방정식)은 현대물리학의 가장 난해하고 복잡하지만 중요한 문제의 하나로 알려진 측정 문제를 다음과 같이 해결하고 있다.

우리 우주에는 측정 주체가 누구든, 측정 도구가 무엇이든, 측정 대상이 무엇이든 무관하게 성립하는 수리물리학적 구조를 가지는(대칭, 불변) 방정식이 존재한다는 것이다. 구소련의 노벨상 수상자 칸토로비치는 최적화의 실용적 해법을 제시한 바 있다. 미분이라든가 그 외에 복잡한 이론을 사용하지 않고, 모든 수식에서 보여주는 바와 같이 오직 조합론적 방법만을 사용하는 것이다. 여기서 조합론적 방법의 대상이 변수가 아닌 상수가 되면 일체의 복잡한 미분 연산자 등이 불필요해서 최적화의 수학적 환경이 자발적으로 이루어지는 셈이다.

자연에 대한 이해가 수학이 아니라 언어를 통해 이루어지며 언어야말로 우리가 갖고 있는 모든 것이라고 할 수 있다. 그 언어는 순수한 숫자로 이루어진 숫자 언어라고 할 수 있다. 양자역학과 상대성 이론(GR)의 통합을 위해서 공약 불가능성을 극복한 제3의 언어이기도 하다.

GR은 초기 우주를 구성하고 있는 물질을 이해하기 위해서 수학적 원리가 다른 양자 이론이 필요하다. 양자 이론과 GR 양쪽 모두에서 동일한 수학적 원리가 바로 자연의 언어로서 숫자 언어임을 뜻한다.

AI의 본질은 컴퓨터를 통해 패턴을 인식하거나 찾아내는 것으로, 수리물리학의 모든 패턴은 숫자 0에서 9까지 10개의 특징으로 조합된 하나의 일정한 패턴이라 할 수 있다. 곧 만물을 숫자 언어를 통하여 패턴 하나로 설명할 수 있다는 결론이다. 모든 이론·실험 결과를 한눈에 볼 수 있도록 하는 언어라 하지 않았던가!

따라서 이 책에서 소개하는 모든 수식들은 관계형 데이터베이스에서 데이터의 일관성과 정확성을 지켜 연결고리가 끊어지지 않음을 보여준다. 당연히 한 알고리즘의 구성 성분은 다른 알고리즘의 성분과 연결될 수밖에 없다. 그러므로 시행착오를 통한 컴퓨터 분석 논리가 수학적 논리보다 압도적으로 우세할 확률이 높다.

우리가 만들어 낸 조작적인 물리량의 규정에 의해서 일관된 설명을 조합해낸다는 것(출발 공준)은 결코 쉬운 일이 아니며 아무도 그러한 것을 찾아내려 시도한 사람이 없다.

몬스터군의 해독과 유도는 확실한 숫자를 가진 확실한 예측이 없는 한 더 이상 진보가 불가능하다는 생각에 종지부를 찍고 있다. 몬스터군에는 정수론 학자들이 흥미를 가질 만한 주목할 특성이 있음을 보여주는 회문 수열을 가진 문샤인을 포함한다. 몬스터군은 우주의 창조$_{\text{Genesis}}$와 관련된 보물창고와 같다. 관찰된 사실을 하나로 묶어줄 단순하며 가능성 있는 체계를 보여주기 때문이다.

***

이 책에서 소개하는 모든 수식을 자세히 들여다보면, 하나의 상수가 다른 모든 상수들과 연결되어 있음을 알 수 있다. 모든 것들은 다른 모든 것들과 연결되어 있는 것이다. 이 책의 심장이라고 할 마법의 수 137은 수식의 알파요 오메가라 할 만큼 시작(입자물리학)과 끝(일반 상대성 이론)이 인드라 그물처럼 빈틈없이 연결되어 있다.

우리나라 대한민국의 건국 이념이 되고 있는 천부경에서는 "하나(一)에서 시작하여 하나(一)로 끝나고 있다"고 시종일관 모두가 '하나'임을 명확히 밝히고 있다.

모든 사물은 그 극에 이르면 반드시 반전한다는 물극필반物極必反은 노자의 도덕경에서 나오는 말로 주역, 태극을 비롯한 음양 사상에도 나타나는 동양 사상의 핵심이 되고 있다. 놀라운 일은 동양 사상의 철학이 외국 연구진에 의해 양자역학의 특징이 되고 있는 양자 얽힘으로 보여주고 있다는 사실이다.

실제로 광양자 얽힘 현상이 태극 문양과 닮아 있음을 시각화해내는 데 성공하고 있다. 이는 3부 수식 4의 Eq. 4-15의 의미 그대로를 반영한다. 곧 우리나라 대한민국이 21세기 문화·문명의 개벽을 알리는 중심 국가로 우뚝 서 있음을 세계만방에 고하고 있음을 보여주는 징표로 보인다.

따라서 본 수식(Eq. 4-15)이 지금까지 찾아내지 못한 새로운 상수인 참값이나 관계식과 관련된 검색엔진으로서의 플랫폼을 제공하여 단순한 계산 영역에서 익숙해지면 일반 대중, 특히 청소년층에서 새로운 상수나 방정식을 곧 발견할 가능성이 대단히 높다고 생각된다.

'전문성의 민주화'가 시장 조사 기관 가트너Gartner가 선정한 2020년 10대 기술 트렌드에 포함되었다는 사실은 결코 우연이 아니다. 수학이나 물리학, 컴퓨터과학 등에서 전문가의 도움 없이 일반 대중이 스스로 진위를 깨닫는 시대가 다가오고 있다. 이는 블록체인에서 '탈중앙화'라는 개념으로 서로의 신뢰를 확보하기 위해 제3의 인증 기관이 불필요한 것과 맥을 같이한다. 이 책 3부에서 보여주는 OPS와 마찬가지로 블록체인의 수학 구조 체계가 임의 조작이나 위조 자체가 불가능하기 때문이다.

그뿐만 아니라 컴퓨터과학과 컴퓨터공학을 기반으로 한 수리물리학적 이론이, 기존의 실험 중심의 물리학이 이끌었던 첨단 과학 기술의 패러다임 변화를 주도하여 새로운 시대를 열어 나갈 것으로 예상된다. 복잡한 계산 대신 마우스를 이용하여 '클릭'을 하는 순간, 프랑스 수학자 피에르 카르티에의 의미심장한 말이 현실이 될지 모른다.

"수학의 극치는 사람들이 수학을 하고 있는지조차 의식하지 못할 때 도달하는 지점이며, 수학자의 진정한 야망은 수학이 모든 사람의 소유가 되는 것이다."

21세기 물리학의 최대 화두는 거의 모든 물리학자들이 지적하듯이, 암흑 물질과 암흑 에너지의 정체가 무엇인가다. 이 책에서 소개하는 K-방정식의 9개 해와 연결된 숨겨진 6차원과 중력자는 추후 필요한 시기에 암흑 물질의 정체가 중력자이며, 밀도가 불균일하다는 것을 보여준다.

이 불균일성은 은하나 별을 낳는 '씨앗'으로 작용한다. 그리고 중력원의 대부분을 차지한다. 한편 암흑 에너지의 정체는 중력자가 블랙홀이 된 소위 무한소($d\ell$)여서 밀도가 일정하다. 이 둘을 상관관계론적으로 증명해 보여줄 것을 기대한다.

극소한 에너지를 가진 중력자와 최소 에너지양자($d\ell$)는 불가능해 보이는 거대한 가속기를 통한 측정이 아니라, 실험·관측에 기반한 수리물리학적 일관성인 이론으로 검증한다. 이 문제 또한 마법의 수 137과 어김없이 연결되어 있다.

이러한 주장이 가능하기 위해서는 확실한 숫자를 가진 확실한 예측을 가능케 하는 몬스터군의 물리적 해독(3부 수식 2의 Eq. 2-1, Eq. 2-2) 및 차원에 무관한 단위 통일(3부 수식 1의 Eq. 1-1)이 반드시 전제되어야만 한다.

수학과 물리학의 통합은 오랜 세월 동안 토마스 쿤의 통약(공약) 불가능성으로 남아 있다가 하나의 파라미터로 이어졌으며, 이제는 측정 현실로 넘어와 있다. 이 책은 인류가 무엇을 목적으로 쉼 없이 달려왔으며, 도대체 무엇으로 귀일할 것인가에 대한 현실적인 물음표만 남겨두고 있다.

현재 수학과 물리학은 서로 호환되지 않는 각자의 언어를 사용하고 있다. 동일한 내용을 서술하더라도 거의 비슷한 구역이 없다. 굳이 수학과 물리학을 언급하지 않더라도 어려운 문제들이 한두 문제가 아니었음을 알게 되었다.

몬스터군의 물리적 해독과 문샤인 찾기, 중력과 3가지 힘 간의 관계 문제, 도량형의 통일 문제, 용이한 수식 검증 문제, 무한대·무한소에 대한 개념을 유한화(재규격화)하는 문제, 양자 중력 문제, 거대한 엔트로피가 자발적으로 상쇄되는 문제, 연속과 불연속 문제, 시간의 화살 문제,

우주의 미래에 대한 반복 순환 문제, 특이점 처리 문제 등 모두 어느 문제 하나도 제대로 해결되지 않고 있는 대단히 난해한 문제들이다.

수학만으로 턱없이 부족하여 영성과 함께하는 직관 철학이 필요한 시점이다. 그리고 가장 나쁜 해결 방식이 존재하고 있다는 사실도 찾아냈다. 그것은 거의 모든 물리학자들이 똑같은 방식으로 어려운 문제를 대하고 있다는 점이다. 값비싼 수업료를 지불하고 나서 이제야말로 겨우 시작에 불과한 첫 질문을 얻게 되었다.

그 첫 질문이란 '하나'와 '전체(모든 것)' 간의 관계다. '하나'를 제대로 이해하지 못한다면 '전체' 또는 '모든 것'을 알 수 없어 '하나'와 '전체(모든 것)' 간의 인과관계를 포함하는 상관관계를 결코 알아낼 수 없게 된다. 이 책은 결국 '하나'에 관한 나의 이야기라고 할 수 있다. 이 책에서 '하나'라는 용어는 문맥을 깊이 살펴 '전체' 또는 '모든 것'을 함축하고 있다. 따라서 이 책에서 표현하고 있는 어떤 수식이나 의미는 현실에 사는 다른 사람의 자신만의 기준에 따라 긍정 또는 부정으로 판단 가능할 것이다. 그리하여 이 책, 곧 나의 이야기에서 '하나'의 잘못은 결국 '전적(전체)'으로 내 잘못이 되고 만다. 이 책 1, 2, 3부를 통해서 공통적으로 하나의 퍼리미터는 전후에 존재하는 기호들 간에 '등호(=)'를 이룬다는 의미를 새삼 강조하고 싶다.

이 땅 위에 사는 모든 소중한 생명체는 원자나 분자 간에 존재하는 물리법칙을 엄수해야 하는 물질로 구성되어 있다는 공통된 성질이 존재한다. 이 물질이 빅뱅과 같은 효과의 빅 바운스를 거치는 과정에서 '빛'과 함께 동시에 출현하는 연유로 마법의 수 137이라는 인식표를 부여받게 된 것이다. 이는 모든 생명의 올바른 인식을 담보하는 안정장치로,

상대적으로 정밀한 실험 데이터를 뛰어넘고 있음을 보여준다(3부 수식 2의 Eq. 2-8 참조).

모든 물리학자들이 한결같이 질문하는 내용은 첫째, 왜 하필 그 숫자이며 둘째, 왜 단위 없는 무차원 숫자인가로 모아진다. 나는 마법의 수 137과 우주 상수 문제를 푸는 방법으로 기존의 물리학자들이 아직까지도 가볍게 처리하고 있는 2개의 '센트럴 도그마'에 주목했다(1부 9장 참조).

특히 동양의 선불교에서 선화두로 삼고 있는 '하나의 이치'를 과학 영역으로 편입시켰다. 서로 다른 변수로서 문자가 아닌 '하나의 파라미터', 곧 전혀 새로운 언어인 숫자 언어를 주무기로 삼아 장기간 공략에 나선 것이다. 나는 이 같은 방법이 이론물리학자들이 자랑스럽게 여기는 '양자장 언어'로 해결하기 어려웠던 난문제를 해결하는 데 큰 도움을 주었다고 생각한다.

아인슈타인이 완성한 일반 상대성 이론은 역사상 가장 중요한 이론으로 유명하다. 그런데 두 명의 유명한 물리학자인 펜로즈와 호킹은 일반 상대성 이론을 수학적 기반 위에서 탐구한 결과 특이점이 존재한다는 펜로즈-호킹의 특이점 정리를 발표했다. 특이점이 존재한다는 주장은 결국 아인슈타인의 일반 상대성 이론이 불완전하다는 결론을 가져온다. 놀랍게도 일반 상대성 이론이 불완전할 경우, 마법의 수 137에 대한 풀이는 불가능해진다는 결론으로 유도된다.

그런데 천체물리학에서 맹위를 떨치고 있는 인플레이션 이론 또한 펜로즈-호킹의 특이점 이론을 수용하고 있다. 물리학자들 사이에서는 이 같은 특이점 이론을 놓고 대립이 심각하다. 이 모순을 해결하지 못했기 때문에 리 스몰린과 카를로 로벨리가 주도하는 고리 양자 중력 이론에서는 특이점을 피하는 방법으로 '빅뱅' 대신에 '빅 바운스'라는 방법을 이용하기도 한다.

고리 양자 중력 이론처럼 내가 연구한 결과 또한 결코 특이점은 존재하지 않는다. 그래서 나는 3부 수식 4의 Eq. 4-15를 통해서 아인슈타인 방정식이 완전하다고 결론을 내린다. 때문에 나는 실제로 '빅뱅' 대신 '빅 바운스'가 우주 창조의 과학적 원리라고 믿는다. 왜냐하면 빅 바운스가 무한대 개념을 가진 특이점을 제거해내기 때문이다.

이 같은 주장을 뒷받침하는 물리적 근거가 모든 양자 중력 이론이 이 시각까지 해결하지 못하고 있는 마법의 수 137뿐만 아니라 우주 상수 문제까지 두 문제를 동시에 해결한 바로 '3부 수식 4의 Eq. 4-15'다. 3부 수식 4의 Eq. 4-15는 의미 있는 상호 연결 관계meaningful cross-connection를 보여준다. 현재까지 이 땅의 어떤 물리학자도 우주 상수 Λ가 생겨난 메커니즘을 제대로 설명하지 못하고 있다.

Eq. 4-15는 우주 상수 Λ가 마법의 수 137과 접속되어 있고, 이 마법의 수 137은 미세구조상수 a의 역수에 해당하며, 미세구조상수 a는 우주론에서 대단히 중요한 위치를 차지하고 있는 슈바르츠실트 반경(3부 수식 2의 Eq. 2-6)과 관련된 몬스터군의 물리적 해독에서 기원함을 보여준다(3부 수식 2의 Eq. 2-1, Eq. 2-2).

내가 '하나의 파라미터'를 시종일관 다양한 수식에 적용하다 보니, 생명과 전혀 무관해 보이는 무생물에도 (생물에는 생물을 구성하는 물질의 안정장치로 '마법의 수 137'이 존재하듯) 아인슈타인이 마련해두었던 'Λ'라는 또 하나의 안정장치가 존재한다는 사실이 물리학 사상 처음 수식으로 확인된 것이다. 이 수식은 우리가 얻고자 꿈꿨던 하나의 이론으로서의 성배이고, 세상의 언어를 통일시켜 자연과 우주에 존재하는 현상이나 사물의 상관성을 보여준다.

이 순간 관측 가능한 우리 우주가 팽창 상한이 존재하고 수축 하한이 존재해서 이들 비율을 지수로 삼고 그 아래는 마법의 수(생물)를 매개로 하면 등식으로 Λ(무생물)가 동시성으로 드러난다. 따라서 자연스럽게 '특이점 문제'가 부끄러운 듯 연기처럼 사라진다. 이는 왜 하필 미세구조상수 알파(α)가 그 숫자인가뿐만 아니라 우주 상수 Λ가 왜 그렇게 작은가(우주 상수 문제)에 대한 오래된 질문에 답까지 제공한다.

연이어 이 답은 아인슈타인의 일반 상대성 이론이 '완벽하다는 것'을 보여줄 뿐만 아니라—결코 무한대가 존재하는 특이점이 없는—하늘과 땅 위에서 생명과 무생물이 서로 다르나 결코 분리됨이 없이 연결되는 '하나의 파라미터'를 찬미하는 것이다. (3부 수식 4의 Eq. 4-15를 두고 나는 '하나의 만발한 꽃으로 장식되었다'라고 찬미했다. 이 수식(Eq. 4-15)은 이 땅에서 기아 구제를 실천하는 데 전 인생을 걸고 매달릴 수 있을 만큼 위대하고 소중한 의미를 가진 수식이라 할 수 있다.)

우연의 일치인가! 우리나라 국기인 태극기 문양을 잘 살펴보면 우주와 자연의 이중성 원리와 물리법칙이 어김없이 다 들어 있다. 흥미롭게도 태극의 문양을 닮은 양자 얽힘 현상이 해외 연구진에 의해 포착되었다. 캐나다 오타와대와 로마 사피엔자대 공동 연구로 빛을 구성하는 광양자의 얽힘 현상을 시각화해내는 데 성공한 논문이 2023년 8월 〈네이처〉 포토닉스에 게재되었다.

사물이 극에 달하면 반드시 반전하게 된다는 물극필반物極必反은 태극기 무늬에 나타난 음양이 물질세계의 상대적 양면성을 나타냄을 의미한다. 음은 양의 뿌리가 되고 양은 음의 뿌리가 된다. 음과 양은 태극을 뿌리로 하고 있어 태극은 음양의 조화로운 상태 그 자체가 된다. 즉, 태극 문양은 이 책에서 설명하고 있는 보상성 원리가 되고 있다. 보상성 원리가 광양자의 얽힘 현상으로 시각화로 성공한 모습이 사진으로 보면 신비로움과 함께 두려운 마음도 든다.

이제야 들판에 홀로 핀 꽃이나 황야에 굴러다니는 돌덩어리도 아무런 의미 없이 존재한다고 함부로 이야기할 수 없게 되었다. 모두 숨어 있는 자연법칙에 엄격히 순응하고 있는 것이다. 이 땅에서 함께 살고 있는 배고픈 생명이 지금도 구원을 기다리며 울부짖고 있다. 눈이 없어도 관심이 깊으면 보이기 시작하고, 귀가 없어도 관심이 깊으면 들리기 시작한다. 이때야말로 이적이 일어나는 순간이다.

어느 날 또 한 번 놀라운 사건을 체험하게 되는데, 실험·관측 데이터를 기반으로 결코 눈으로 보기에는 불가능한 '마음'이란 방정식을 얻게 된 것이다. 바로 '마음 방정식'이 그것이다.

미국 MIT 인공지능연구소 공동 설립자 마빈 민스키는 "무엇이 마음을 대신할 것인가?" 하고 질문한 바 있다. 3부 수식 4의 Eq. 4-15 및 Eq. 5-1은 이에 '하나'로 답하고 있다. 그리고 '모든 것(전체)'이라고 답하고 있다. '하나' 그리고 '모든 것(전체)'이란 의미가 너무 광범위하거나 애매모호하여 간단하고 간략한 수식으로 대체한 것이다.

이 책에서 '하나'는 문맥을 잘 살펴보면 '모든 것(전체)'이 가진 뜻을 함축하고 있다. 한마디로 선인선과 악인악과 인과율이 그것이다.

3부 수식 5의 Eq. 5-1은 해 뜨는 나라 한반도에서 '내가 오늘 사는 의미'가 드디어 실천할 수 있는 길로 나아가 '인류의 숙원 문제'를 해결할 수 있을 것이라는 의미로 'K-방정식' 또는 '사랑 방정식'이라고 지칭했다. '사랑 방정식'은 '마음 방정식'과 결이 같은 쌍 방정식을 보여준다. 함축적 해석은 주체나 대상이 결코 둘이 아닌 오직 '하나'라는 뜻이다.

특히 3부 수식 4의 Eq. 4-15에 대해서 어느 순간 '프롤로그'에서 이야기했던 일찍 고인이 된 친구나 이미 세상을 떠난 많은 사람들이 생전에 알고 있었던 결론이 아니었나 생각되기도 했다. 따라서 모든 논쟁은 '하나'를 제대로 보지 못한 사변일 가능성이 크다. 그만큼 하나의 의미가 모든 것 또는 전체를 뜻하고 있다.

3부의 오메가 문제에서 닭이 먼저냐 알이 먼저냐에 대한 해묵은 질문에 답하면서 에너지의 정의와 집합 개념이 얼마나 중요한가를 실감했다. 특히 이 질문은 우리가 살고 있는 우리 우주가 연속적인가 불연속적인가에 대해 난해한 물리 수식을 전혀 이해하지 못하는 일반인이더라도 이 책을 따라가다 보면 저절로 이해할 수 있게 해준다.

예나 지금이나 모든 학자들이 자신의 이론을 실험이나 관측을 통해 검증할 수 있는 방법을 찾기 위해 부단한 노력을 경주하고 있다. 나는 마법의 수 137은 양자론의 실험실에서, 우주 상수 Λ는 우주론의 관측 데이터에서 34년에 걸쳐 찾아냈다. 우주 상수 Λ에 무한 문제의 제거가 들어 있음을 이해시키는 데 지면이 부족하다.

기존 과학의 패러다임과 전혀 다른 새로운 검증 체계를 소개함에 있어서 재야 학자의 한계를 고심하지 않을 수 없었다. 따라서 한 편의 논문으로 입자부터 우주론까지 모든 물리량들이 일관하게 서로 연결되어 있다는 원리를 정리해낸다는 부담감과 중압감을 이 책 한 권으로 내려

놓게 되었다.

21세기 표준화 시스템인 원 파라미터 솔루션one parameter solution의 정성적이고 계량적인 방정식들의 일반적 형식 체계를 직접적으로 내다보고 예측했던 사람들이 적지 않았다는 사실, 더욱이 동서양 신화나 경전, 그리고 성경에서 예시했던 사실은 놀라움으로 나의 마음속에 여전히 남아 있다.

에필로그를 마감하면서 내가 평소 좋아하는 물리학자 에르빈 슈뢰딩거Erwin Schrödinger의 통찰을 그대로 인용한다. 맺음말로 이 책의 목적을 다시 한번 되새기고 싶어서다.

"우리의 과제는 아무도 지금까지 보지 못했던 바를 새로 보는 것이 아니라, 누구나 보지만 그에 대해 어느 누구도 생각해내지 못했던 바를 생각해내는 것이다."

부록

그동안의
발자취를 담다

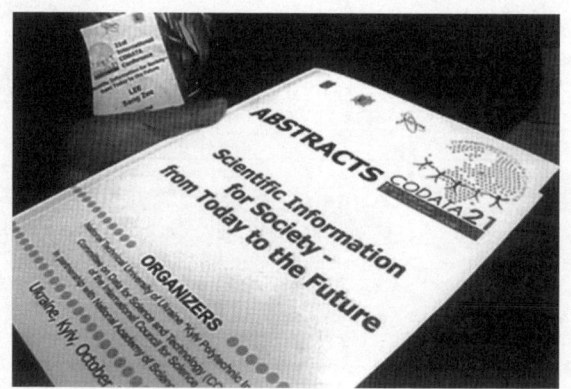

2008년 10월 'CODATA 21-Kyiv 2008' Key Session의 팸플릿

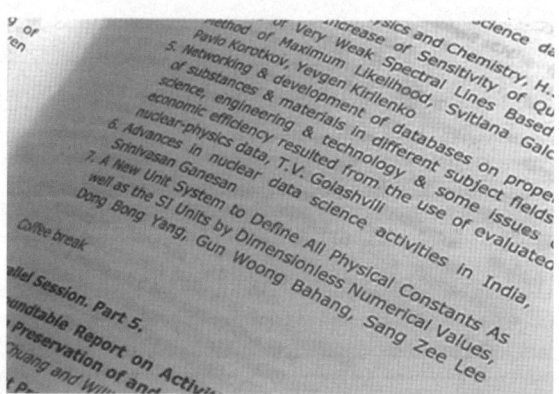

'CODATA 21-Kyiv 2008' Key Session의 일곱 번째 강연자로 소개된 양동봉 원장

'CODATA 21-Kyiv 2008' Key Session에서의 강연 장면

2008년 12월 미래학의 대부 하와이대학교 짐 데이토 교수 초청 강의(사진 왼쪽 두 번째가 짐 데이토 교수)

2009년 5월 미래학의 대부 짐 데이토 교수 초청 토론회(사진 왼쪽이 양동봉 원장, 중앙이 짐 데이토 교수, 오른쪽이 단국대학교 전 총장 오명환 박사)

2009년 5월 미래학의 대부 짐 데이토 교수 초청 토론회 전체 장면

2009년 6월 ISU(국제우주대학) 토론회에서 만난 마이클 심슨 총장과 양동봉 원장(중앙이 마이클 심슨 총장, 오른쪽이 양동봉 원장)

ISU(국제우주대학) 토론회에서의 기념 사진(왼쪽부터 박성신 원장, 오명환 단국대 전 총장, 양동봉 원장, 마이클 심슨 총장(중앙), 이상지 KAIST 전기 및 전자공학과 박사, 이병찬 서울 얼라이언스 대표, 최은희 통역사)

에임스 연구소의 강의에 참석한 미국 아이비리그 출신 교수들과 대학원생들의 모습

2008년 1월 ㈜나우콤 초청 Zerozone Theory 강연회에서의 나우콤 김을재 회장과 양동봉 원장

2008년 1월 ㈜나우콤 초청 Zerozone Theory 강연회 전체 모습

2009년 11월 CODATA 논문 게재 축하 모임(왼쪽부터 이상완 삼성전자 사장, 손욱 전 삼성종합기술원 원장, 오명환 전 단국대 총장, 이왕재 서울대학교 교수, 양동봉 원장, 이상지 박사)

찾아보기

|ㄱ|

가분성	218
가상 가속기	288
가상 입자	381
가설상의 물질	101
가역성	238
가짜 진공	97
거대한 반발력	233
거시 세계	161
검색엔진	168
경로적분법	265
경입자	150
경입자 가족	116
계층성 문제	290
고리 양자 중력	154
고차방정식	191
곡률	37, 86
공자천주	69
관습론적 입자	388
관측 가능한 우주	64
광속	95
광자	34, 116
국소성	180
국제도량형총회	30, 100
군 이론	191
궁극적인 입자	388
귀납법	91
귀추법	91
귀환 불가능점	337
기본단위	30, 79
기계학습	48
끈 이론	49

|ㄴ|

나비에-스토크스 방정식	182
니중 우주	137
내포	133
논리적 모순	226
논증 수학	353
뉴트리노	36, 54

|ㄷ|

단위원소	124

대성전경	45
대수방정식	179
대수적 동형	333
대수학	88
데데킨트 절단	182
대칭	54, 280
대통일이론	276
동시성	76
동인성	63
되튐	231
등각 순환 우주	253
디지털 트랜스포메이션	123

|ㄹ|

라마기리	310
랭킹	167
렙톤	352
로제타 스톤	187
루빅큐브	197
리 대수	179
리치 격자	160

|ㅁ|

마법의 상수	155
마법의 수	14
마법의 수 137의 역수	14
만법귀일	224
만유인력 상수	164
매개변수	88
매칭	167
메모라이제이션	102
메모랜덤	102
메모이제이션	102
메타 사이언스	90
메타적 의미	150
메타 휴리스틱 접근법	119
모수	330
몬스터군	22, 64
몬스터군 이론	100
몰	202
무공해 공식	122
무변화	34
무자성	80
무차원수	14, 52
무한	88
무한대	17
무한대 문제	17
무한소	17
무한소 문제	17
무한집합	216
문샤인	50, 161
물리량	21, 82
물리상수	14, 83
물리적 대상	112
뮤온 뉴트리노	54
미국항공우주국	51

미세구조상수	37, 94
미세구조상수 알파	37
미시 세계	161

|ㅂ|

바리온	233
반대칭	280
반문명	24
반문화	24
반증주의	90
방향성	63
백낙일고	43
버킹엄 머신	48
변수	88
변주곡	236
변화	34
보상성	63
보손 입자	118
보통 물질	87
보편문법	18, 121
불가역성	34
불확정성원리	127
블랙홀	87
블랙홀 엔트로피	160
블랙홀 전쟁	264
블랙홀 정보 역설	263
블랙홀 최대 질량	39
블랙홀 최소 질량	39
비가역성	238
비국소성	180
비대칭	280
비례	23
빅 립	101
빅 바운스	100
빅뱅	17, 74
빅 크런치	100
빛	81

|ㅅ|

사건 지평선	336
사이비 과학	90
삼위일체	81
상대 척도	274
상보성 원리	259
상수 계수	139
상위집합	142
상전이	225
상한 블랙홀 질량	221
상호 배타적 관계	142
새로운 수학적 구조	18, 121
선불교	224
선형근사	179
센트럴 도그마	51
소립자	36
소립자 쿼크	36
소립자 표준 모델	36

수치 동치성	330
수학 상수	119
순환 반복	138
순환 우주	253
순환 우주 모델	253
순환 우주론	257
숨겨진 변수	180
숫자 언어	36
숫자 장난	423
슈바르츠실트 반지름	64
스토리텔링	20
스핀 네트워크	181
시간 반전	261
시간 반전 대칭	261
시간의 역사	250

|ㅇ|

아인슈타인 장방정식	155
아프리오리	149
안정장치	156
알고리즘 수학	353
알짜 공식	122
암흑 물질	97
암흑 에너지	97
양자역학	15, 94
양자장	226
양자장론	93
양자장 이론	234

양자 중력	16, 154
양자 중력학	147
양자 컴퓨터	157
양자 터널링	263
언어학	73
얽힘	38, 76
에너지보존법칙	29, 79
엔트로피	137
N-PN 문제	159
LNH	401
연산자	123
연속 유리수 근사	74
연속체 가설	181
연역법	91
영성	69, 165
영지식 증명	121
오메가 문제	223
OPS 이론	201
완비성 공리	182
외연	133
우연의 일치 문제	264
우주 상수	37, 76
우주 상수 람다	37
우주 지평선	336
우주 팽창	101
원 파라미터	49, 57
원 파라미터 솔루션	49
원칙성	63
원형성	63

위상학적 불변량	395
유도단위	30, 274
유럽우주국	160
유사 과학	90
유클리드 기하학	219
유클리드 원론	391
유한화	88
의문과 질문	73
이산 수학	341
인간 중심 원리	278
인공지능	157
인덱싱	167
인류 원리	121
인문 철학	152
인민의 벗	193
인본 원리	278
인식론적 입자	288
인플레이션 이론	232
일귀하처	224
일반 상대성 이론	15, 79
임계밀도	99

ㅈ	
자기 참조적 무결성	123
자기 참조적 방정식	121
자수	330
자연의 7가지 원리	137
자연현상	113

자유 매개변수	116
자유 변수	352
잔존 효과	118
재규격화 이론	340
적색편이	246
전자전하	203
전자질량	351
절대 척도	274
정밀우주론	413
정보엔진	168
정수론	341
정의 상수	110
제로존 이론	201
제일성	223
제임스 웹 우주망원경	153
제한 효소	338
조머펠트 미세구조상수	94
조화	23
조화우주론	413
존재론적 입자	388
주역	130
주제곡	236
준-마스터 알고리즘	166
중력 상수	95
중력상호작용	76
중력자	36
중력자의 해방	246
진공묘유	90
진공 에너지	97

진공 에너지밀도	90
진짜 진공	97

|ㅊ|

차원 동차성	332
차원 반지름	280
차원 분석	105
천문학	64
천체물리학	225
체크섬 트릭	373
초기 우주	137
초끈 이론	142
초연결	268
초지능	165
초지성	165
초집합	142
초팽창	256
최대 블랙홀 엔트로피	160
최대 블랙홀 질량	217
최소 블랙홀 질량	225
최소 에너지 양자	79
추상적인 소수	341
축척 구조	340
출발 공준	83
측정	73

|ㅋ|

칸델라	203
CODATA	56
콤팩트성 정리	181
쿼크	36
크리스토펠 연산기호	122
큰 수 가설	384

|ㅌ|

통일성	63
특수 상대성 이론	129
특이점	88
특이점 정리	88, 232
특이점인 '0'	232
TOP	335

|ㅍ|

파동함수	190
파동함수의 붕괴	72
파라미터	81
파울리 배타원리	265
파인만 도형	378
파티클 데이터 그룹	160
패턴	92
패턴인식	93
편미분방정식	154

프리드만 방정식	174
플랑크 길이	204
플랑크 단위계	204
플랑크밀도	175
플랑크상수	99
플랑크 시간	204
플랑크 에너지	97
플랑크 에너지밀도	101
플랑크 온도	204
플랑크 질량	204
P-NP 문제	120
피연산자	123

휠러-디윗 방정식	283
흑체복사의 파장	99
힉스 입자	411

|ㅎ|

하나의 원리	91
하나의 이론	201
하나의 파라미터	81
하나의 패턴	165
하한 블랙홀 질량	221
항산항심	60
허블 상수	101
허블 우주망원경	153
화이트홀	263
확률주의	72
확실성	73
황금비	345
회귀성	63
회문 서열	338

노벨상 0순위 137

1판 1쇄 인쇄 2023년 11월 13일
1판 1쇄 발행 2023년 11월 20일

지은이 양동봉
펴낸이 김병우
펴낸곳 생각익창
주소 서울 서대문구 거북골로 120, 204-1202
등록 2020년 4월 1일 제2020-000044호

전화 031)947-8505
팩스 031)947-8506
이메일 saengchang@naver.com

ISBN 979-11-977311-8-1 (03400)

* 잘못 만들어진 책은 구입하신 서점에서 바꾸어드립니다.
* 책값은 표지 뒷면에 표시되어 있습니다.
* 이 책은 저작권법에 의해 보호를 받는 저작물이므로 무단 전재와 복제를 금합니다.